JN176864

"ケムシェルパ"を活かした

よく
わかる

規制化学物質のリスク管理

(一社)東京環境経営研究所［監修］
松浦徹也・杉浦順・島田義弘［編著］

日刊工業新聞社

はじめに

2003年２月13日にRoHS(I)指令（2002/95/EC）が告示され、その後多くの改定を経て、2011年７月１日にRoHS(II)指令（2011/65/EU）に改正されました。この変化に追従するために、日本企業はその解釈と特定有害物質や用途の除外に関する情報収集などに、多大な労力を注ぎ込んできました。

RoHS(II)指令となり第16条と整合規格 EN50581-2012による「サプライチェーンマネジメント」が要求されました。さらに、2015年９月10日に欧州司法裁判所は、REACH 規則第33条に関連した「複合成形品の輸入者は、その個々の成形品中に特定化学物質が0.1重量比％超の濃度で存在するか否かを決定するものと解釈しなければならない。」とする判決を出しました。

電気電子機器のような複合成形品は、機器全体でなく、個々の構成成形品（電子部品など）を分母として、“Candidate List of substances of very high concern for Authorisation”（CL 物質）の濃度が対象になりました。

日本企業にとっては、電気電子機器の構成成形品について CL 物質の含有確認が必要となり、REACH 規則でも RoHS(II)指令と同じように BOM（Bill of materials：部品構成表）による遵法管理が必要となりました。

CL 物質は2017年１月12日に４物質が追加されて173物質になっています。半年ごとに追加されますので、自前での評価は困難であり、多段のサプライヤーに遡っての情報に頼ることになります。

電気電子機器は、長く複雑なサプライチェーンで材料等が調達されます。遵法のために、多くの企業が、サプライヤー管理に腐心し、各社独自の取り組みをしています。

多数のサプライヤー情報を集める川下企業も、多数の川下企業へ情報を提供する川中企業も情報伝達の統一を願っています。

このような状況を踏まえて、経済産業省が主導してアジア標準そして世界標準を目指した新情報伝達スキーム「chemSHERPA（ケムシェルパ）」が誕生しました。

RoHS(II)指令は製造者に「量産品に対する手順」を要求しています。また、CEマーキングは、決定768/2008/ECのモジュールAで、リスクベースでの適合性確認を要求しています。

リスクは基準がなく、また、日本企業には馴染みのないものです。

EUの遵法の基本的な考え方は“Due Diligence”で、「当然実施すべき活動を遂行する」ことです。リスクベースで当然実施すべき活動をISO9001マネジメントシステムに統合し、スパイラルアップしていくことが現実的な方法となります。

「ケムシェルパ」は経営ツールおよびサプライチェーンマネジメントツールとして、コンプライアンス保証シシステム（CAS：Compliance Assurance System）のコアとして利用できるものです。

日本企業は、これまでEUの法規制に振り回されているとも思える状態が続いています。2019年7月22日からのRoHS(II)指令の全面適用を機に、知恵を出した企業対応に移行すべきと思っております。

本書は、企業が知恵を出し、遵法の仕組みを自前で構築することを目的にした構成にしました。

読者の皆様のRoHS(II)指令、REACH規則やEU以外の類似法への企業対応の仕組みづくりの一助になれば幸いです。

なお、みずほ情報総研、chemSHERPA事務局にご協力と情報提供を賜りましたこと併せて御礼申し上げます。

2017年3月4日

（一社）東京環境経営研究所
理事長　松浦　徹也
https://www.tkk-lab.jp/

目　次

第3章 RoHS(II)指令や REACH 規則が求めるリスクマネジメント

第6章 EU 輸出企業の対応事例

第7章 マネジメントシステムの統合

第1章

リスクマネジメントの基礎

1.1 ハザードとリスク

1.1.1 ハザード管理からリスク管理への潮流

ハザード管理からリスク管理へという化学物質管理の流れは、1992年の国連環境開発会議（地球サミット）で採択された「アジェンダ21」第19章に源流を見ることができる。

アジェンダ21以前の規制は、化学物質の「固有の性質」による危険有害性（ハザード）を基にしていた。日本の「毒物及び劇物取締法」はその良い例である。図１．１に示すように同法では、急性毒性が一定以上となる化学物質を毒物や劇物に指定し、その製造、輸入、販売、取り扱いなどを規制している。

アジェンダ21の第19章の重要な意義の１つは、リスクに基づく化学物質管理の重要性を明確に位置づけたことである。第19章の章タイトルは「有害かつ危険な製品の不法な国際取引の防止を含む有害化学物質の環境上適切な管理」であり、以下の７つのプログラムが提案されている。この中に化学物質の有害性評価、リスク評価、リスク管理の活動が含まれている。

A　化学的リスクの国際的なアセスメントの拡充および促進

B　化学物質の分類と表示の調和

C　有害化学物質および化学的リスクに関する情報交換

D　リスク低減化計画の確立

E　化学物質の管理に関する国レベルでの対処能力の強化

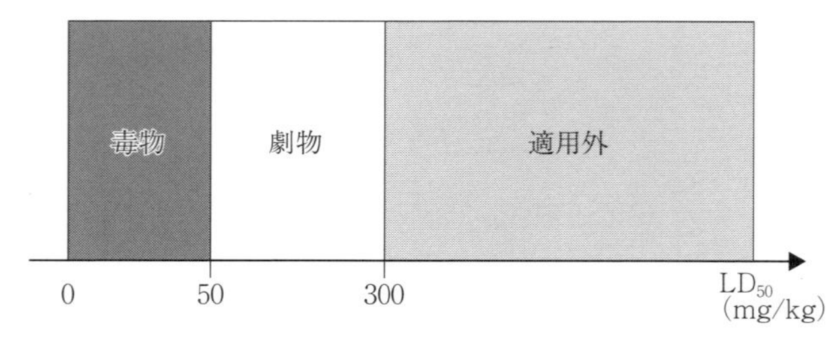

図１．１　ハザードによる管理（「毒物及び劇物取締法」の場合の一例）

F　有害および危険な製品の不法な国際取り引きの防止

G　いくつかのプログラム分野に関する国際協力の強化

2002年の「持続可能な開発に関する世界首脳会議（WSSD）」において、「ライフサイクルを考慮に入れた化学物質と有害廃棄物の健全な管理のためのアジェンダ21の約束を新たにするとともに、予防的取組み方法に留意しつつ、透明性のある科学的根拠に基づくリスク評価手順とリスク管理手順を用いて、化学物質が人の健康と環境にもたらす著しい悪影響を最小化する方法で使用、生産されることを2020年までに達成する」との首脳レベルでの長期的な化学物質管理に関する国際合意（WSSD 目標）がなされた。2006年２月には、上記を具体化するための行動指針として「国際的な化学物質管理のための戦略的アプローチ（SAICM）」が取りまとめられ、現在は化学物質管理に関する国際的な標準化、国際協調の活動など、国際的に調和した取り組みが進められている。

化学物質管理において、リスクは「ハザード×ばく露」で表される。ハザード、ばく露量とリスクの関係を図１．２に示す。同図から、たとえハザードが高い化学物質であっても、きちんと管理されてばく露量を下げることができれば、リスクは許容されるレベルに収めることができると解釈できる。

化学物質のリスク管理では、化学物質を安全に製造・使用・廃棄するために、リスクを許容されるレベルまで下げ、また化学物質のライフサイクルにおいて、その状態を守ることが求められる。

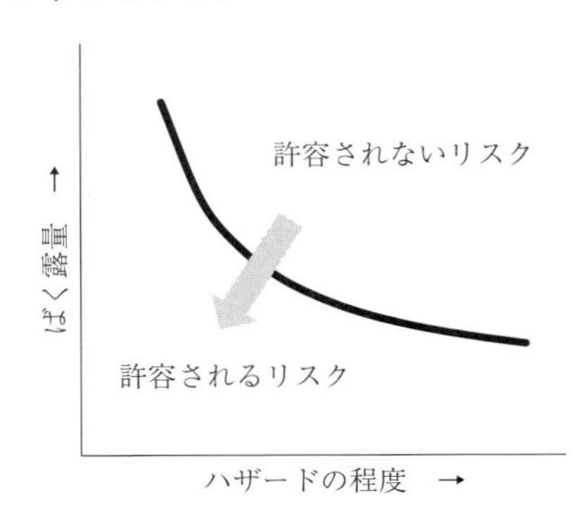

図１．２　ハザード、ばく露量とリスクの関係

1.1.2　化学物質のハザード管理とリスク管理(リスクアセスメント)

(1)　REACH規則のリスク管理の責任は製造、輸入、上市する者の責任

REACH規則の対象となるのは、化学物質それ自体、混合物中の化学物質、成形品中の化学物質である。REACH規則前文16文節で「本規則は、化学物質そのものや、混合物及び成形品に含まれる化学物質の製造者、輸入者及び川下使用者に関する特定の義務や責務を規定している。本規則は、当然に予見可能な条件において人の健康及び環境に対し悪影響を及ぼさないことを確実にするように求められる責任と注意を持って、物質を製造、輸入若しくは使用又は上市すべきである、との原則に基づいている」としている。

REACH規則では、第14条「化学物質安全性報告書及びリスク軽減措置の適用及び推奨義務」、第37条「川下使用者の化学物質安全性評価及びリスク軽減措置の特定、適用、推奨義務」において、化学物質の製造者、輸入者および川下使用者に対してリスク情報の提供を求めている。

化学物質の発がん性・変異原性・生殖毒性などの危険有害性（これをハザードという）だけでなく、オープンな環境で使うのか、密閉した環境で使うのかなどの使用方法（これをばく露シナリオという）によるリスク情報の提供である。リスク情報を提供するためのリスク評価は、自社で自社製品に関する用途を調べて、自ら評価することが求められている。川上企業（原材料を製造する企業）にとっては、川下企業（最終製品を製造する企業）がどのような使い方をするのかを把握するマーケティング活動が重要となる。

(2)　REACH規則のハザード管理とリスク管理（リスクアセスメント）

REACH規則における登録には、化学物質ごとに登録一式文書（Registration Dossier）の作成が必要となる。登録一式文書は、以下の２つの文書が含まれる。１トン／年以上の全ての物質に必要となる技術一式文書（Technical Dossier）と10トン／年以上の物質で必要となる安全性報告書（CSR：Chemical Safety Report）である。安全性報告書（CSR）は、登録者が、安全性評価（CSA：

Chemical Safety Assessment）を実施した結果を基に作成し、技術一式文書とともに欧州化学品庁（ECHA）へ提出しなければならない。

安全性評価は、REACH規則のリスク管理における根幹となるものである。安全性評価の目的は、リスクの有無を明らかにすることではなく、リスクがコントロールされる製造および用途に関する安全条件を確立することにある。安全性評価を行う事業者（登録を行う製造者、輸入業者）は、自身の製造、使用だけではなく、川下企業を含めたサプライチェーンでのリスクが適切にコントロールされる条件も明らかにする必要がある。

安全性評価は、大きく次のステップで行われる。

a. 危険有害性（ハザード）情報の収集とリスク判定のための危険有害性指標（人の健康に対する危険有害性の指標である導出無毒性量（DNEL：Derived No-Effect Levels)、環境への危険有害性の指標である予測無影響濃度（PNEC：Predicted No-Effect Concentrations）の導出

b. ばく露量の導出

c. 危険有害性評価（ハザード管理）と導出したばく露量との比較によるリスク判定

　リスク判定の結果、ばく露量が危険有害性指標の導出無毒性量（DNEL)、予測無影響濃度（PNEC）を超えていなければ、リスクはコントロールされている、とみなされる。

なお、上記a. において、対象化学物質の危険有害性評価（ハザード管理）の結果、危険有害性がCLP分類されない物質、かつ発がん性・変異原性・生殖毒性（CMR）物質、またはPBT（残留性、生物蓄積、毒性）／vPvB（残留性および蓄積性が極めて高い）物質に該当しない物質の場合、リスクが低いとみなされ、後続のb. のばく露量の導出、c. のリスクの判定は必要ない。

なお、発がん性・変異原性・生殖毒性（CMR：Carcinogenic,、Mutagenic and、Reproductivetoxicity）物質、PBT（Persistent, Bioaccumulative and Toxic：残留性、生物蓄積、毒性)、vPvB（Very Persistent and Very Bioaccumulative：残留性および蓄積性が極めて高い物質）物質、または内分泌かく乱物質等の危

険有害性の可能性を持つ物質は、REACH 規則の第59条の手続きを経て CL 物質（Candidate List of substances of very high concern for Authorisation）となる。また、成形品に CL 物質が含まれる場合、物質の全ての使用者に通知する必要がある。

1.1.3　電気電子機器・成形品のリスク管理

(1)　サプライヤーからの情報を頼りにして遵法確認

製造者は、電気電子機器が RoHS(II) 指令の有害物質規制に適合していることを立証するためには、電気電子機器を構成する材料、部品、半組立品の全てについて、均質材料レベルで適合していることを立証する必要がある。均質材料は、RoHS(II) 指令の用語の定義（第３条20項）で、「ねじ外し、切断、粉砕、研削及び研磨プロセスのような機械的処理によって異なる材料に分離することができない全体にわたって均一組織の一つの材料または材料の組み合わせ」と定義している。

FAQ では、例として、「プラスチック、セラミックス、ガラス、金属、合金、紙、樹脂、コーティングなど」と説明している。

EN50581（「有害物質の使用制限に関する電気・電子製品の評価のための技術文書（technical documentation for the assessment of electrical and electronic products with respect to the restriction of hazardous substances)」は、RoHS(II) 指令の有害物質規制に対する適合の立証に関し、「均質材料のレベルで適用される制限については、複雑な製品の製造業者にとっては、最終組立製品に含まれる全ての材料に独自の試験を実施することは非現実的であり、サプライヤーと協力して適合性を立証できる技術文書を作成するアプローチは、産業界および当局の双方から認められる」という考えを示している。つまり、最終製品メーカーは、技術文書作成に必要な確証情報すなわちエビデンス（証拠）を得るため、最終製品になってから特定有害化学物質の濃度を測定することは困難で、サプライヤーからの遵法確認情報を頼りに行う必要がある、ということを示している。

RoHS(II)指令の遵法確認においては、非含有保証、CE（EU基準適合）マーキング、整合規格 EN 50581に適合した技術文書作成等は、川下企業の義務だが、その対応を川中（部品製造）企業、川上企業に求め、サプライヤーの協力を得て行う必要がある。

(2) EN50581が求める技術文書作成に必要となる確証情報

製造者は、RoHS(II)指令の遵法のため、整合規格 EN 50581が求める技術文書作成を行う必要があるが、EN50581は次の要素を包含して技術文書を作成することを要求している。

① 製品の全般的な説明
② 材料、部品、および／または半組立品に関する文書
③ 技術文書と符合する製品中の材料、部品および／または半組立品の間の関係を表す情報
④ 技術文書を確立するために使われていた、またはそのような文書が参照する調和された標準のリストおよび／またはほかの技術仕様

RoHS(II)指令に遵法していることを宣言するために、製造者が整備する必要がある、EN50581が要求している技術文書作成に必要な確証情報は、次の4種類である。どの種類の確証情報が必要になるのかは、製造者がサプライヤー管理として行うリスク管理による。

① 供給者宣言書
② 契約上の合意
③ 材料宣言書
④ 分析試験報告書

(3) 部品構成表（BOM）を用いたリスク管理

① 部品構成表（BOM）を用いたサプライヤーから収集する確証情報の決定

整合規格 EN50581では、技術文書を作成する上で、技術文書に含めるべき

要素として「製品中の材料、部品および／または半組立品の間の関係を表す情報」を要求している。この対応としてENVIRON（エンバイロン社）は、ENVIRON BOM Checkガイド「Guide to Using BOMcheck and EN 50581 to Comply with RoHS 2 Technical Documentation Requirements」において、製品モデルに含まれる全ての部材、部品、および部品組立品を固有の識別で追跡可能にしておくために、部品構成表（BOM：Bills of materials）を作成することを推奨している。

部品構成表は、製品情報およびその製品を構成する部品や材料情報を管理するための情報（マスターデータ）である。設計情報（図面情報等）や製造に必要な情報、調達に必要な情報、品質管理に必要な情報等が含まれており、製品を製造するのに必要な、部品や原材料の所要量の計算、リードタイムを考慮した製造手配、購買手配等の業務に用いられる。

RoHS(II)指令の主要な要求は、第4条の附属書IIで特定されている物質の非含有保証である。EN50581やENVIRONのBOM Checkガイドが示す部品構成表を参考にして、次のRoHS(II)指令の非含有保証に関わる情報を部品構成表に追加して対応することが考えられる。製造者は、部品構成表を構成する各部品の非含有保証に関わる情報を基に、必要となる確証情報を決めることもできるようになる。

a. サプライヤー信頼性格づけ

b. 特定有害物質の含有の可能性（物質ごと）

c. 特定した非含有確証情報

d. 適合判定結果

e. 附属書III、IVの除外の適用の有無

部品構成表に登録されている、材料、部品、半組立品に特定有害化学物質の含有の可能性とサプライヤーの信頼性格づけから、確証情報として「供給者宣言」「契約上の合意」「材料宣言」「分析試験報告書」の組み合わせを決定する。決定した確証情報を集めて部品構成表に登録し、適合性を確認する。附属書III、IVの除外の適用の有無も確認することが考えられる。設計情報から順次

表1.1　部品構成表（BOM）例

製品／親部品情報　PN098967　A 制御器											
							リスク管理情報				
NO.	PN	名称	型式	メーカー	使用個数	重量(g)	サプライヤーの評価情報	特定有害物質の含有の可能性(物質ごと)	非含有確証データの特定	適合判定結果	附属書Ⅲ、Ⅳの除外の適用の有無
1	PS567801	IC 1	IC1098797	ABC 株式会社	18	8.3	a	M	供給者宣言か材料宣言	○	有
2	PS567802	IC 2	IC22I 2107	ABC 株式会社	36	8.3	a	M	供給者宣言／材料宣言	○	有
3	PS567803	コンデンサー	CON32458	CDE 株式会社	12	5	c	M	材料宣言、分析試験報告書（簡易分析）	○	有
4	PS567804	チップ抵抗1	CR149890	FGH 株式会社	5	0.5	b	H	材料宣言	○	無
5	PS567801	チップ抵抗2	CR249890	FGH 株式会社	3	0.5	b	H	材料宣言	○	無
6	PS567801	放電機	FI0989010	XYZ 株式会社	1	40	a	H	供給者宣言か材料宣言	○	無
7	PS567801	ケース	図番 12398	WW 株式会社	1	30	a	M	供給者宣言か材料宣言	○	無

情報追加し、最終的に適合性を確認した結果を部品構成表に記録していくことが考えられる（表1.1）。

なお、確証情報は、経済産業省が推進している新情報伝達スキームである、「chemSHELPA（ケムシェルパ）」でサプライヤーから集めることも有功かつ効率的な手段である。

② 部品構成表を用いた成形SVHC（高懸念物質）に関わる確証情報の決定

2015年9月10日の「欧州裁判所による先決裁定」によれば、REACH 規則の成形品のCL 物質（Candidate List 収載物質）の含有濃度計算の分母は、成形品を構成する各成形品を分母とするとの解釈を下した。製造者は、成形品に関しこれまでより詳細なレベルでの含有有無の確認、含有率の確認が必要となった。成形品を構成する最小単位の各成形品について、各CL 物質の含有率を確認しなければならなくなった。

成形品に、どの物質がいくら含有されているか、同時に製品を最小単位の構成成形品に分解し、サプライヤー管理を行う必要がある。RoHS(II)指令とREACH規則との差異が縮まってきて、共に部品構成表で管理する必要性が生じてきている。前述の部品構成表を用いたリスク管理を、REACH規則対応でも行うことが望まれる。

1.1.4 経営リスク

製造物安全一般指令（2001/95/EC The General Product Safety Directive：GPSD）の適用や、欧州共同体緊急情報システム（Rapid Alert System for Non-Food Dangerous Products：RAPEX）によって、最終製品のリコールのリスクが高まっている。リコールのリスクは、上市した製品の回収が必要となる金銭的なコストだけではなく、リコール対象製品やブランド名などが公開され、企業にとって長年築き上げてきたブランド価値を一気に失う可能性がある。

このような経営リスクを生むGPSDとRAPEXの概要を解説する。

(1) GPSDとRAPEXの概要

①背景

欧州では、消費者保護の観点で、欠陥製造物に対する賠償責任に関する加盟国の法律、規制および行政規定の等質化についてのEC閣僚理事会指令(Council Directive 85/37/74/EEC on the approximation of the laws, regulations and administrative provisions of the Member States concerning liability for defective products）が制定されている（以下、PL指令）。

GPSDは、PL指令で定める製品事故の発生後ではなく、製品事故が発生する前に、製品の安全性を確保し、消費者を保護する製造物安全一般指令である。一方で、網羅的な製造物安全一般指令だけでは不十分な製品は、玩具の安全に関する指令（Council Directive 85/374/EEC）などは、個別の対象製品に対し、それぞれの安全指令が制定されてきた。

表1.2　経営リスクのある規制の分類

製品の状況		規制
上市前		GPSD
上市後	損害賠償発生前	RAPEX
	損害賠償発生後	PL

②仕組み

加盟各国はGPSDに準拠した国内法を制定することが義務づけられ、各国は国内法を制定している。実際の規制や罰則は、各国が定めた国内法にそれぞれ従う必要がある。玩具の安全に関する指令など、個別の指令がある場合は個別の指令が優先され、個別の指令に定められていない項目や個別の指令が無い製品はGPSDに準拠した各国の国内法が適用される。

GPSDに準拠した国内法の規制があるが、規制が守られず上市されている製品が流通していることは望ましくない。RAPEXにより、危険性や有害性を持つ製品の迅速な情報開示とリコールの実施状況の情報を公開し、消費者の保護を高めている。

これらを整理すると表1.2のとおりとなる。

(2)　経営リスクから身を守る

欧州委員会のホームページでは、各国から報告された危険な製品、特定されたリスクとその販売や使用の中止や制限などの概要が公開されている。

対処方法は、各国の当局が決めた強制的に命じられた措置や製造者販売者の自主的な措置を取ることができる。リコールは、製造業者や販売業者が実施義務を負い、製造業者が主体となり、販売業者は協力義務を負うことになっている〔GPSD第2条（e)〕。

このように、欧州で流通させる成形品・最終製品の製造業者が、GPSDの指令の規制、また、GPSDに準拠する各国の国内法の規制に、製品が適合しているかを正確に判断する必要がある。

該当する成形品・最終製品を取り扱う川上から川下の全ての製造者や販売者が、正確にGPSDの規制への判断を行うには、ケムシェルパを活用し、統一の形式で正確な情報伝達を行うことが望ましい。正確な情報伝達を行うことで、上市前の指令であるGPSD指令の遵守や、個別の対象製品に対する安全指令への遵守につながり、RAPEXによるリコールなどの上市前にリコールなどの経営リスクを未然に防ぐことが可能である。

1.2 リスクアセスメントの方法

リスクはある意味では捉え所がない。法規制でリスクを評価し、低減策を講じて維持管理をするとなると、経営的な側面もあり、悩ましいところである。法規制が求めるリスクアセスメントとリスクマネジメントを整理し、自社のマネジメントシステムに統合する考え方を整理してみる。

1.2.1 化学品のリスクアセスメント

リスクは「ハザード」と「ばく露、可能性」のかけ算とされる。化学物質および製品（化学品）のハザードはSDS（SafetyDataSheet、安全データシート）で伝達される。SDSの記載内容は国連GHSで標準化され、日本ではGHS（The Globally Harmonized System of Classification and Labelling of Chemicals、化学品の分類および表示に関する世界調和システム）によりJIS Z 7252で分類しJIS Z 7253で情報伝達を義務化している。

JIS Z 7253のSDSに記載すべき事項は次の16項目である。

(1) 化学品および会社情報

化学品の名称と提供者に関する情報を記載する項目

(2) 危険有害性の要約

化学品の重要危険有害性および影響（人の健康に対する有害な影響、環境への影響、物理的および化学的危険性）並びに特有の危険有害性

(3) 組成および成分情報

化学品に含まれる指定化学物質の組成、含有率など

(4) 応急措置

化学品に従業員等がばく露した時などの応急時に取るべき措置の内容

(5) 火災時の措置

火災が発生した際の対処法、注意すべき点

(6) 漏出時の措置

化学品が漏出した際の対処法、注意すべき点

⑺　取り扱いおよび保管上の注意

化学品を取り扱う際および保管する際に注意すべき点

⑻　ばく露防止および保護措置

事業所内において労働者が化学物質による被害を受けないようにするため、ばく露防止に関する情報や必要な保護措置

⑼　物理的および化学的性質

化学品の物理的な性質、化学的な性質

⑽　安定性および反応性

化学品の安定性および特定条件下で生じる危険な反応

⑾　有害性情報

化学品のヒトに対する各種の有害性

⑿　環境影響情報

化学品の環境中での影響や挙動に関する情報

⒀　廃棄上の注意

化学品を廃棄する際に注意すべき点

⒁　輸送上の注意

化学品を輸送する際に注意すべき点

⒂　適用法令

適用される法令

⒃　その他の情報

⑴から⒂までの項目以外で必要と考えられる情報

SDSは数ページから10ページを超えるものまで様々である。SDSは目的を持って読むと理解できる。例えば、SDSを読み慣れていない作業管理者は、SDSの第1項目から第16項目まで順番に読むより、次に示すような作業管理に必要な記載内容を絞って読むとよい。

①　第1項目（化学品および会社情報）と実際の職場で使用している化学品が一致しているか、作成日（改定日）は古くないかを確認する。

② 第15項目（適用法令）から適用される法規制名から規制内容と義務を確認する。

③ 第２項目（危険有害性の要約）から化学品の有害性の概要を把握する。

④ 第３項目（組成および成分情報）から混合物、製品の化学品の内容を把握する。

⑤ 職場には作業者に様々な労働安全関連業務で担当分けをしていることが多い。担当者ごとに、例えば、救急担当者には第４項（応急措置)、初期消火担当者には第５項目（火災時の措置）などをしっかり読むように指示する。

これらの内容は、SDSの情報によって、職場で災害が起きないようにすることが第一で、次に災害が起きた時に、被害を最小限にする手順を決めておくことが重要である。

災害を起こす可能性を下げるための手法がリスクアセスメントである。日本での化学品のリスクアセスメントは、労働安全衛生法により平成28年６月１日から義務化がされた。労働安全衛生法の主旨は職場環境の評価と作業者保護で、製品の使用時や廃棄時のリスクとは異なるが、手法は整理され洗練されているので、電気電子機器などの製品でのリスクアセスメントでも応用できるものである。

労働安全衛生法によるリスクアセスメントは次のステップで行われる。なお、括弧内は法の要求内容である。

(1) 化学物質等による危険性または有害性の特定 （義務）
この情報はSDSより入手する。

(2) (1)により特定された化学物質等による危険性または有害性並びに当該化学物質等を取り扱う作業方法、設備等により業務に従事する労働者に危険を及ぼし、または当該労働者の健康障害を生ずるおそれの程度および当該危険または健康障害の程度（以下「リスク」と称する）の見積もり （義務）
自社の作業場での作業方法、作業条件などによるばく露の可能性から、いくつかの見積もり手法が用意されている。

(3)　(2)の見積もりに基づくリスク低減措置の検討　（義務）

リスクアセスメント結果から、化学物質の変更、作業方法や保護具着用などの様々なリスク低減措置を検討する。リスク低減措置により、リスクの見積もりを再度行うこともある。

(4)　(3)のリスク低減措置の実施　（努力義務）

検討された全てのリスク低減措置を実行することは不可能である。技術的、経営的制約条件を加味して、優先順位を決めてリスク低減措置を実施する。

(5)　リスクアセスメント結果の労働者への周知　（義務）

労働安全衛生法によるリスクの見積もり手法は、定量的方法だけでなく定性的方法がいくつも指針に示されている。

定量的方法としては次のような項目などがある。

作業に従事する労働者が化学物質等にさらされる程度（ばく露の程度）および当該化学物質等の有害性の程度を考慮する方法で、代表的なものとして次のような項目がある。

(1)　対象の業務について作業環境測定等により測定した作業場所における化学物質等の気中濃度等を、対象化学物質等のばく露限界と比較する方法である。

(2)　数理モデルを用いて対象の業務に係る作業を行う労働者の周辺の化学物質等の気中濃度を推定し、化学物質のばく露限界と比較する方法でECETOC TRA（Targeted Risk Assessment tool）などがある。

定性的方法としては、以下の2つの方法がある。

(1)　マトリックス法

発生可能性および重篤度を相対的に尺度化し、それらを縦軸と横軸とし、あらかじめ発生可能性および重篤度に応じてリスクが割り付けられた表を使用してリスクを見積もる方法である（図1．3）。

		危険または健康障害の程度（重篤度）			
		死亡	後遺障害	休業	軽傷
危険または健康障害を生じるおそれの程度（発生可能性）	極めて高い	5	5	4	3
	比較的高い	5	4	3	2
	可能性あり	4	3	2	1
	ほとんどない	4	3	1	1

リスク	優先度	
4～5	高	直ちにリスク低減措置を講じる必要がある。 措置を講じるまで作業停止する必要がある。
2～3	中	速やかにリスク低減措置を講じる必要がある。 措置を講じるまで使用しないことが望ましい。
1	低	必要に応じてリスク低減措置を実施する。

※発生可能性「②比較的高い」、重篤度「②後遺障害」の場合の見積もり例

図1.3　マトリックス法

(2) 数値化法

発生可能性および重篤度を一定の尺度によりそれぞれ数値化し、それらを加算または乗算等してリスクを見積もる方法である（図1.4）。

1 危険または健康障害の程度				
重篤度	死亡	後遺障害	休業	軽傷
X	30点	20点	7点	2点
2 危険または健康障害を生ずるおそれの程度（発生可能性）				
発生可能性	極めて高い	比較的高い	可能性あり	ほとんどない
Y	20点	15点	7点	2点

X + Y ＝リスク

例；重篤度（後遺障害）で発生可能性（比較的高い）：20＋15＝35

リスク	優先度	
30点以上	高	・直ちにリスク低減措置を講ずる必要がある。 ・措置を講ずるまで作業を停止する必要がある。
10～29点	中	・速やかにリスク低減措置を講ずる必要がある。 ・措置を講ずるまで使用しないことが望ましい。
10点未満	低	・必要に応じてリスク低減措置を実施する

図1.4　数値化法

(3)　有害性とばく露の量を相対的に尺度化し見積もる方法

SDSの有害性情報と取り扱い量や作業時間などの暴露量を尺度化して、リスクを見積もる方法である（図1．5）。

(4)　枝分かれ図を用いた法

発生可能性および重篤度を段階的に分岐していくことによりリスクを見積もる方法である。

(5)　コントロールバンディング法

ILO（International Labour Organization：国際労働機関）の化学物質リスク

大量：3　高揮発性･高飛散性：3　遠隔操作･完全密閉：4
中量：2　中揮発性･中飛散性：2　局所排気：3
小量：1　低揮発性･低飛散性：1　全体換気･屋外作業：2
換気なし：1

作業環境レベル＝（取扱量）＋（揮発性･飛散性）－（換気）

⇩

ばく露レベル推定		作業環境レベル				
		1	2	3	4	5
年間作業時間	10時間未満	Ⅰ	Ⅱ	Ⅱ	Ⅱ	Ⅲ
	10時間～	Ⅱ	Ⅱ	Ⅲ	Ⅲ	Ⅳ
	25時間～	Ⅱ	Ⅲ	Ⅲ	Ⅳ	Ⅳ
	100時間～	Ⅱ	Ⅲ	Ⅳ	Ⅳ	Ⅴ
	400時間以上	Ⅲ	Ⅳ	Ⅳ	Ⅴ	Ⅴ

	SDS分類	区分
A	・皮膚腐食性･刺激性 ・眼刺激性 ・吸引性呼吸器有害性	2 2 1
B	・急性毒性 ・特定標的臓器毒性（単回ばく露）	4 2
〜	〜	〜
E	・生殖細胞変異原性 ・発がん性 ・呼吸器感作性	1,2 1 1

⇨

リスクの見積もり		ばく露レベル				
		Ⅰ	Ⅱ	Ⅲ	Ⅳ	Ⅴ
有害性レベル	A	1	2	2	2	3
	B	2	2	3	3	4
	C	2	3	3	4	4
	D	2	3	4	4	5
	E	3	4	4	5	5

リスク ➡ 高

図1．5　有害性とばく露の量の相対的な尺度化見積法

簡易評価法（コントロールバンディング）等を用いてリスクを見積もる方法であり、厚生労働省のホームページでコントロールバンディング手法が利用できる。

1.2.2 電気電子機器・成形品のリスクアセスメント

電気電子機器やその構成部品や材料などの成形品のリスクアセスメントも、前項の化学品のリスクアセスメントと同じ考え方で実施できる。

RoHS(II)指令第７条（製造者の義務）で、決定768/2008/EC（製品のマーケティングの共通枠組みに関する欧州議会および理事会決定）の附属書IIのモジュールＡに従って内部生産管理手順を実施することが要求されている。

RoHS(II)指令第16条（適合の推定）で、「EU官報で通達された整合規格に則り、第４条の規定の順守（特定有害物質の非含有）を確認するための試験もしくは対応がされた、もしくは評価がされた原料については、本指令に適合しているものとみなすこととする」とある。遵法確認はサプライヤーの情報によることになる。

RoHS(II)指令が要求する第４条の特定有害物質（施行当初から６物質群、2019年以降10物質群）の非含有は、モジュールＡ、整合規格でサプライチェーンを含めてリスクアセスメントを行い、リスクマネジメントすることになる。

モジュールＡの第２項（技術文書）に、「製造者は技術文書（Technical Documentation）を作成しなくてはならない。文書（Documentation）には、製品に関する要求事項に対する適合性評価を可能にするものでなくてはならず、十分なリスク分析およびアセスメントを含まなければならない」とあり、リスクアセメントが要求されている。リスクアセメントの範囲は、製品の設計、製造および操作をカバーしなければならないとしている。

RoHS(II)指令の整合規格として、EN58581が官報（2012年11月23日）で告示された。EN50581では、リスクアセメントは第4.3.2項（必要な情報の決定）で、材料、部品、半組立品に必要とされる技術文書の種類は、製造者の評価に基づくべきであるとして、次の２つの側面からリスクアセスメントを要求して

表1．3 確証データの決定

	a）材料、部品、半組立品に制限された物質が含まれている可能性
b）サプライヤーの信用格づけ	リスクの程度・確証データの種類の決定

いる。

(1) 材料、部品、半組立品に制限された物質が含まれている可能性

(2) サプライヤーの信用格づけ

多くの企業は(a)項と(b)項のマトリックスでリスクアセメントを行い、確証データ（エビデンス）の種類を決定している（表1．3）。

アセスメントのインプット情報は、EN50581第4.3.3項（情報収集）で、材料、部品、半組立品に関する次の文書を収集する。

(1) サプライヤーの証明や契約書

例えば、部品、半組立品に含まれている規制物質が許可されたレベルであり、従来から許可されてきたことを証明するサプライヤーの証明書、あるいは含有規制物質が、製造者の仕様を満足することを確約する署名入りの契約書。

その証明書や契約書は、特定の材料、部品、半組立品、または限定された範囲の材料、部品、半組立品を含んでいなければならない。

(2) 材料証明

従来から使用されてきた特定物質の情報を提供する材料証明で、例えば、材料に応じた手順、内容、書式が記載されているEN62474規格（電子技術産業製品の材料証明）などがよいとしている。

(3) 分析試験結果

EN 62321規格による分析方法による分析試験結果

アセスメントのインプット情報は、(1)の2種類、(2)、(3)の4種類であるが、

これら文書は“and/or”になっていて、「材料、部品、半組立品に制限された物質が含まれている可能性」と「サプライヤーの信用格付け」から、製造者が決定することになる。

製造者は含有の可能性のアセスメントを保証するために含有が明確でない物質（例：金属中の有機物質）に対して、技術的判断を加える必要がある。この技術的判断は電気電子業界で活用されている技術的情報や電気電子製品に使用されている材料、部品のデータシートに基づいてもよいとしている。

技術的判断をするための追加情報としては、次の項目が例示されている。

(1)　その部品や半組立品に代表的に使用されている材料の種類

(2)　過去からの知見で材料の種類に存在する可能性の高い規制物質

(3)　サプライヤーの実績データ

(4)　サプライヤーの出荷試験や検査の結果

このアセスメントの手順は、品質マネジメントシステムに組み込むことを示唆している。

サプライヤーの評価は、過去の実績でよい。多くの企業ではISO9001品質マネジメントシステムによるサプライヤー評価あるいは取引開始時の技術評価、与信を行っており、この仕組みでよいことになる。

サプライヤーの評価は、受入検査記録、工程内検査記録、納入製品への特定化学物質の含有の可能性、含有の影響度およびサプライヤーの化学物質の管理システム（仕組み）などから実施する。

含有の可能性は、例えば、はんだ付け作業工程などの作業でもあり得るので、サプライヤーおよび製造者の製造工程も考慮しなくてはならない。

確証データの選択は、製造者がリスクをベースに決定することができ、４種類全ての文書を集めることを要求していない。

収集した文書は第4.3.5項（技術文書のレビュー）で有効性の評価が求められている。多くの企業が文書を集めることが、目的化していてレビューがおろそかになっている気がする。

第4.3.5項では以下を要求している。

⑴　技術文書が現時点でも有効であるかどうか、定期的にレビューを実施すること

多くの企業で1年ごとにサプライヤーから材料証明や分析試験結果などの確証データの再提出を要求している。EN50581は1年と限定していないが、2005年11月に当時のUKのDTI（The Department of Trade and Industry）が発行した“Government Guidance Notes　SI　2005 No. 2748”の附属書Dに、評価が12カ月以内でなければ、判断基準として「同一サプライヤー」「過去3年間」「常にRoHS対応」の3要件を全て満たせば、そのまま継続としていた。

その後、12カ月以内の用語は削除され有効性確認（is a material declaration available?）となった。この有効性確認は宣言の正確性をアセスメントすることを必要としているが、再提出を必ずしも要求していない。

日本企業では、この1年ルールがそのまま残り、1年ごとにデータの再提出を要求し評価している例が多い。

⑵　技術文書が4.3.3項に示した材料、部品、半組立品の変更を反映しているか確認すること

有効性確認は変更確認が要求される。多くの企業では、4M（作業者－Man、設備・治工具－Machine、部品・材料－Material、作業方法－Method）変更時に、確証データの再提出を要求するとしている。

EN50581では、RoHS(II)指令第7条e項の「製品設計や製品特性の変更や、宣言した電気電子機器の適合性に関連する整合規格や技術仕様の変更を十分に考慮しなければならない」を注記している。

一方、4M変更、設計変更などは日常的に生じており、有効性確認をやり直すべき基準も製造者に委ねている。ISO/IEC17050-2（2004）（適合性評価−供給者適合宣言　第2部支援文書）の第5.3項で「適合宣言の妥当性に影響を与える変更があった場合は、それを文書化しなければならない」としている。

変更が生じた場合は、妥当性に影響を与える変更であるのか、ないのかを確認しなければならない。設計変更手順や記録帳票などの手順書化が求めれている。

変更管理では、前項の「マトリックス法」で「発生可能性」と「重篤度」を特定の部品限定、多数の部品に影響、複数の有害物質の混入あるいは含有濃度などとして、スクリーニング評価し、白黒つけがたい事案については更に精査していくことなどによる現実的な対応が考えられる。

中国の有害物質管理は若干異なる。中国では工業情報化部など10部門で危険化学品目録を告示し、危険化学品安全管理条例の第28条（使用安全）で「使用条件は法律、行政規定、国家基準、業界基準の要求を満たすこと」を要求している。

全ての製品が対象となる製品品質法の第13条では「人体の健康と人身・財産の安全を保障する国家基準、業界基準に合致していなければならない」としている。

中国 RoHS(II)管理規則では第11条（輸入者要求）で、「強制性の標準あるいは法律、行政法規および規章で定められた施行しなければならない基準に違反することができず、電器電子製品有害物質制限使用に関する国家標準あるいは業界標準に合致しなければならない」としている。この内容は、第９条（中国国内企業設計要求）、第10条（中国国内製造者要求）と同様の要求である。

中国では、国等が基準を定めて、製造者はそれに従うというもので、日本を含むアジアの共通的な考え方である。

1.2.3 リスクマネジメントの考え方

電気電子機器の構成部品や材料は、小さな製品でも数十品目、大きいな製品では千を超える品目となる。

EN50581による「材料、部品、半組立品に制限された物質が含まれている可能性」「サプライヤーの信用格付け」「作業工程」などの含有の可能性の評価は、工夫が必要である。

2015年９月10日の「欧州司法裁判所による先決裁定」によれば、EU 域外国から輸入される複数の成形品から成る成形品は、その構成している個々の成形品を分母として、CL 物質（第59条による candidate list 収載物質）の含有濃度を計算することが求められる。

電気電子機器に多数の電子部品を構成している場合は、個々の電子部品が対象となることになる。REACH 規則では、RoHS(II) 指令の分母の均質物質（homogeneous materials）までの細分化の要求はないと思われるが、REACH 規則でも部品や材料管理が重要となる。

RoHS(II) 指令の制限物質（群）は、2015年６月の追加４物質を含めても10物質（群）であるが、REACH 規則の CL 物質は2017年１月12日発行の CL 物質は173物質で、順法確証情報の収集対応に工夫が必要となっている。

電気電子機器は PS（Product　Structure：商品構成）と呼ばれる階層型で管理することが多い。個々の要素が PM（Parts　Master：品目仕様）である。

部品より上位の PM は、複数の部品材料および工程内の作業が入っている。PM の構成部品、材料や作業等の全てが有害物質の非含有であることが確証できれば、その PM は有害物質非含有である。

ユニットは部品で構成され、サブシステムはユニットで構成され、最終製品はサブシステムで構成される。この PM のつながりが図１．６に示す PS である。最終製品の非含有確証は、最下位の部品の確証を集めるのではなく、直接構成している PM の確証を評価することで最下位の構成部品や材料等のトレ

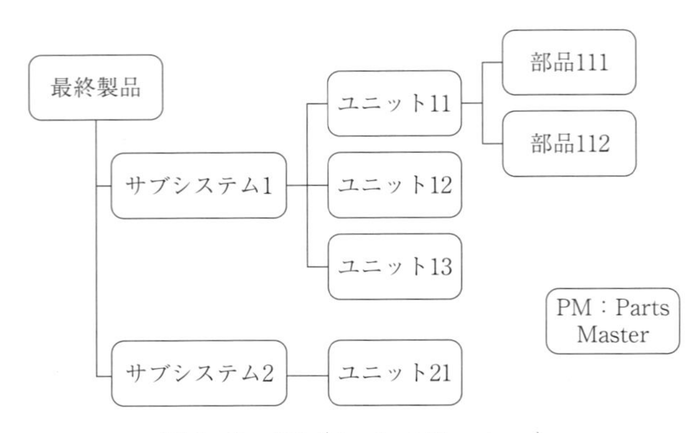

図１．６　PS（Product Structure）

ーサビリティになる。

PMを集積しデータベース化することで、新製品のリスクアセスメントは効率化できる。

(1)　非意図的添加とリスクマネジメント

EUでは、一般製品安全指令（GPSD）の下、EU市場から危険な製品を排除することを目的に、EU委員会を通じた参加国内での迅速な情報交換を行うためのRAPEX（Rapid Alert System）が運用されている。RAPEXでリコール等の要求は年間2,000～2,500件で、2005年から2016年末でデータが約20,000件蓄積されている。

RAPEXで公開されている摘発事例から、EUの遵法に関する考え方が見えてくる。

①　USBケーブルのはんだ部分に鉛を42%含有している
基準値はRoHS(II)指令の鉛0.1%である。単体販売外部ケーブルはRoHS(II)指令により適用範囲になった。2016年にUSBケーブルが２件連続して摘発されており、取り締まりの徹底が垣間見られる。

②　装飾用ランプのオイルに子供の手が届き飲んでしまう可能性がある
基準値はREACH規則で危険物質の使用禁止と燃料（危険物質）に対する表示（この液体を入れたランプは子供の手の届かない所に保管しなければならない）が無いという使用方法に関する摘発である。

③　宝飾品にカドミウムを47%、鉛を0.22%含有している
基準値は、REACH規則でカドミウムは0.01%、鉛は0.05%である。宝飾品のろう付け部分の摘発と思われるが、日本製品ではないが日本では合法的に販売されているろう材である。

④　玩具の自動車の一部のアクセスできない部分の電池、部品に鉛を0.35%、カドミウムを0.027%含有し、LEDランプと部品に臭素を0.30%、スピーカーにクロムを0.587%含有している
RoHS(II)指令違反として摘発された。含有濃度からみて意図的に含有さ

せたものよりコンタミネーションとも思え、作業管理、工程管理が問題となる。

⑤　おままごとセットの食器にニッケルの放出が0.40mg/dm^{2}である
子供が食べ物をカップに入れて飲むことができ、製品は食品接触材料規制に適合していない。
玩具であっても、使用方法が食器同様とされたものである。

⑥　魔法瓶（Thermos flask）にアスベストファイバーを含有している
基準値はREACH規則でアスベストファイバーの意図的使用禁止である。基準値がなく、意図的使用は極微量でも不適合となる。一方、非意図的含有との識別の難しさがある。

①、②、③は法規制の周知が原因であり対応は明確である。④は仕様は遵法しているが生産管理が問題であり、この対応も明確である。

⑤は製造者の意図した用途以外の使用方法であったと思われる。“The Blue Guide”では、用途について、第2.7項（意図した使用／誤使用）で次のように示している。

製造者は合理的に予見できる使用条件の下で、製品の定めた用途に相当する保護レベルを製品と一致させなくてはならない。これには、合理的に予見できる誤使用を考慮することも要求している。

例えば、新聞を考えてみる。

製造者の意図した使用は、情報提供である。予見できるのが、花屋さんの包装材としての使用で、八百屋さんが野菜を包むこともある。野菜の包装は、食材の包装である。最近は少なくなったが、子供の日には折り紙兜になり、玩具とも言える。

新聞紙を部屋に置いておくと、いつの間にか乳児が新聞紙の上に座り込み、新聞紙をなめていることがある。

ネット検索すると新聞紙をお菓子のロールケーキの焼き型に使っている例もある。

意図した使用はどこまでなのか、誤使用は何か、難しいところである。

⑥は意図的使用を制限している例である。逆には非意図的混入を制限していない。意図的と非意図的が問題となる。

日本企業のグリーン調達基準でも「意図的使用禁止」「使用禁止」などがある。長いサプライチェーンを考えると、「意図的使用」でないことの適合説明をどのようにするかが企業の課題になる。

参考になる例として、食品接触プラスチック材料に関する規則（Regulation 10/2011 plastic materials and articles intended to come into contact with food、通称は PIM）がある。

PIM では、附属書 I に収載されたユニオンリストに収載された物質しか意図的に利用できず、この適合宣言（Declaration of compliance：DoC）を附属書 IV により作成しなくてはならない。

附属書 IV には食品へのプラスチックからの物質の溶出量に関する技術的データが要求され、適合宣言を上流メーカーから順次サプライチェーンで渡していくが、トレーサビリティが要求される。

PIM で問題になるのが「非意図的添加物質」の含有である。用語の定義では、「非意図的添加物質（non-intentionally added substance：NIAS）とは、物質中の不純物、生産プロセスで生成された反応中間体、分解物、反応生成物」としている。また、サプライチェーンの中で、上流からの物質に追加、多層化することやコーティングや印刷することもある。サプライチェーンの中での追加、合成などでの追加物質は、ユニオンリストに収載されていない物質も当然あり得るので、PIM での最終製品には、「意図的添加物質」と「非意図的物質」が含有されている。当然ながら「非意図的物質」の安全性も要求される。

「意図的添加物質」の含有証明はできるが、「非意図的物質」については「意図的に入れていない」ことの証明は難しいものがある。

NIAS の構成物質としては、「分解生成物（ポリマーの分解・添加物の分解）」「不純物」「副生成物（プロセスでの酸化防止剤・UV プロテクト・接着剤・染料による生成）」「リサイクル由来」などがある。

分析方法はクロマトグラフィーで分離しマススペクトル分析できるが、「未知物質もあり、全ての構成物質を分析できない」「100％抽出できない」「毒性学による評価は高額になる」などの様々な問題がある。

このため、分析で確定できないのであれば、開発での材料選択、サプライヤー選択、工程などのプロセスのリスクアセスメントを行い、NIASの構成物質の生成の可能性を踏まえて、DoCの項目の詳細化が必要となる。

DoCの第7項の「物質に関する適切な情報、それらの特定の移動のレベルに関する実験データあるいは、理論計算によって得られた情報」、第8項の「温度などの諸条件」がリスクアセスメントのポイントになる。

印刷インクや接着剤などはDoCが必須ではなく、全項目は記載できない場合があり、第8項などは有用な情報になるので、情報伝達が推奨される（図1．7）。

EuPIA（European Printing Ink Association）は、印刷インクには化学物質を含有しているが、非意図的に添加された物質であり、分析もできないが非意

PIMの適合宣言（Declaration of compliance）

1．the identity and address of the business operator issuing the declaration of compliance; 住所等
2．略
7．adequate information relative to the substances which are subject to a restriction in food, obtained by experimental data or theoretical calculation about the level of their specific migration and, where appropriate, purity criteria in accordance with Directives 2008/60/EC, 95/45/EC and 2008/84/EC to enable the user of these materials or articles to comply with the relevant EU provisions or, in their absence, with national provisions applicable to food;
　・物質に関する適切な情報、それらの特定の移動のレベルに関する、実験データあるいは理論計算によって得られた情報
8．specifications on the use of the material or article, such as:
　i．type or types of food with which it is intended to be put in contact;
　ii．time and temperature of treatment and storage in contact with the food;
　iii．ratio of food contact surface area to volume used to establish the compliance of the material or article;
　　・諸条件
9．when a functional barrier is used in a multi-layer material or article, the confirmation that the material or article complies with the requirements of Article 13(2), (3) and (4) or Article 14(2) and (3) of this Regulation.

図1．7　PIMのDoC

図的に添加された物質を含有している」とする「非意図的に添加された物質に関するポジションステートメント（声明書）」を公開している。

ECHAはREACH規則のCL物質が成形品に利用される可能性のある情報（Information on Candidate List substances in articles）を開示している。情報には成形品カテゴリー（Article Categories）と特定された用途（Identified Uses）が示されているので、リスクアセスメントのポイントが絞れる。

1.2.4 自社独自の仕組みづくり

EUでの遵法活動と遵法証明は、デューディリジェンス（Due diligence）と言われている。デューディリジェンスを主張するためのガイド“Due diligence defence guidance notes”では、「相当な注意を払ってあらゆる適正措置をとる」「当然実施すべき活動を遂行する」としている。

決定768/2008/EC第1条（一般原則）で「上市する製品は、適用可能な全ての法令を満たさなければならない」とし、さらに、第R2（reference provision）条で「製造者は、その手続きで量産品を適合させることを確実にしなければならない」と要求している。

また、RoHS(II)指令第7条e項でも「製造者は、適合を維持するために、量産品に関する手順が整っていることを確実にする」と要求している。

前項で特定したリスク対応を維持する仕組みが要求されている。古い資料であるが、“RoHS Enforcement Guidance Document（May 2006）”では、遵法保証システム〔Compliance Assurance System（CAS)〕を要求し、CASは企業の通常の品質保証システムにサプライチェーン管理および組織内管理を含めて統合することを求めている。

具体的には次のように行う。

(1) 法規制の特定

製品に適用される法規制の特定と、法規制の最新情報を入手する。同時に、更新情報の入手手順を確定する。

企業のビジネスは、直接的、間接的にグローバル展開している。全世界の全法規制に対応することが求められるが、至難のことである。

化学物質関係の法規制は大きく2種4分類される。

① 化学物質規制

(i)化学物質規制法

EU REACH規則が化学物質規制法の代表とされ、類似法に日本の化審法、アメリカのTSCAや中国、韓国、台湾REACH法と言われるものがある。

(ii)化学物質の分類と表示

化学物質の分類と表示は国連GHS（Globally Harmonized System of Classification and Labelling of Chemicals）が世界標準で、各国はGHSを国内規格や法律に取り入れている。日本ではJIS Z 7252、JIS Z 7253、EUではCLP規則、中国ではGB 13690などで国内規制をしている。各国の国内規制は、部分的に採用することができる（Building Block Approach）により微妙な差異が生じている。

② 化学物質利用規制

(i)製品含有化学物質規制法

典型的な規制法が電気電子機器に特定有害物質の含有制限をするEU RoHS(II)指令である。類似法が中国、韓国、カリフォルニア、ベトナムなどで公布されている。ELV（廃自動車）指令や廃電池指令などもある。

(ii)製品の適合宣言

RoHS(II)指令などが適用されるCEマーキングが代表的な仕組みである。類似の仕組みに玩具安全マーク（STマーク）、中国の自発的認証マーク、CCCや韓国のKCマークがある。

自社で対応すべき法規制が多くあり、一度にできないような場合は、まず、

４分類の代表的な規制であるREACH規則、GHS、RoHS(II)指令とCEマーキングについて対応することを推奨したい。この４つの代表的規制に対応することで、類似法の対応がそこそこできる。

デューディリジェンスでまずは60点の仕組みをつくり、優先度により微妙な差異のある類似法対応を順次行うものである。

(2) 規制内容の特定

対応すべき法規制が決まっても、その法規制の全ての条項が適用されることは少ない。まず、各条項の該否の確認が必要である。

規制内容を表１．４に示すように整理する。

(3) 遵法保証システム（CAS）の統合

法規制で該当する企業義務を5W1H的に整理する。ISO9001の品質保証体系図（図１．８）に規制内容をマッピングしていくことで、統合システムができる。

表１．４　法規制表例（部分）

EU　RoHS(II)指令			
No	該否	条項	企業義務
EURoHS01		第２条	適用範囲の確認
ERO54		第16条	BOM作成
ERO55		第16条	材料・工程の確認
ERO56		第16条	EN50581のリスク評価手順決定
ERO57		第16条	BOM　設計系情報記載
ERO58		第16条	BOM　生産技術系情報記載
ERO59		第16条	BOM　資材購買系情報記載
ERO60		第16条	BOM　品証系情報記載
ERO61		第16条	BOM　管理系情報記載
ERO62		第16条	工程管理基準（QC工程表）作成
ERO63		第16条	サプライヤ評価
ERO64		第16条	確証データ確定

品質保証体系図が概要図なので、マッピングしきれない場合は、品質計画書やQC工程表に入れる。

法規制で該当する企業義務を全てどこかの仕組みに入れ込むことが必要である。

(4) 実施

自社のISO9001などの品質マネジメントシステムに統合化したCASは日常的に運用するために、内部監査や外部監査でレビューする。

(5) スパイラルアップ

内部監査等での結果や経営層の指示を受けて、CASを見直しする。

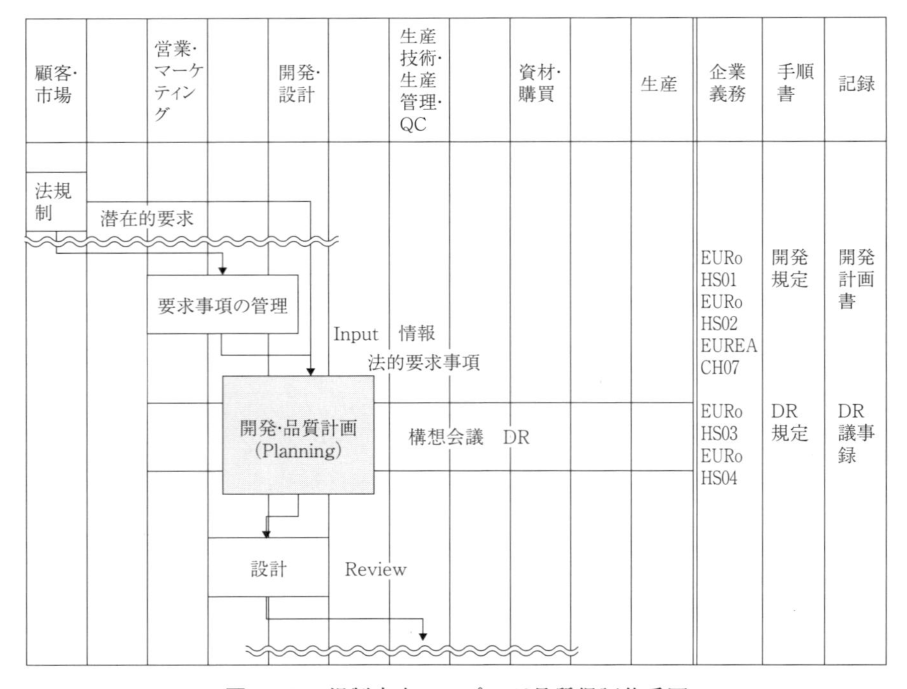

図1.8　規制内容マッピング品質保証体系図

遵法は仕組みで保証することが求められており、サプライヤーの遵法情報だけで済ませることはできない。

第2章

chemSHERPA（ケムシェルパ）の使い方

寄 稿

経済産業省　製造産業局化学物質管理課

現在のものづくりにおいては、国際分業が進み、グローバルに広がるサプライチェーンを通じて様々な製品が製造され、世界各国に販売されている。一方、化学物質管理は地球環境に関わる重要な課題として認識され、国際的な取り組みが進められている。化学物質のリスク評価に基づく適正な使用や、ライフサイクル全体の管理が目指されており、成形品中の化学物質についても焦点が当てられている。

そのような中で、製造業界は、化学物質の影響からの人の健康の保護と環境の保全、より安全な製品の製造・流通という目標を共有して、取り組みを進めるべき立場にある。具体的には、EU RoHS指令等のような製品環境配慮の一環としての含有化学物質規制に加えて、EU REACH規則のように化学物質そのものを対象とする含有化学物質規制も拡大している。また、類似した規制がアジア諸国等で導入され、これらの規制への対応がサプライチェーンでものづくりに関わる事業者にとって喫緊の課題となっている。

(1)　サプライチェーンの分業で製造される製品の規制遵守は、企業間で伝達される情報に大きく依存

サプライチェーン上の各企業が最終製品の規制遵守に資する含有化学物質情報を提供するためには、前提として、設計・開発から購買、製造、引き渡しまでの過程において、各企業が製品含有化学物質の適切な管理を行う必要がある。

製造業のサプライチェーンは、国境を越えて国際的に広がっている。しかし、製品含有化学物質に対する規制は、対象となる化学物質、含有制限（最大許容濃度）や管理当局への届出、情報提供、規制遵守のエビデンス整備など、規制の内容や求められる対応が国・地域や製品分野によって異なる。

事業者は、自社製品が直接的に関わる規制に対応する必要があるだけでなく、最終製品の仕向国の法規制に対する遵法判断に必要不可欠な情報など、自社製品を供給するサプライチェーンを通じて関係する規制にも、ビジネス上、間接

的に対応しなければならない状況にある。このように、サプライチェーンの分業で製造される製品の規制遵守は、企業間で伝達される情報に大きく依存している。

(2) 新たな情報伝達スキームの４つのポイント

経済産業省が2014年３月に取りまとめた「製品含有化学物質の情報伝達スキームの在り方について」では、化学物質の管理が国際的に推進される中で、製品に由来する化学物質の影響からのヒトの健康の保護と環境の保全、より安全な製品の製造・流通を実現し、拡大する製品含有化学物質規制に対応していくためには、サプライチェーンを通じた分業によるものづくりに対応した情報伝達の仕組みが必要であるとされた。新たな情報伝達スキームは、以下の４つのポイントを踏まえたものを構築するべきとしている。

(1) 現在直面する製品含有化学物質規制への対応が可能であること。かつ、「持続可能な開発に関する世界首脳会議（WSSD)」2020年目標の達成にも貢献する、リスク評価・管理の基本となる化学物質情報を伝達可能なスキームとすること。

(2) 業種・製品分野を限定せず、サプライチェーン全体で活用できること。かつ、既にサプライチェーンを通じた含有化学物質の情報伝達の取り組みが進められている分野においては、これまでと同等以上の情報伝達・管理が可能となること。

(3) 単なる日本標準ではなく、国際標準（デジュール・スタンダード）を目指し得るものとすること。すなわち、電気電子分野において既に制定されている国際規格 IEC62474と齟齬（そご）のない仕組みとした上で、対象範囲を広げる形でISO/IEC 化などを目指し得るスキームとすること。

(4) デジュール・スタンダードとともに、デファクト・スタンダード化の取り組みが重要。そのためにも、B２B（Business to Business）で、アジアを中心に広がる日本企業のサプライチェーンでも有効に普及できる仕組みとすること。また、日本政府からG２G（Government to Government）レベルの普及を行うための必要条件としても、新たなスキームを日本全体の業種横断的な仕組みとすること。

(3) chemSHERPA（ケムシェルパ）を公開

こうした状況を踏まえ、経済産業省では、安全確保を大前提としたサプライチェーンにおけるビジネスリスク、ビジネスコストの低減を目的として、サプライチェーンにおける製品に含有される化学物質の新たな情報伝達スキームの具体化を図り、ケムシェルパを2015年10月に公開した。

ケムシェルパは、①信頼できる効率的な製品中の化学物質の情報伝達スキームとして多種の製品や業界で使用できること、②情報の「責任ある提供」を確保するために「共通の物質リストを基本とする成分情報」および「法規制への遵法情報」を提供できること、を念頭に設計されている。現在、このスキームは産業界の自主活動として位置づけられ、2016年4月からアーティクルマネージメント推進協議会（JAMP）により運営されている。

経済産業省としても、日本の産業界のグローバルなサプライチェーンで活用されることを目指し、今後とも国際的な普及活動を進めていきたい。

2.1 ケムシェルパ導入の背景

欧州を中心にした化学物質の規制強化によって、国際化が進展している日本を含むアジアにもその影響が高まっている。

このような状況に対して経済産業省は、欧州域内の規制に対応している国内企業の実態調査を2011年度より行っており、「化学物質安全対策」としてホームページに掲載している。この中で川中（部品製造）中小企業が製品含有化学物質調査内容の多量化・多様化に苦慮していると報告されている。またこの実態調査では、輸出企業が電気電子分野において既に制定されている国際規格IEC62474を多く利用していることも報告されている。

一方で国際化の進展は、輸出先の拡大だけでなく、サプライチェーンの海外進出にもみられている。特にアジア各国へ進出する川中企業の増加に対して、製品含有化学物質における情報伝達の迅速化を図るため、経済産業省は2013年に「化学物質規制と我が国企業のアジア展開に関する研究会：通称アジア研」を設置している。

このような化学物質の規制強化に必要な情報伝達の複雑化に対して、国内外や異なる業界間における情報伝達方法の標準化の要求が高まっており、これに対応するため、経済産業省は新しい情報伝達スキームであるケムシェルパを2015年に公開した。

2.1.1 経済産業省による化学物質における情報伝達の実態調査

(1) 実態調査の目的と経緯

日本企業の国際競争力を維持・強化するため、経済産業省は欧州域内の化学物質規制に対応している企業の実態調査を「平成23年度環境対応技術開発等」で報告した。

この実態調査によると、輸出企業から製品含有化学物質の調査依頼を受けているサプライチェーンの川中中小企業においては、人員や知識面での不足もあり、化学物質情報の管理および伝達の対応に苦慮していることが明らかとなった。また実態調査では、その伝達方式も様々であり、多様な伝達方法が採用されている理由についても報告している。さらに情報伝達スキームへの要望や必要事項を整理することにより、ケムシェルパの普及に当たっての検討事項や、今後の課題についても報告している。

(2)　製品含有化学物質における情報伝達の実態

実態調査により判明した、サプライチェーンにおける含有化学物質の情報伝達の主な問題点を以下に挙げる。

① 川下企業（ユーザー）からの調査依頼に関する問題点

・川下企業からの調査スキームは、JAMP、IMDS（JAMA）、JGPSSIなどの標準フォーマットがあるものの、各社独自様式による調査が多い。また各社のグリーン調達基準の実態を調査したところ、実際に書かれている内容の大枠は企業間で同じであっても、要求の範囲や形式が、企業ごとに若干異なっている。

・ユーザーからの一方的な調査要求（短納期の情報要求、毎年の分析要求、全成分開示、非常に多種類の化学物質管理要求など）が報告企業にとって負担となっている。

・ユーザー側の担当者の理解度等によって、川中企業の負担が変化する。

② 川中企業（報告企業）における問題点

・情報伝達における川下からの様々な要求に対し、自社で工夫をしながら対応しているが、現在の情報伝達の方法は負担と感じている。

・化学物質管理に関しての専門知識を有する人材が不足している。

③ 川上企業（調達先）への調査に関する問題点

・製品に含まれる一部の化学物質については企業秘密となっている。

・川上企業は大手が多く、特に小ロットで購入している中小企業の場合は、依頼しづらい側面がある。

・規模の小さい調達先では、標準フォーマットを理解できない。

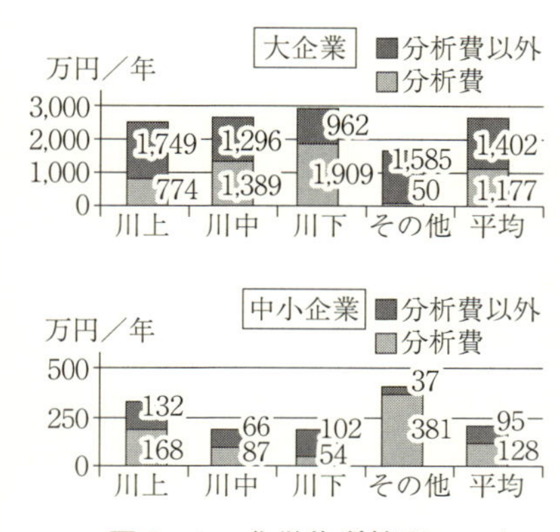

図2．1　化学物質管理コスト

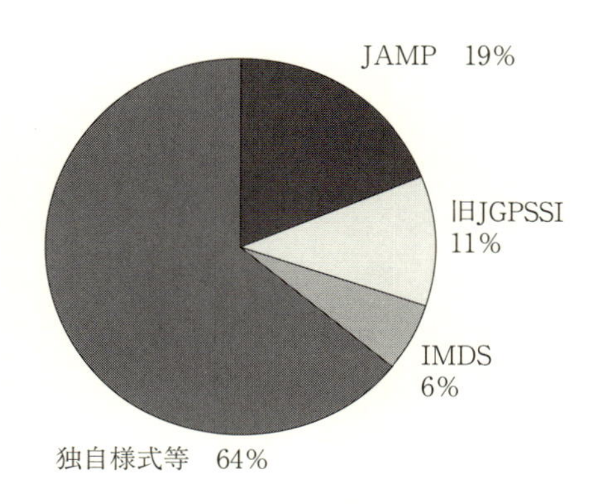

図2．2　化学物質情報の伝達方法

・標準フォーマットの中には、海外の調達先では対応できないものもある。

また、化学物質管理におけるコストを調査したところ、図2．1のとおりとなった。ユーザーからの要求に対応するために分析費用をかけている一方で、人的コストなどの管理面にも多くの費用をかけていることが明らかになった。このように人的コストが高くなる理由として、独自様式による調査が多いことが考察されている。自動車業界ではIMDS（International Material Data System、自動車業界向け材料 データベース）が、電機・電子業界においては業界横断的なJAMP（Joint Article Management Promotion-consortium、アーティクルマネジメント協議会）および旧JGPSSI（グリーン調達調査共通化協議会）が標準フォーマットとして採用されているが、図2．2のように半数以上の情報伝達が独自様式で行われていると回答されている。

このため様式ごとに個別の対応が必要となり、特に川中中小企業では効率的でない情報伝達の対応に苦慮している、と報告されている。独自様式を採用している理由として、①最終顧客の要求が多様すぎる。②調達先が標準フォーマットを理解できない、または国外企業のため対応されない。③グリーン調達など自社独自の方法で既に管理体制が構築されている、と回答されている。

(3) 統一スキームへの期待

このように独自様式を使用していることにはそれぞれの理由があり、統一スキームへの転換は困難であることも予想される。一方で、情報伝達スキームが業界横断的に統一され、川中に多い中小企業が多様な川下（最終製品）メーカーから統一様式での報告を求められる状況をつくり出すことが、化学物質管理における最大の中小企業支援策となる、との見解を示している。

また、サプライチェーン全体で同一の情報伝達スキームを使い、同じ認識で製品含有化学物質の管理を行うことにより、情報伝達のやり取り（パス）の回数を減らし、スムーズに行うことができれば、サプライチェーン全体のコスト削減につながるとも考えられている。そのためには、大手企業などの化学物質管理への取り組みが進んでいる企業が、中小サプライヤー企業とのコミュニケーションを図るなど、対峙ではなく協調して取り組むことが重要であると考えられている。

このように、化学物質管理における情報共有の円滑化を図り、中小企業の支援と日本企業の国際競争力を強化するため、経済産業省では伝達書式やルールを統一し標準化することを目指し、新たな情報伝達スキームケムシェルパの検討を重ね、2015年10月にその正規版が公開されている。

(4) ケムシェルパ普及のための検討事項

経済産業省が報告した「平成27年度化学物質安全対策」では、独自様式等を採用している企業がケムシェルパを採用するために考慮しなければならない項目について検討している。

① 大手企業に対する普及

既存スキームとの差異とメリットを明確にし、継続的な普及活動が重要と考えられる。

② 海外企業への普及

言語の問題もあり、普及は一段と難しくなる。標準化に対する国際的な活動は有効な手段であるが、大手の海外企業がどのような考え方に立っているのかベンチマークが必要と考えられる。

③ 費用および工数に対する考慮

特に大手企業にとって経営判断を必要とする重要な事項であるため、普及率を上げることが有用な解になると考えられる。

④ 他産業界との親和性の確保

ケムシェルパは、エリア構造を有しているが、IEC関連企業の製品が多く使われている自動車や玩具といった業界との協調や、相互理解のための活動が今後重要となると考えられる。

⑤ スキームやツールのユーザビリティ

使用方法を指導するプログラムの導入や、プログラム上への親切ガイドなど、商用プログラムでは一般的な親切設計を、ツールに盛り込むことが有効であると考えられる。

⑥ 新しいスキームの継続的な維持管理体制

新スキームを普及、発展させるためには、運営組織の自立（安定した収益等）と継続的な活動が重要であると考えられる。

このようにケムシェルパへの期待が高まる一方で、今後の課題として書類フォーマットの存在も残っている。書類フォーマットは、既存の電子フォーマットの2.5倍の件数があり、証明書・宣言書の類や測定データなどに多く利用されているため、サプライチェーンにおいて多様な対応を求められていることが判明した。

なお、これらの書類フォーマットを使用しないための条件を聞いたところ、使用しないことは不可能との意見もあったが、①川下企業が要求しない、②国内外問わず全企業が同一フォーマットで調査を行う、③原材料メーカーが100%の成分情報開示を行う、④公的な規制をかける、などの意見も挙がっている。

ケムシェルパは独自の電子フォーマットには対応可能であるが、書類フォーマットへの対応は、現時点では未知数である。書類フォーマットについてもケムシェルパの運用面から対応できる部分について議論をする必要もあるとされている。

2.1.2　アジア研の狙い

(1)　アジア研の狙い

経済産業省は、アジア研（化学物質規制と我が国企業のアジア展開に関する研究会）をサプライチェーンがグローバル化する中で日本の企業が国際的な化学物質規制の拡大に適切に対応するために設置した。

アジア研の狙いを知ることで、日本の化学物質管理が目指す方向性を正しく理解することができ、企業におけるケムシェルパへの今後の取り組みをより確実なものとすることができる。

アジア研では、国際的な化学物質規制拡大の動きの中で、日本の企業が目指すべき新たな情報伝達スキームの構築と、新スキームの運営組織や移行スケジュールなどについて検討している。狙いは、ケムシェルパを日本のみならずアジア全域の企業が利用しやすいスキームとすることであり、アジアでのデファクト・スタンダードにすることで、サプライチェーンがアジア全域に広がりつつある中で、国際社会での日本の産業競争力強化に資することを目標としている。

(2)　情報伝達スキームの標準化に関する現状

これまでも日本におけるサプライチェーンを通じた情報伝達の取り組みは進展しているが、いまだ円滑に伝達されているとは言い難い状況である。

サプライチェーンの中で情報伝達が円滑にいかない原因を図２．３にまとめた。川上（原材料製造）企業は混合物の含有物質の一部の情報は企業秘密として公開できないこと、川中（部品製造）企業は中小企業が多く、一方川上企業は規模が大きく、情報提供を依頼しにくいこと、川下（最終製品製造）企業はサプライヤーへの説明の費用負担が大きいことなど様々な問題がある。

2.1.1に記述したように電気電子分野が関わる製品含有化学物質の情報伝達の標準スキームとしてJAMPおよびVT62474国内委員会（旧JGPSSI）の２つのスキームが存在している（ほかに自動車分野のIMDSなど）。これらの

図2.3　情報伝達が円滑でない原因

「標準スキーム」による情報伝達は全体の4割に満たず、残りの6割以上は各個別企業の独自様式であり、川中事業者はこれらの多様なスキームに対応しなければならず過大な負担を負っている。

サプライチェーンの途中で情報伝達が途切れてしまうと、その川下側の企業は、調達品の情報に基づいて自社製品の情報を作成することが困難となるため、自ら確認、作成などをする必要が生じる。図2.3に記載したように情報伝達が円滑であれば不要となる手続きや分析などのコストは、日本企業全体では莫大な金額になると推定されている。ケムシェルパに統一されることでこれらの負担の軽減が期待できる。

(3)　新たな情報伝達スキームの基本要件

新たな情報伝達スキームの基本要件を以下示す。

①　現在直面する製品含有化学物質規制への対応が可能であること。「持続可能な開発に関する世界首脳会議（WSSD）」の2020年目標の達成に貢

献するリスク評価・管理の基本となる化学物質情報を伝達できるスキームとすること。

② 業種・製品分野を限定せずサプライチェーン全体で活用できること。既にサプライチェーンを通じた含有化学物質の情報伝達の取り組みが進められている分野においては、これまでと同等以上の情報伝達・管理が可能となること。

③ 国際標準（デジュール・スタンダード）を目指し得るものとすること。電気電子分野において既に制定されている国際規格IEC62474と齟齬のない仕組みとした上で、対象範囲を広げる形でISO/IEC化などを目指し得るスキームとすること。

④ デファクト・スタンダード化の取り組みとすること。B to B（Business to Business、企業間取引）でアジアを中心に広がる日本企業のサプライチェーンで有効に普及できる仕組みとすること。また、政府間での普及を行うためにも新たなスキームを日本全体の業種横断的な仕組みとすること。実際に2016年11月にはアジア太平洋経済協力閣僚会議（APEC）の閣僚声明に日本のケムシェルパが明記されるなど一定の成果につながってきている。既に2015年よりデータフォーマットの統一に向けた運用に着手しており、今後2018年にはフル運用を予定している。

(4)　新たな情報伝達スキームの重要な事項

新たな情報伝達スキームの主要な構成要素は、データ作成支援ツール、データフォーマット、ITシステムである（図2．4）。

① スキーム全体に関わる事項

・様々な製品分野や最終製品売先国の規制に対応するため、関連する法規制（REACH・RoHSなど）や業界基準（IEC62474・GADSLなど）の対象物質リストの全てを網羅するように物質リストを整備する。

・特定の製品分野で本スキームを利用する場合には、川下事業者の製品に課せられる規制などに応じて、この物質リストに含まれる法規制・業界基準を選

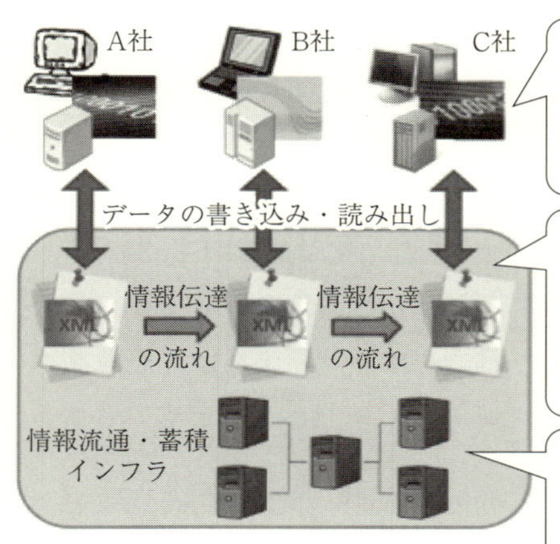

図2.4　情報伝達スキームの構成要素

択し、対象物質の範囲を設定する。

・責任ある情報提供を行う（最終製品のサプライチェーンに関わる各企業が情報提供の内容に応分の責任を負う）。

・「提供型」、「依頼／回答型」の両方の情報伝達の流れに対応する。また、完成品における「遵法判断」への対応のため、(i)規制対象の物質単位（物質・物質群）での「閾値レベルによる含有判定（Y/N）」の情報、または(ii)製品に含有される化学物質の「成分情報」、もしくはその両方を提供する。

・製品の全重量に対し、含有化学物質情報が伝達される重量の割合（カバレッジ）を新スキームの情報項目として設定する。

②　データフォーマットに関わる事項

・新スキームは、グローバルに広がるサプライチェーンに訴求力を持つことを目指しているため、成形品（川中～川下）のデータフォーマットは既に電気電子分野で2012年7月に発効している電気電子製品の国際規格であるIEC62474に準拠し、そのXMLスキーマを採用する。その上で電気電子以外の業種・製品分野の含有化学物質情報も記述できるように「オプション」の利用範囲・方法を検討する。

・化学品（川上）のデータフォーマットは、SDS（安全データシート）と連携した体系〔SDSの作成に必要となる化学物質情報（物質名・含有量など）とリンクさせる仕組みなど〕が望ましい。また、化学品はIEC62474の対象範囲ではないが、基本情報などは成形品とも共通部分があるため、IEC62474で採用しているXMLスキーマと整合を図り、化学品から成形品への情報転換を円滑に行えるようにするなど、成形品の情報伝達とも整合する仕様を検討する。

③　データ作成支援ツールに関わる事項

・新スキームのデータフォーマットに対応したデータの新規作成、加工、複合化などのために、PC上で動作する使いやすいツール（ソフトウェア）を安価に使用できる環境を整備する。特に中小企業の情報伝達コストを下げるためにツールによる入力支援機能が重要である。

・成分情報に基づいた「閾値レベルによる含有判定（Yes/No）情報」の作成支援（成分情報からのコンバート）機能などを備える必要がある。サプライチェーンを通じて共有する基礎的な情報は成分情報であり、法規制によって定められている閾値を基準とした「閾値レベル」による含有宣言が必要である。また、機能的に不足する事業者がサードベンダーの有料ツールなどを活用可能とする。現行スキームのデータを有効に活用するためのコンバーターも移行期間において必要である。

④　ITシステムに関わる事項

・新たな情報伝達スキームでのITシステムについては、その要否を検討中である（2017年３月現在）。

⑤　運用支援

・川中における化学品から成形品への変換工程では、情報伝達の対象物質が化学変化などを経るため含有化学物質のデータを新たに作成する必要がある。一方、川中は中小企業が多いため、化学変化に対する知見の不足などで成形品の含有化学物質情報を適切に作成できない事業者も少なくない。そこで変換工程（化学品→成形品）の情報作成支援として、成形品に含有される化学物質を見積もるためのガイドラインなどを整備する。また法令に基づく告示などの形で法制度の一部分に組み込むような仕組み（ガイドラインなどの遵守＝法令遵守となる）の検討が必要である。

・中小企業への普及・支援策としては、まず情報伝達スキームが業種横断的に統一され、川中に多い中小企業が複数の川下製品メーカーから個社フォーマットの報告を求められない状況をつくり出すことが最大の支援策である。

また、現場への指導員の派遣、研修や能力認定、経営者への普及啓発などを検討する。小規模・零細事業者や指定部材を加工する下請事業者などに係る情報伝達の在り方、また、入力代行などの仕組みの是非についても検討する。

・新スキームの運営組織が直接実施する研修・教材作成などのほか、業界団体中小企業団体などを通じた支援の仕組みも課題となる。

2.2 ケムシェルパの紹介

電気電子分野が関わる製品含有化学物質の情報伝達スキームで使用されるツールは様々あるが、本章ではchemSHERPA（ケムシェルパ）事務局から提供されているデータ作成支援ツールについて紹介する。

(1) データ作成支援ツールの目的と位置づけ

ケムシェルパの情報伝達スキームで使用するデータ作成支援ツールは、ヒトの健康と環境の保護を促進するために、製品の生産および使用に必要な製品含有化学物質情報をサプライチェーン全体で共通化し、確実かつ効率的に情報を伝達することを目的としている。

データ作成支援ツールは情報伝達の対象範囲となる管理対象物質、製品含有化学物質情報として伝達すべき情報項目、情報伝達のためのデータフォーマット等を共通化する。

(2) データ作成支援ツールの特徴と概要

① ケムシェルパの特徴と概要

ケムシェルパの主な特徴と概要を以下に列挙する。

1）製品含有化学物質の情報伝達共通スキームである

製品に含有される化学物質を適正に管理し、拡大する規制に継続的に対応するためには、サプライチェーンにおける製品含有化学物質の情報伝達が重要である。ケムシェルパは、サプライチェーン全体で利用可能な情報伝達の仕組みを提供する。

2）確実かつ効率的な製品含有化学物質の情報伝達のために開発された

川上から川下まで、商社等も含むサプライチェーンに関係する事業者における利用を考慮している。情報伝達の対象とする化学物質、情報項目、国際標準を採用したデータフォーマットなど、共通の考え方に基づく情報伝達の実践が可能である。共通の物質リストに基づく成分情報、成形品については製品分野ごとの遵法判断情報も合わせて、「責任ある情報伝達」として情報を作成し伝達する。

3）情報伝達と管理の課題への継続的な取り組みとしている

製品含有化学物質管理の課題の解決へ継続的に取り組む。物質リストの定期更新、国際標準化の推進、普及研修のツール・機会等を提供する。

4）データ作成支援ツールを公開（2015年10月）し、その後、改訂版をリリースしている

②　ケムシェルパの構成要素

ケムシェルパ情報伝達スキームを用いて、情報伝達を行う全ての組織が遵守すべき原則（利用ルール）として、次の4つの構成要素が決められている。「1）管理対象物質」、「2）データフォーマット」、「3）データ作成支援ツール（互換ソフトウェア）」、「4）ITシステム（将来構想）」。

それぞれ以下に説明する。

1）管理対象物質

管理対象物質とは情報伝達の対象とする化学物質であり、法や業界基準等の管理対象基準によって規定されている化学物質である。

(i)　管理対象基準の選定の考え方

新情報伝達スキームでは、サプライチェーンにおける製品含有規制物質の情報伝達の確実化・円滑化のためにサプライチェーン全体が必要とし、サプライチェーン全体で合意できる管理対象基準を目指す。

(ii)　管理対象基準の選定

・全般

製品含有化学物質に関係のある法規制および／または業界基準から管理対象基準を選定する。法規等の内容（条件、表現、判断基準など）については変更せずに採用する。

・法規制

日米欧の主要な法規制を対象とする。アジア諸国等の法規制についても、今後取り入れる可能性を有する。管理対象基準として取り入れるべきかを

十分に検討した上で、必要であれば管理対象基準の変更手続きに則り追加していく。

・業界基準

電気電子業界および自動車業界を対象とする。他業界の基準についても、今後取り入れる可能性を有する。管理対象基準として取り入れるべきかを十分に検討した上で、必要であれば管理対象基準の変更手続きに則り追加していく。

(iii) 管理対象物質リストの維持管理

検索用リストは、年2回の改訂を予定している（1月、7月）。管理対象基準の変更は、改訂のルールを定め、提案を受け付ける。

(iv) 管理対象基準

選定された管理対象基準は、表2.1に示すとおりである。

2）データフォーマット

製品含有化学物質情報を電子データ化するためのフォーマットであり、

表2.1 管理対象基準

管理対象基準ID	対象とする法規制および業界基準（並び順は制定年順）
LRO1	日本 化審法 第一種特定化学物質 (CHRIPの化審法第一種特定化学物質リスト）
LRO2	米国 有害物質規制法（Toxic Substances Control Act:TSCA）使用禁止または制限の対象物質（第6条）
LRO3	EU ELV指令2011/37/EU
LRO4	EU RoHS指令2011/65/EU ANNEX II
LRO5	EU POPs規則（EC）No850/2004 ANNEXI
LRO6	EU REACH規則（EC）No 1907/2006 Candidate List of SVHC for Authorisation（認可対象候補物質）および ANNEX XIV（認可対象物質）
LRO7	EU REACH規則（EC）No1907/2006 ANNEX XV II（制限対象物質）
ICO1	Global Automotive Declarable Substance List（GADSL）
ICO2	IEC62474 DB Declarable substance groups and declarable substances

出典：経済産業省

IEC62474のXMLスキーマを採用している。データフォーマットには「化学品の伝達情報（ケムシェルパ-CI*1)）のデータフォーマット」と「成形品の伝達情報（ケムシェルパ-AI*2)）のデータフォーマット」の２種類がある。

(i)　化学品の伝達情報（ケムシェルパ-CI）のデータフォーマット

化学品の製品含有化学物質情報は、含有される管理対象物質の成分情報（物質コード種別、CAS番号またはSN番号、EC番号、物質名称、物質名、物質群名称　等）であり、データフォーマットはIEC62474のXMLスキーマを利用し、成形品のデータフォーマットの仕様と整合させている（表2.2）。

(ii)　成形品の伝達情報（ケムシェルパ-AI）のデータフォーマット

成形品の製品含有化学物質情報は、含有される管理対象物質の成分情報および遵法判断情報であり、データフォーマットはIEC62474のXMLスキーマを採用している（表2.3）。

＊1　CI：Chemical Information
＊2　AI：Article Information

表2.2　化学品のデータフォーマット

情報項目		対　象
0	ビジネス情報	組織名・担当者名等
1	成分情報	管理対象物質

出典：chemSHERPA

表2.3　成形品のデータフォーマット

情報項目		対　象
0	ビジネス情報	組織名・担当者名等
1	成分情報 （階層）→部品→材質→物質の構造	管理対象物質
2	遵法判断情報	エリア指定時

出典：chemSHERPA

・成分情報の伝達基準

成分情報は物質コード種別、CAS番号またはSN番号、EC番号、物質名称、物質名、物質群名称　等を含む。成分情報の伝達基準を表２．４に示す。なお、関係する法律があればその法律に従うこと。

・エリアによる成形品の遵法判断情報の設定

成形品の遵法判断情報の伝達における「責任ある情報伝達」として、成形品の供給者として、供給先に対し「エリア」によって規定される基準に基づいて材料宣言する。エリアに基づく遵法判断情報のレベルは、エリアにおいて参照される法規制等が規定する要求レベルに応じたものとなる。

データ作成支援ツールでは、遵法判断情報の内容を、“エリア”で指定（対象物質、報告用途、報告閾値など）する。エリアは、管理対象基準とし

表２．４　成分情報の伝達基準

<table>
<tr><th colspan="2">法規制等の規定する閾値</th><th>管理対象物質の含有濃度</th><th>成分情報の伝達の要否</th></tr>
<tr><td rowspan="5">法規制等の対象用途に用いられることが明らかな場合、および用途が不明の場合</td><td rowspan="3">法規制等の規定する閾値
>0.1重量比％</td><td>法規制等が含有を制限する濃度以上</td><td>当該化学物質を含む成分情報の伝達を必須とする。</td></tr>
<tr><td>ケムシェルパの自主基準0.1重量比％以上、かつ法規制等が含有を制限する濃度未満</td><td>当該化学物質を含む成分情報を、ケムシェルパの自主基準に基づいて伝達する。</td></tr>
<tr><td>ケムシェルパの自主基準0.1重量比％未満</td><td>当該化学物質の情報伝達は不要とする。任意の伝達が可能。</td></tr>
<tr><td rowspan="2">法規制等の規定する閾値
≦0.1重量比％</td><td>法規制等が含有を制限する濃度以上</td><td>当該化学物質を含む成分情報の伝達を必須とする。</td></tr>
<tr><td>法規制等が含有を制限する濃度未満</td><td>当該化学物質の情報伝達は不要とする。任意の伝達が可能。</td></tr>
<tr><td colspan="2" rowspan="2">法規制等の対象用途に用いられないことが明らかな場合</td><td>ケムシェルパの自主基準0.1重量比％以上</td><td>当該化学物質を含む成分情報をケムシェルパの自主基準に基づいて伝達する。</td></tr>
<tr><td>ケムシェルパの自主基準0.1重量比％未満</td><td>当該化学物質の情報伝達は不要とする。任意の伝達が可能。</td></tr>
</table>

出典：chemSHERPA

た法規制および／または業界基準の中から選択する。初期設定では、電気電子機器分野向けの遵法判断情報のために、IEC62474（IEC62474DB: Declarable substance groups and declarable substances）をエリアとして採用する。今後、必要に応じて、別の製品分野のためのエリアの追加の検討が予定されている。

・責任ある情報伝達

サプライチェーンにおいて授受される、ケムシェルパの製品含有化学物質は、全てが「責任ある情報伝達」である必要がある。

化学品の成分情報の伝達における「責任ある情報伝達」として、供給者からの情報や自社の知見に基づき、可能な限りの努力による情報を伝達する。化学品の成分情報を伝達する者は、「責任ある情報伝達」に即した情報であることを承認（オーソライズ）した情報を伝達すること。

成形品の成分情報の伝達における「責任ある情報伝達」として、供給者からの情報や自社の知見に基づき可能な限りの努力による情報を伝達する。成形品の成分情報を伝達する者は、「責任ある情報伝達」に即した情報であることを承認（オーソライズ）した情報を伝達すること。選択したエリアにおいて参照される法規制等の対象となる管理対象物質については、成分情報の伝達閾値以上含有される全ての物質について、情報を伝達する。

川上からの伝達情報等で知り得た情報を、自社で情報量を削ることなく、確実に川下に伝達すること。

全ての調達品の情報を、全ての供給者から入手できるとは限らないため、自社の有する知見や科学的な知見などの情報を加えるなどの合理的な努力により作成して情報を伝達すること。

(3)　化学品データ作成支援ツール、成形品データ作成支援ツール

データ作成支援ツール（図2.5）には、「化学品データ作成支援ツール」と「成形品データ作成支援ツール」の２種類ある（図2.6および図2.7）。

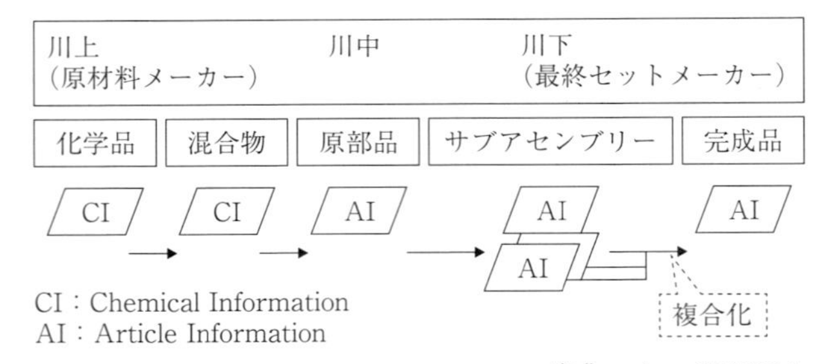

図2．5　データ作成支援ツールの版数

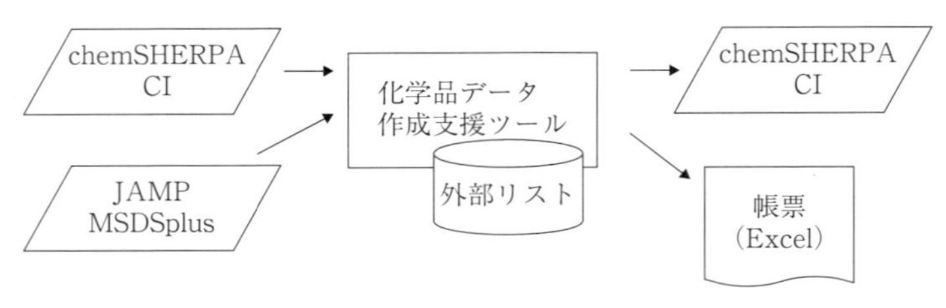

図2．6　化学品データ作成支援ツール

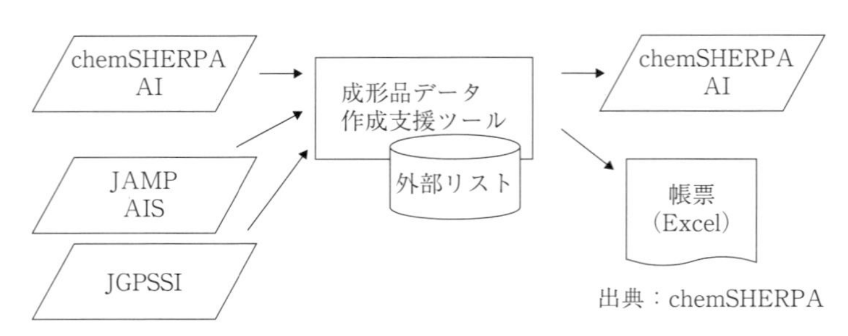

図2．7　成形品データ作成支援ツール

表2.5　主な画面と入力内容

画面	内容	入力情報項目
基本情報画面	発行者・承認者情報	会社名、住所、担当者名、担当者連絡先、承認者名、承認日、作成日等
	製品・部品情報	製品名、製品品番、メーカー名、発行日等
	依頼者情報	会社名、住所、担当者名、担当者連絡先、依頼日、回答期限等
成分情報画面	製品含有化学物質情報	物質名、含有率管理対象物質の含有有無等

出典：chemSHERPA

(4)　主な画面構成と入力項目

それぞれのデータ作成支援ツールの主な画面構成と入力項目を以下に示す。

1）化学品データ作成支援ツール

(i)　主な画面と入力内容

化学品データ作成支援ツールの主な画面と入力内容を表2.5に示す。

(ii)　入力支援機能

化学品データ作成支援ツールの主な入力支援機能を以下に列挙する。

・外部リストでマスター化された情報の選択入力が可能

・物質検索機能…CAS番号、物質名（日英中）の部分一致検索、該当法令での絞り込み　等

・作成済CIの引用…製品への作成済みデータ引用／追加取り込み

(iii)　外部リスト

化学品データ作成支援ツール内部で管理するリストを以下に示す。

・検索用物質リスト

・材質リスト

・用途リスト　等

2）成形品データ作成支援ツール

(i)　主な画面と入力内容

成形品データ作成支援ツールの主な画面と入力内容を表2.6に示す。

表２．６　主な画面と入力内容

画面	内容	入力情報項目
基本情報画面	発行者・承認者情報	会社名、住所、担当者名、担当者連絡先、承認者名、承認日、作成日等
	製品・部品情報	製品名、製品品番、メーカー名、質量、報告単位、発行日等
	依頼者情報	会社名、住所、担当者名、担当者連絡先、依頼日、回答期限等
成分情報画面	階層→部品→材質→物質の構造を持つ製品含有化学物質情報	階層、階層員数、部品、部品員数、材質、材質質量、物質名、材質当たり含有率、適用除外コード等
遵法判断情報画面	エリアにおける遵法判断情報	報告IDごとの含有判定（Y/N)、含有率、含有量、用途コード、使用用途、使用部位等

出典：chemSHERPA

(ii)　入力支援機能

成形品データ作成支援ツールの主な入力支援機能を以下に列挙する。

・外部リストでマスタ化された情報の選択入力物質／材質／適用除外等
・物質検索機能…CAS番号、物質名（日英中）の部分一致検索、該当法令での絞り込み　等
・成分情報の複合化…調達部品のAIを統合
・作成済AIの引用…製品への作成済みデータ引用／追加取り込み
・成分情報→遵法判断情報変換…成分情報から指定されたエリアの遵法判断情報に変換（一部対象外）

(iii)　外部リスト

成形品データ作成支援ツール内部で管理するリストを以下に示す。

・エリア情報
・検索用物質リスト
・材質リスト
・用途リスト
・換算係数　等

(5) ケムシェルパの情報伝達スキームの移行スケジュール（図2.8）

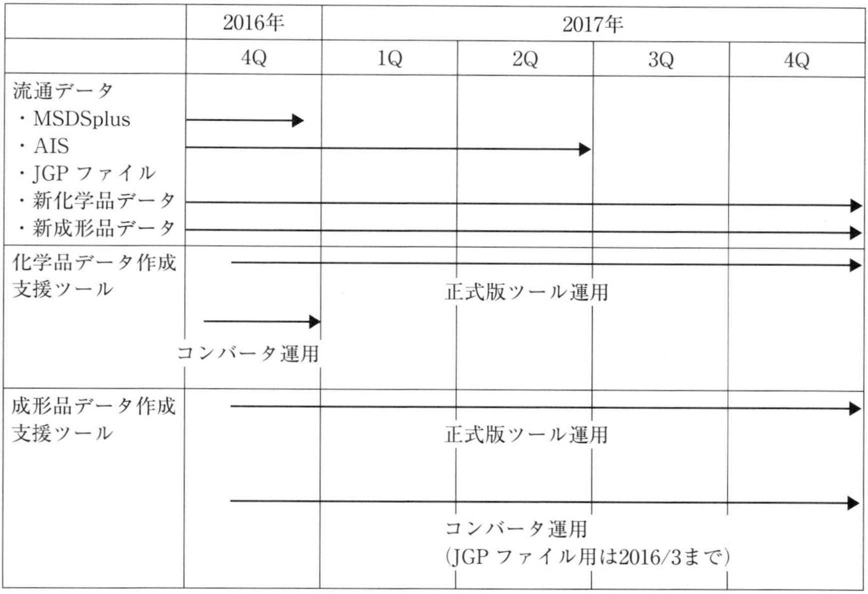

	2016年	2017年			
	4Q	1Q	2Q	3Q	4Q
流通データ ・MSDSplus ・AIS ・JGP ファイル ・新化学品データ ・新成形品データ					
化学品データ作成 支援ツール	コンバータ運用		正式版ツール運用		
成形品データ作成 支援ツール			正式版ツール運用 コンバータ運用 (JGP ファイル用は2016/3まで)		

出典：chemSHERPA

図2.8　移行スケジュール

2.2.1　入力のための準備情報

(1) ツールの入手と導入手順

① データ作成支援ツールの入手手順

2.2項で述べたようにケムシェルパのデータ作成支援ツールには以下の「化学品データ作成支援ツール」と「成形品データ作成支援ツール」の２種類があり、ツールおよびマニュアル一式がケムシェルパ事務局から無料で提供されている。

今後の改版に応じて最新版に更新すること。

② データ作成支援ツールの導入手順

化学品／成形品データ作成支援ツールの導入手順は同様であるため、ここでは成形品データ作成支援ツールの導入手順を例に取り説明する（化学品データ作成支援ツールを導入する場合は、以降、「成形品」を「化学品」と読み替えて実施のこと）。

なお、ダウンロードした「マニュアル一式」の中に、「成形品データ作成支援ツール　操作マニュアル」と「成形品データ作成支援ツール　入力マニュアル」が入っており、操作方法が詳しく書かれているので、それらも参照のこと。

また、経済産業省のホームページに「ケムシェルパ（製品含有化学物質情報伝達スキーム）」の説明動画が提供されており、わかりやすく説明されている。

データ作成支援ツールの動作環境として、Microsoft Windows Vista, 7, 8, 8_1（32bit), 8_1（64bit）の一般的なパソコンで使用できるようになっている。ただし、一部の過去のデータは使用できない場合がある。

2.2.2　入力方法

データ作成支援ツールを用いて企業が行うデータ入力方法を、それぞれ該当する項で説明する（表２．７）。

(1)　データの作成

データ作成支援ツールを用いて自社データを作成する業務は図２．９に示すデータの作成フローで行う。

表２．７　ケムシェルパデータ提供の種類

	業務形態	内　容	解説項番
1	提供型	提供側企業が自らデータを作成し、提供する。	(1)、(2)、(3)項
2	依頼回答型	・相手企業からの依頼に応じて、作成済／新規作成のデータを提供する。 ・相手企業からの依頼データに、自社のデータを記入して提供する。	(4)項

出典：chemSHERPA

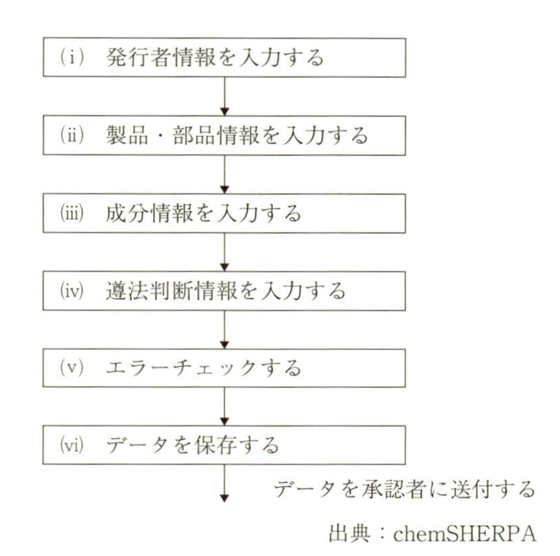

出典：chemSHERPA

図2.9　データの作成フロー

①　発行者情報、作成日、エリアの入力（図2.10）

［注意］画面上で“＊”マークが付いている項目は入力必須である（以降も同様）。

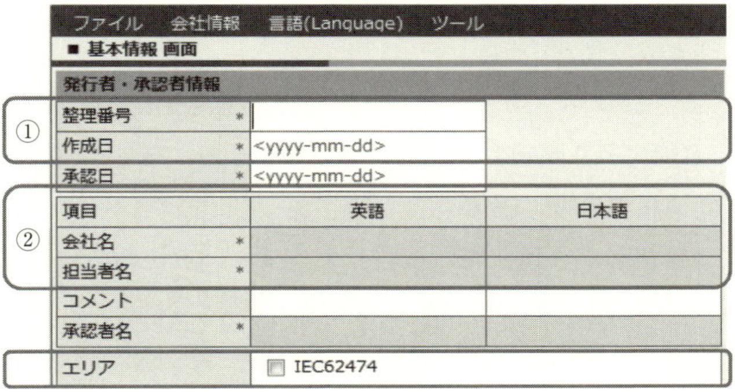

ファイル　会社情報　言語(Language)　ツール

■ 基本情報 画面

発行者・承認者情報

	項目		
①	整理番号 *		
①	作成日 *	<yyyy-mm-dd>	
	承認日 *	<yyyy-mm-dd>	
②	項目	英語	日本語
②	会社名 *		
②	担当者名 *		
	コメント		
	承認者名 *		
	エリア	☐ IEC62474	

出典：chemSHERPA

図2.10　発行者情報等の入力

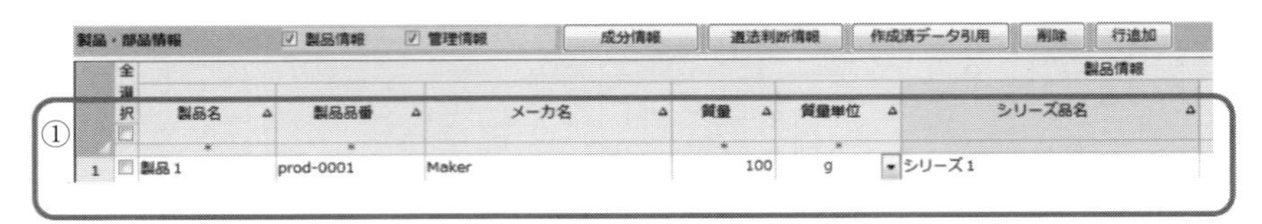

出典：chemSHERPA

図2.11　製品情報の入力

１）整理番号、作成日

データの整理番号、作成日を入力する。

２）会社情報、発行者情報

メニューバーの「会社情報」→「入力」→「発行者・承認者情報」を選択すると、発行者・承認者情報画面が表示されるので、〈〈発行者情報〉〉の各項目を入力し「OK」ボタンを押下する。

３）エリア

遵法判断情報の対象エリアを選択する。

②　製品情報の入力・確定（図2.11）

製品名、製品品番、（以降、横方向の項目）を入力する。

③　成分情報の入力・確定

製品を１つ選択して「成分情報」を押下し、成分情報を入力する[*3)]。

［準備すべき成分情報の例］

図2.12のようなコネクター付きケーブル成形品を生産しているメーカーの場合、表2．8のような構成品の成分情報を準備する。

④　遵法判断情報の入力・確定

製品を１つ選択して「遵法判断情報」を押下し、遵法判断情報を入力する。その際、エリアが選択されていることが必要である。

[*3)] 詳細は参考文献①の「12_成分情報の入力」を参照のこと。
[*4)] 詳細は参考文献①の「13_遵法判断情報の入力」を参照のこと。

図2.12　コネクター付きケーブル成形品の例

表2．8　成分情報

	部品名	材質	含有物質
1	ケーブル	PVC	ポリ臭化ビフェニル
2	熱収縮チューブ	ポリオレフィン	六価クロム
3	はんだ	スズ、銅	鉛
4	ねじ	ステンレス	六価クロム

⑤　エラーチェック

「エラーチェック」ボタンを押下し、エラーが存在しないことを確認する。エラーがある場合は、エラーとなっている項目を、エラー内容を参考に修正する。

⑥　一時保存ファイル出力（図2.13）

1）保存する製品・部品情報のチェックボックスにチェックを付ける。

2）「一時保存」ボタンを押下して、ケムシェルパデータ（ファイル）を自身の PC 等に保存する。

なお、一時保存したファイルの名称は、「SHAI_Temp_{※発行者または依頼者整理番号}_yyyymmddhhss_shai」となる。

※発行者整理番号が空欄の場合は依頼者整理番号、依頼者整理番号も空欄の場合は空欄となる。

3）作成したファイルを承認者に社内メール等で送付し、承認を依頼する。

4）メニュー→「ファイル」→「終了」を選択してツールを閉じる。

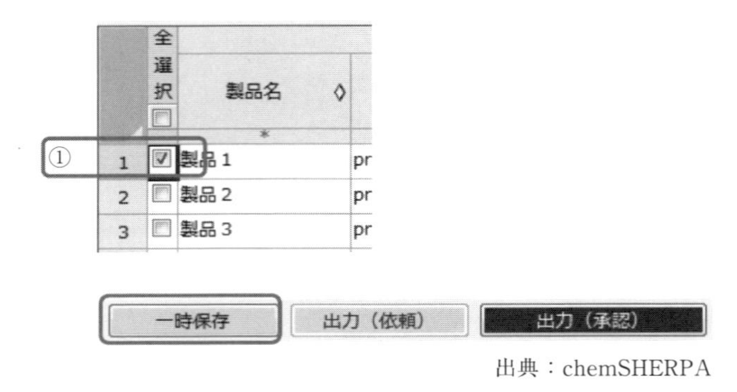

出典：chemSHERPA

図2.13　一時保存ファイル出力

(2)　データの承認（承認者の作業）

データ作成支援ツールを用いて担当者が作成した自社データを承認する業務は、図2.14のデータの承認フローで行う。

①　一時保存データの読み込み

メニュー→「ファイル」→「開く」→「ケムシェルパデータ形式」で、承

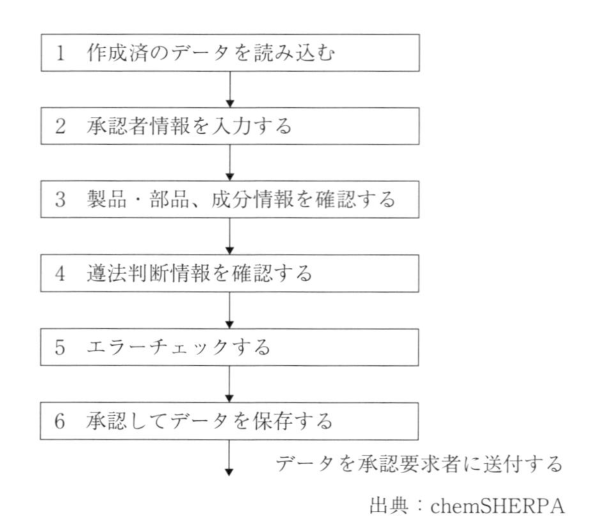

出典：chemSHERPA

図2.14　データの承認フロー

認対象のファイルを選択する。

② 承認者情報、承認日の入力（図2.15）

メニューバーの「会社情報」→「入力」→「発行者・承認者情報」を選択すると、発行者・承認者情報画面が表示されるので、<< 承認者情報 >> の各項目を入力し「OK」ボタンを押下する。

③ 製品、成分、遵法判断情報の確認

1）製品・部品情報を確認する（図2.16）

・製品名、製品品番、含有総合判定を確認する。

ファイル　会社情報　言語(Language)　ツール

■ 基本情報 画面

発行者・承認者情報

整理番号 *	test	
作成日 *	2014-12-22	
承認日 *	2014-12-23	
項目	英語	日本語
会社名 *	test company	テスト会社
担当者名 *	test user	テストユーザ
コメント		
承認者名 *	syounin1	承認者1 ①
エリア	IEC62474	

出典：chemSHERPA

図2.15　承認者情報

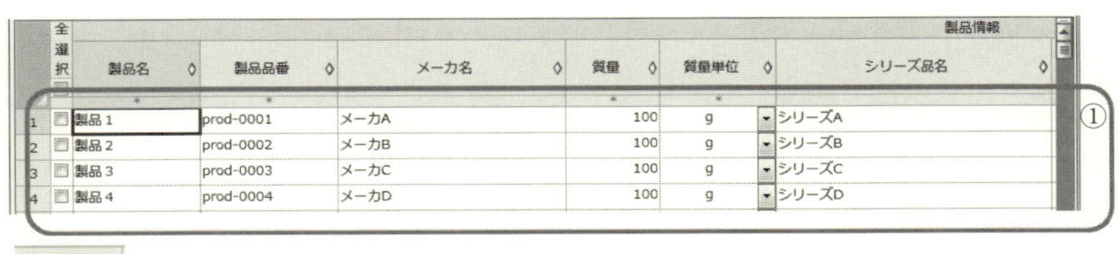

	全選択	製品名	製品品番	メーカ名	質量	質量単位	シリーズ品名
1		製品1	prod-0001	メーカA	100	g	シリーズA
2		製品2	prod-0002	メーカB	100	g	シリーズB
3		製品3	prod-0003	メーカC	100	g	シリーズC
4		製品4	prod-0004	メーカD	100	g	シリーズD

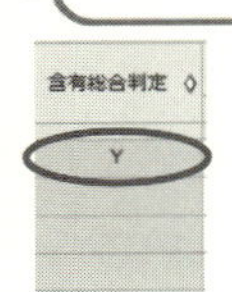

出典：chemSHERPA

図2.16　製品・部品情報

出典：chemSHERPA

図2.17　成分情報、遵法判断情報の入力状況

・成分情報、遵法判断情報の入力状況が「確定」となっていること（図2.17）。

2）成分情報を確認する（図2.18）

・承認対象の製品のチェックボックスにチェックを付ける。

・「成分情報」ボタンを押下し、成分情報画面に遷移する。

・「基本情報画面に戻る」ボタンを押下する。

3）遵法判断情報を確認する（図2.19）

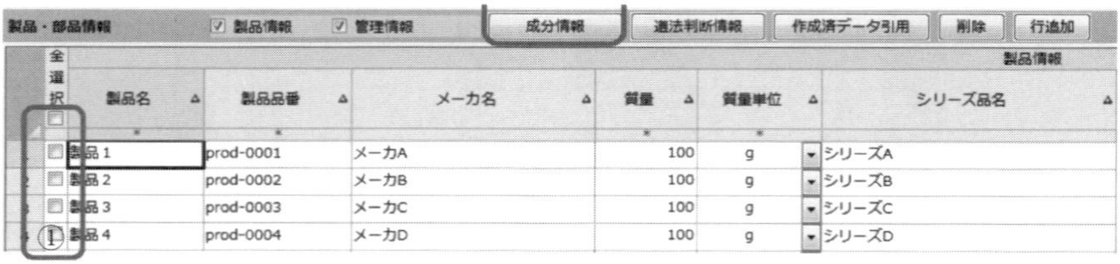

製品・部品情報　☑ 製品情報　☑ 管理情報　成分情報　遵法判断情報　作成済データ引用　削除　行追加

	全選択	製品名	製品品番	メーカ名	質量	質量単位	シリーズ品名
1	□	製品1	prod-0001	メーカA	100	g	シリーズA
2	□	製品2	prod-0002	メーカB	100	g	シリーズB
3	□	製品3	prod-0003	メーカC	100	g	シリーズC
4	①	製品4	prod-0004	メーカD	100	g	シリーズD

出典：chemSHERPA

図2.18　成分情報

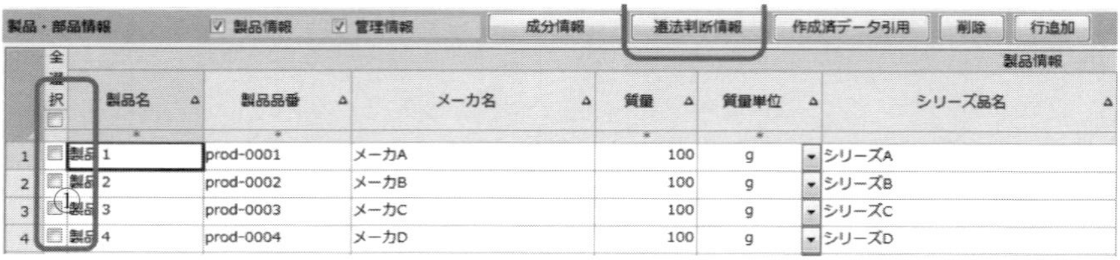

製品・部品情報　☑ 製品情報　☑ 管理情報　成分情報　遵法判断情報　作成済データ引用　削除　行追加

	全選択	製品名	製品品番	メーカ名	質量	質量単位	シリーズ品名
1	□	製品1	prod-0001	メーカA	100	g	シリーズA
2	□	製品2	prod-0002	メーカB	100	g	シリーズB
3	①	製品3	prod-0003	メーカC	100	g	シリーズC
4	□	製品4	prod-0004	メーカD	100	g	シリーズD

出典：chemSHERPA

図2.19　遵法判断情報

・承認対象の製品のチェックボックスにチェックを付ける。
・「遵法判断情報」ボタンを押下し、遵法判断情報画面に遷移する。
・遵法判断情報画面の内容を確認後、「基本情報画面に戻る」ボタンを押下する。

④　エラーチェック

「エラーチェック」ボタンを押下し、エラーが存在しないことを確認する。エラーがある場合は、エラーとなっている項目を、エラー内容を参考に修正する。

⑤　承認・出力（図2.20）

1）保存する製品・部品情報のチェックボックスにチェックを付ける。
2）「出力（承認）」ボタンを押下する。
3）免責事項を確認して、「承認／出力」ボタンを押下し、ケムシェルパデータ（ファイル）を自身の PC 等に保存する。
　なお、正式保存したファイルの名称は、「SHAI_{発行者整理番号}_yyyymmddhhss_shai」となる。
4）作成したファイルを社外伝達を行う部門に社内メール等で送付する。（企業の取り決めに従い実施のこと）
5）メニュー→「ファイル」→「終了」を選択してツールを閉じる。

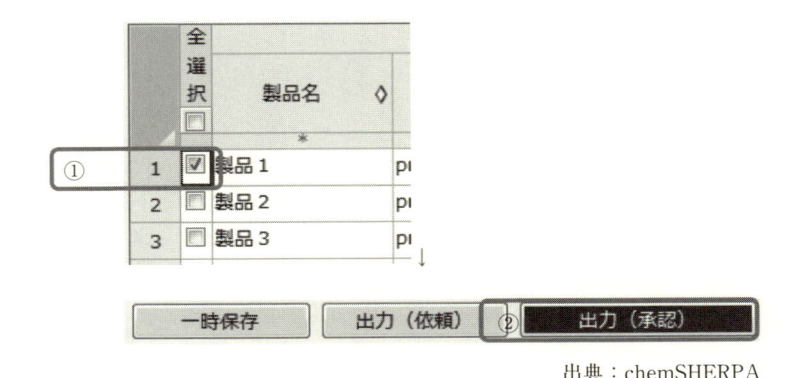

出典：chemSHERPA

図2.20　承認

(3)　複合化

①　ケムシェルパのデータ読み込み

1）メニュー→「ツール」→「複合化」を選択すると、複合化画面が表示される。

2）「追加」ボタンを押下して、作成済のケムシェルパデータ（ファイル）を選択する。

3）追加されたファイル（製品）の員数を入力する。製品の報告単位が「個」以外の場合は、使用量も入力する。

②　複合化の実行

「複合化実行」ボタンを押下し、複合化を実行する。

複合化の対象は成分情報である（遵法判断情報は複合化されない）。

複合化実行後は、一時保存状態で成分情報画面に遷移する。

③　成分情報を修正、追加入力および基本情報と遵法判断情報の入力（図2.21）

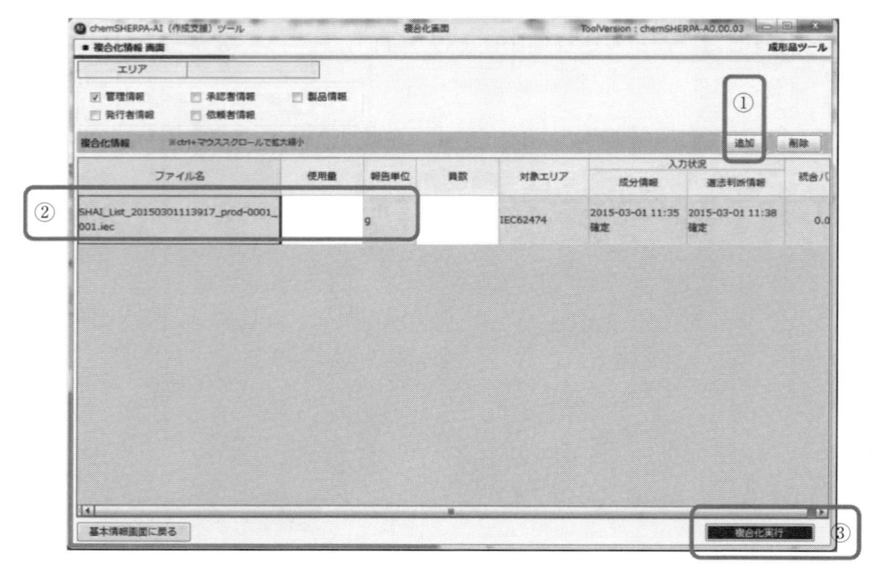

出典：chemSHERPA

図2.21　遵法判断情報

前述の「2.2.2(1)データの作成」を参照して入力する。

(4)　回答依頼型の依頼データの作成

データ作成支援ツールを用いて他社にデータ作成を依頼する業務は図2.22の依頼データの作成フローで行う。

①　依頼者情報等の入力（図2.23）

1）整理番号、依頼日

データの整理番号、依頼日を入力する。

2）会社情報、発行者情報

メニューバーの「会社情報」→「入力」→「依頼者情報」を選択すると、

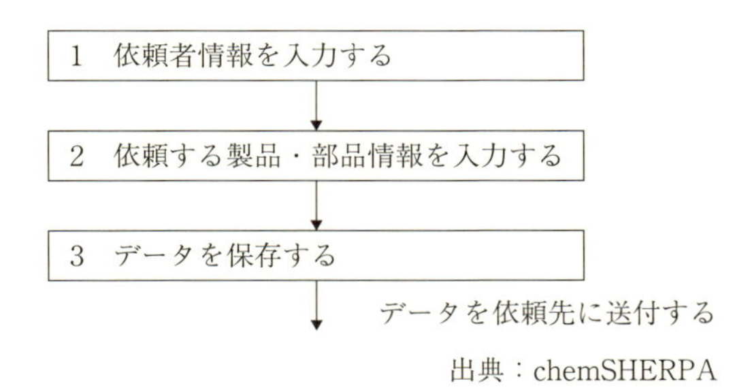

出典：chemSHERPA

図2.22　依頼データの作成フロー

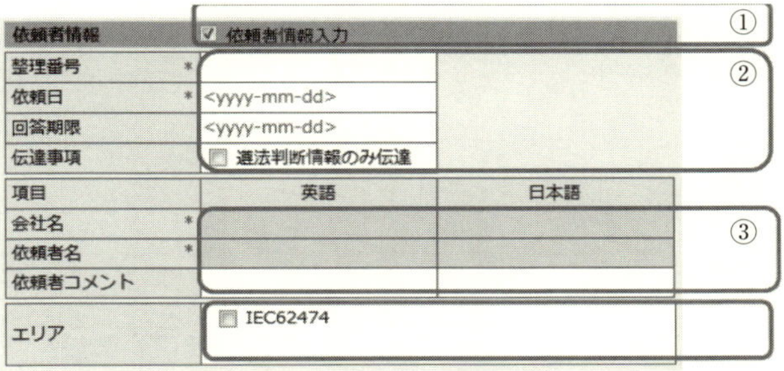

依頼者情報	☑ 依頼者情報入力		①
整理番号 *			②
依頼日 *	<yyyy-mm-dd>		
回答期限	<yyyy-mm-dd>		
伝達事項	☐ 遵法判断情報のみ伝達		
項目	英語	日本語	
会社名 *			③
依頼者名 *			
依頼者コメント			
エリア	☐ IEC62474		

出典：chemSHERPA

図2.23　依頼者情報等の入力

依頼者情報画面が表示されるので、《依頼者情報》の各項目を入力し「OK」ボタンを押下する。

3）エリア

遵法判断情報の対象エリアを選択する。

② 製品情報の入力・確定（図2.24）

依頼者の製品名、製品品番、（以降、横方向の項目）を入力する。

③ 保存ファイル出力（図2.25）

1）依頼（保存）する製品・部品情報のチェックボックスをチェックする。

2）「出力（依頼）」ボタンを押下して、ケムシェルパデータ（ファイル）を自身のPC等に保存する。

なお、一時保存したファイルの名称は、「SHAI_Request_{依頼者整理番号}_yyyymmddhhss_shai」となる。

出典：chemSHERPA

図2.24　製品情報の入力

出典：chemSHERPA

図2.25　保存ファイル出力

3）作成したファイルを依頼先にメール等で送付し、回答を依頼する。

4）メニュー→「ファイル」→「終了」を選択してツールを閉じる。

2.2.3　出力と伝達

(1)　出力ファイルの種類

データ作成支援ツールから出力されるファイルは表2.9に示す3種類がある。

化学品データ作成支援ツールで作成された正規ファイル（化学品の伝達情報（ケムシェルパ-CI））、並びに成形品データ作成支援ツールで作成された正規ファイル（成形品の伝達情報（ケムシェルパ-AI））がサプライチェーン上で伝達される。

＊なお、データ作成支援ツールではExcel形式の帳票出力が可能であるが、この帳票はサプライチェーン上で伝達させるものではなく、確認や社内管理のために利用することを想定したものである。

(2)　外部出力手順

2.2.2項で述べたようにデータ作成支援ツールにおいて、承認者の承認を得ることで出力ファイル（正規ファイル）が出力される。なお、承認後、「製品・部品情報」の「出力状況」が「正規データ出力済み」となっているか確認すること。

表2.9　出力ファイルの種類

	ファイル種類	内容
1	正規ファイル	承認済みの製品含有化学物質情報（エラーなし）
2	依頼ファイル	依頼する製品の情報と依頼者の情報
3	一時ファイル	作成途中のファイル （サプライチェーンでの流通は不可）

出典：chemSHERPA

1）化学品データ作成支援ツールで作成された正規ファイル

・「SHCI_{発行者整理番号}_yyyymmddhhss_shai」

（デフォルトのファイル名を使用した場合）

※ yyyymmddhhss は出力した年月日時間秒数。

2）成形品データ作成支援ツールで作成された正規ファイル

・「SHAI_{発行者整理番号}_yyyymmddhhss_shai」

（デフォルトのファイル名を使用した場合）

※ yyyymmddhhss は出力した年月日時間秒数。

2.2.4　化学物質に関するデータの有効な活用のために

化学物質に関する情報伝達を効率的に行うためのスキームとしてケムシェルパについて紹介してきたが、適用に当たり、そのベースとなるデータの活用について説明する。

(1)　化学物質に関する蓄積データ活用の問題

化学物質に関する情報伝達のためにユーザーは自社の独自書式を含めて各種の異なる書式を使用している。サプライチェーンの中で複数の川上企業から異なる情報伝達スキームに基づく化学物質データを下流に位置する川中や川下の企業が受け取る場合、それらの異なる書式の統合に負担がかかる。

ケムシェルパはこの問題に対して、これらの異なる書式のデータを取り込み、統合することができるよう設計されている。このため、川上企業からの蓄積されたデータを川中・川下の企業が有効に統合することが可能となる。加えて、川中・川下の企業においても過去の自社のデータ活用が可能となる。

(2)　化学物質に関する蓄積データ

各種の情報伝達スキームの中で蓄積されているデータとして、JAMP では MSDSplus と AIS があり、JGPSSI では JGPSSI データなどがあった。

MSDSplusはJAMPが推奨する製品含有化学物質を伝達するための化学品向けの基本的な情報伝達シートであり、製品中に含有される成分を管理対象とする「法規等の名称」、管理対象物質の「含有の有無」、「物質名」、「CAS番号」、「濃度」などの情報を記載し川下の企業に伝達するためのデータシートである。

一方、AISは、同様にJAMPが推奨する情報伝達シートであるが、川中・川下の企業の混合物または成形品に加工された製品含有化学物質情報のためのデータシートであるという違いがある。成形品の「質量」、「部位」、「材質」、「管理対象法規に対応する物質の含有有無・物質名・含有量・成形品当たりの濃度」などの情報を川下の企業に伝達するためのデータシートである。

JGPSSIデータは、JGPSSIが提供した製品含有化学物質情報を伝達するための情報伝達シートであった。

(3)　製品含有化学物質情報伝達スキームの共通化の推進

ユーザーごとに使用している化学物質に関する各々のデータを活用して、ユーザーの負担を軽減しつつサプライチェーンにおける製品含有化学物質情報の伝達を効率化するための伝達スキームとしてのケムシェルパであるが、JAMPがその運営組織となっており、その共通化の概要は図2.26に示すとおりである。

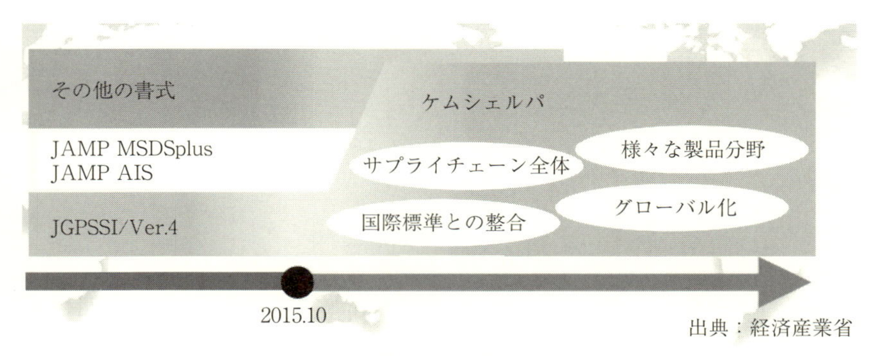

図2.26　製品含有化学物質情報伝達スキームの共通化の推進

(4) 化学物質情報伝達ツールの活用に当たって

化学物質情報伝達ツールの統合に当たっては、メリットを感じているユーザーもいる一方、使い勝手への懸念や、従来のデータからの変更への抵抗感や社内システム変更の問題などで、活用が進んでいないユーザーもいる。この点に関しては、ケムシェルパでは、従来スキームからケムシェルパへの移行期間において、社内システム開発のタイミングなどの問題で社内システムとの連携のためにケムシェルパデータを従来スキームのデータ（JAMP MSDSplus、JAMP AISやJGPファイル）に変換できる逆コンバートプログラム（逆コンバータ）を提供している。

将来的に化学物質管理に対しては、より高いレベルの取り組みが求められることが考えられ、このような状況に対応して、各ユーザーがデータ活用の事例集、入力支援ツールや解説書なども上手に取り込み、ケムシェルパスキームの活用を推進されたい。

2.3 ケムシェルパの国際展開（IEC62474への準拠）

ケムシェルパ導入は、川上・川中・川下企業の問題解決、情報伝達スキームの標準化による業種・製品による垣根の撤廃、データフォーマットの統一など、様々な課題の解決を目指して導入を進めている。また、最近の欧州を中心とした化学物質規制の強化、アジア各国へ進出する川中企業の増加によるサプライチェーンの海外進出など、新スキームの構築には、海外を視野に入れた対応が必須となっていることを踏まえて、ケムシェルパは当初から国際展開を見据えたスキームづくりを行ってきた。

2.3.1 国際展開におけるケムシェルパ導入の基本要件

経済産業省が、ケムシェルパを国際展開を見据えたスキームとして構築するに当たり、次のような基本要件を策定している。

(1) 現在直面する製品含有化学物質規制への対応が可能であること

「持続可能な開発に関する世界首脳会議（WSSD）」が掲げる2020年目標を達成し、欧米・アジアなど各国で整備が進む法規制にも対応できる、リスク評価・管理の基本となる化学物質情報を伝達可能なスキームとする。

(2) 単なる日本標準ではなく、国際標準（デジュール・スタンダード）を目指し得るものとする。具体的には、電気電子分野において既に制定されている国際規格IEC62474と齟齬のない仕組みとした上で、対象範囲を広げる形でISO/IEC化などを目指し得るスキームとする。

(3) デジュール・スタンダードとともに、デファクト・スタンダード化の取り組みが重要である。そのためにも、B2Bで、アジアを中心に広がる日本企業のサプライチェーンでも有効に普及できる仕組みとする。また、日本政府からG2Gレベルの普及を行うための必要条件としても、新たなスキームを日本全体の業種横断的な仕組みとする。

続いて、ケムシェルパにとって重要なスキームであるIEC62474、およびその準拠に向けた取り組みについて述べる。

2.3.2　IEC62474とは

IEC62474はIEC（International Electrotechnical Commission、国際電気標準会議）が制定し、2012年3月に発効し、電気電子分野向けの国際規格である。サプライチェーン間で流通する「材料宣言」（構成材料・含有物質の情報伝達）に求められる各種の要件（基本要件とオプション）や、対象とする化学物質の選定基準やデータ交換の方法を規定している。

対象とする化学物質リストは、各国の法改正によるリストの見直しや、データ交換仕様（XMLスキーマ）の改訂発生時にタイムリーに対応できるよう、IEC62474本文とは別に「IEC62474データベース」として、IECのホームページ上で公開（英語版のみ）している。データベースは誰でも無料で閲覧およびダウンロードが可能である。

材料宣言の手順は標準化されており、製品構成部品の材料であり、データベースに収載されている物質（物質群）が、データベースで示されている用途に該当し、閾値以上の場合は報告する義務が発生する。報告のためのXMLスキーマも用意されている。

スキーマとは、データベース等の情報をやり取りする時のデータ構造を意味し、これが合わないとデータのやり取りができない。例えば、かつてはWindowsとMAC OSと異なるOSで作成したデータ同士はデータのやり取りができなかった、といったようなものである。

IEC62474データベースには、次の内容を含んでいる（改訂対象となるもの）。

・報告すべき物質群および物質リスト
　（Declarable substance group and declarable substances）
・参考物質（Reference Substances）
・材料分類（Material Classes）
・XMLスキーマ（データ交換仕様）

これらは年次改訂を基本としており、最新版は2017年１月に改訂されている（2017年１月時点）。

次に、IEC62474データベースのうち、報告すべき物質群および物質、参考物質について詳述する。

(1)　報告すべき物質群および物質

2017年１月12日時点で報告すべき物質群および物質として、合計134物質が登録されている。

報告すべき物質について、データベースから物質を選択すると、次の表2.10のように示される。収載内容は、物質群名、物質名、CAS番号、一般的な別名、主な電気電子機器用途・使用例、選定基準（３点の基準がある）、選定基準（特定の引用法令または市場要求）の説明、報告すべき用途、製品（特に指定が無い限り）に対する報告閾値、報告要件（必須またはオプションかどう

表2.10　報告すべき物質データのサンプル

	DECLARABLE SUBSTANCE
ID:	00042
Substance group:	
Specific substance:	1,2-Benzenedicarboxylic acid, di-C6-8-branched alkyl esters, C7-rich
CAS number:	71888-89-6
Common synonyms:	1,2-Benzenedicarboxylic acid, di-C6-8-branched alkyl esters, C7-rich (DIHP)
Typical EEE applications / uses:	Plasticizer, dye, pigment, paint, ink, adhesive, lubricant
Basis for including:	Criteria 1: Currently Regulated
Description of basis (specific regulatory citation or specific market demand):	Candidate list for European REACH Regulation No. 1907/2006/EC
Reportable application(s):	All
Reporting threshold level in product (unless otherwise specified):	0.1 mass% of article
Reporting level:	Article
Reporting requirement:	Mandatory
First added:	2011-10-14
Last revised:	2016-03-28
Comments / footnotes:	D11.00: Reporting threshold modified to specify that "0.1 mass%" is relative to the mass of the "article" as per the European Court of Justice ruling of 10 September 2015. ReportingLevel added. D8.00: Substance name modified to match with Candidate list for European REACH Regulation No. 1907/2006/EC.

出典：IEC62474データベース

か)、最初の掲載日、最新改訂日、コメント・脚注である。

サンプルとして表示したDIHPはREACH規則のCandidate List収載物質であるので、全ての用途において0.1重量比％以上含有する場合は報告が必須となる。典型的な使用例としては、可塑剤、染料、顔料、塗料、インク、接着剤、潤滑剤が示されており、調査する場合の手助けとなる。

報告すべき物質（群）の選定基準は、(i)現行法規制（発効日が特定されている)、(ii)評価用（現行法で発効日が特定されていない)、(iii)情報提供用（報告要件はオプション（必須ではない）だが、認知された産業界全体での共通の要求がある場合に選定）の３点から成る。

なお、オプション要件の物質（物質群）は閾値以下であっても、また、報告すべき用途以外での適用も報告することができる。さらに、参考物質としての収載物質やデータベースに登録されていない物質でも報告することはできる。

(2)　参考物質

参考物質は１つの物質群（Substance group）に含まれる物質リストである。コメントや脚注に示されていない限り参考情報であり、そのリストが全てを網羅する意図はないとしている。データベース上に収載される情報は表2.11のようになる。収載内容は、物質群名、物質名、CAS番号、一般的な別名、主な電気電子機器用途・使用例、選定基準（情報提供用のみ)、最初の掲載日、最新改訂日、コメント・脚注である。

サンプルは、ペルフルオロオクタン酸（PFOA）と個々の塩およびPFOAのエステルのもので、この物質群を選択すると、CAS番号として335-67-1（ペンタデカフルオロ-1-オクタン酸）や3825-26-1（ペンタデカフルオロオクタン酸アンモニウム）など８物質が表示される。サンプルは、そのうちCAS番号335-67-1を選択した場合の詳細を表している。PFOAはSVHCで報告物質であるとされている。

表2.11 参考物質データのサンプル

	REFERENCE SUBSTANCE
ID:	R00373
Substance group:	Perfluorooctanoic acid (PFOA) and individual salts and esters of PFOA
Specific substance:	Pentadecafluorooctanoic acid
CAS number:	335-67-1
Common synonyms:	Perfluorooctanoic acid
Basis for including:	Reference
First added:	2014-04-09
Last revised:	2015-07-15
Comments / footnotes:	This substance is also listed as a SVHC for declarable substance. This reference substance is part of a complete list as specified in the regulation or standard indicated in the BasisDescription field of the DSL entry

出典：IEC62474データベース

2.3.3 VT62474とケムシェルパとの関わりについて

VT62474（Validation Team62474、VTは検証を意味する）はIEC62474のデータベースやXMLスキーマの維持改訂を目的として、2011年3月ドイツ会議にて発足した。現在は、ブラジル、カナダ、中国、フィンランド、フランス、ドイツ、イタリア、日本、オランダ、スウェーデン、タイ、イギリス、アメリカ、韓国の14カ国がメンバーとして登録している。

日本国内においても、従来より化学物質調査の対象物質リストおよび調査回答フォーマットの共通化・標準化を進めてきたJGPSSI（グリーン調達調査共通化協議会）を引き継ぐ形で、図2.27のように、国内VT62474が2012年に発足した。

これは、IEC/TC111の国内委員会（事務局：JEITA環境部）に設置された分科会という位置づけになっており、国内VT62474は（国際）VT62474の活動に対応する国内審議組織として、製品含有化学物質情報に関わる日本国内の意見集約と世界への情報発信などを行っている。IEC62474データベースの改訂作業のメンバーにもなっている。

また、最近ではケムシェルパの国際標準化を推進するために、IEC62474の

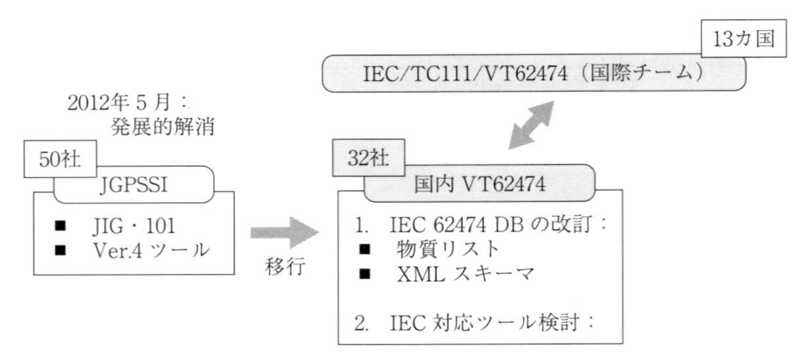

出典：IEC TEC111 国内 VT62474 ホームページ

図２.27　JGPSSI を引き継いで国内 VT62474が発足

XML スキーマ改訂を積極的に働きかけるなど、ケムシェルパの側面支援も行っている。

2015年度からは IPC1752A とも情報交換を開始し、ケムシェルパスキーマの更なる国際化を図っている。

2.4 ケムシェルパインターフェイス・ツール紹介

2.4.1 NEC

企業名	日本電気株式会社（NEC）
代表者名	新野　隆
URL	http://jpn.nec.com/index.html
事業内容	通信機器、コンピュータ等の製造・販売およびITサービス事業

(1) 会社紹介

当社は自ら製造メーカーとしての製品含有化学物質コンプライアンスを遂行するノウハウを背景に、その管理システム・サービスを販売・提供するITベンダーである。2002年からJGPSSI対応の含有化学物質管理ソリューションを提供し、以降、JAMPにも参画しながら業界標準フォーマット対応のソリューション提供を続けている。

(2) 製品紹介

ケムシェルパ対応のソリューションを2015年4月から販売開始。主にセットメーカー等の情報入手企業へのパッケージシステムと、その取引先からインターネット経由で情報を入手するウェブ調査クラウドサービス「ProChemist（プロケミスト）」を提供している。パッケージ導入社数は130社、ウェブサービス利用社数は1万社を超える。パッケージシステムは、部品表（BOM）を管理するNEC製のPLMシステムと連携し、取引先への調査依頼から回答入手までの自動化を実現が可能である。（図2.28）

当社では、小規模利用から複数部門で共有する大規模利用まで、様々な形態に適合するソリューションを提供している。（表2.12）

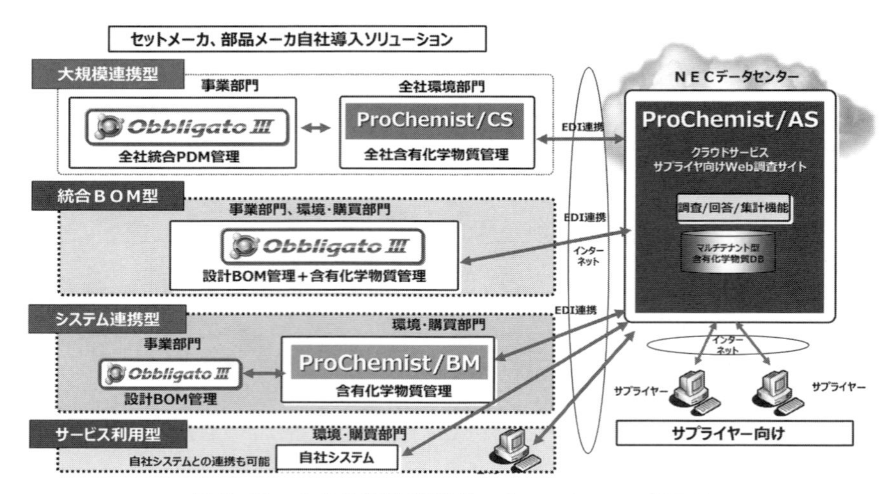

図２.28　含有化学物質管理ソリューション（NEC）

表２.12　パッケージ・サービスのラインナップ

パッケージ／サービス	主な機能/特長	化学物質積み上げ計算フォーム	企業全体での統括管理	サイト連携	導入時費用感	適応業態
ProChemist/BM	・化学物質データ管理（調査、回答） ・製品含有化学物質の集計 ・環境BOM構築、材料仕上管理 ・規制遵守状況確認	◎ （chemSHERPA AIS,JPGSSI、JAMA データ階層構造）	△ 中規模まで可 大規模では事業部単位に導入	○ （AS接続）	500万円～	BOM繰り返し生産 共通部品が多い 複数フォーマット対応 既存データ移行あり
ProChemist/CS	・社外との情報交換（調査、回答、情報基盤連携） ・複数のBMを統括し、化学物質DBを一元管理 ・社内外型番変換	○ （chemSHERPA AISの一階層積み上げ*）	◎	○ （AS接続）	900万円～	受注生産品 大量構成データ 複数部品コード体系 複数部門利用
ProChemist/AS	・SaaS/クラウドサービス ・情報入手企業が活用するサプライヤ向け調査サイト	○ （chemSHERPA AISの一階層積み上げ*）	○	－	50万円～	構成数少ない 調査回答中心 導入期間短縮
ObbligatoⅢ 含有化学物質管理	・設計、統合BOMのPLM/PDM ・環境BOMを統合管理 ・お客様カスタマイズ可能な柔軟なフレームワークを採用	◎ （chemSHERPA AIS,JPGSSI、JAMA データ階層構造）	◎	◎ （AS接続） （IMDS接続）	1000万円～	グリーン設計 統合BOM管理 お客様での追加カスタマイズ開発

各社のニーズに合わせて導入およびカスタマイズすることが可能である。

各パッケージシステム共にケムシェルパに対応し、ウェブ調査サービス「ProChemist/AS（プロケミストエーエス）」と組み合わせて利用することで調査依頼から回答入手までの業務効率化を実現することが可能になる。

(3)　ソリューションの特徴、事例

含有化学物質コンプライアンスの責務を負う川下企業で最も負荷がかかる業務は取引先からの情報を入手する業務である。取引先にメールで調査依頼を行う場合、依頼した複数部品の調査状況の確認や督促、入手した情報に不備があった場合の差し戻しなど、取引先とのやり取りに関する業務負荷は大きい。企業の資材・購買担当者は本業である発注業務を抱えながら、含有調査を行う必要が生じている。また、規制対象物質が増えるたびに再調査を行う必要があり、取引先との伝達漏れなどによるコンプライアンスリスクも抱えている。

これを解決するソリューションとして取引先との情報伝達を効率化するためにウェブ調査クラウドサービス「ProChemist/AS（以下、AS）」を活用する（図2.29）。

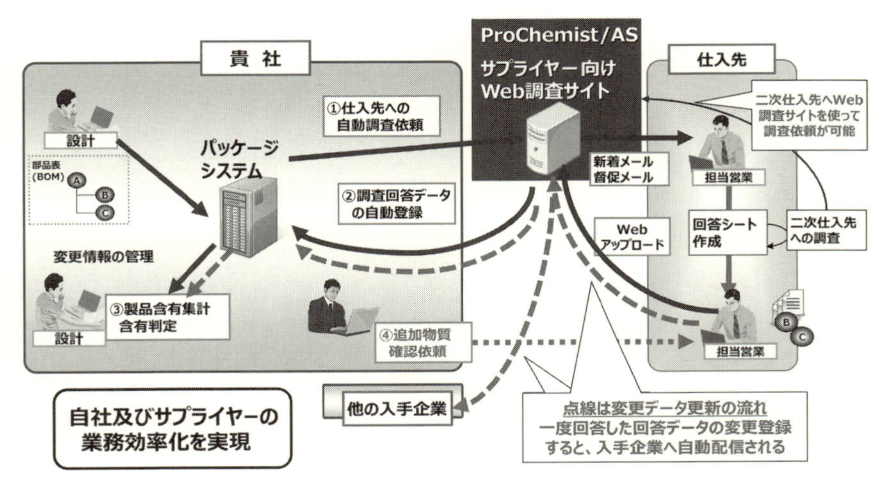

図2.29　ProChemist/ASによる業務効率化イメージ

一連の業務の流れは、以下のとおり。

① パッケージシステムで調査対象の部品表から対象部品を抽出し、ASに自動連携する。

② ASから取引先へ自動的に調査依頼メールを送付し、メールを見た取引先担当者がASにログインし、依頼されたケムシェルパデータをASにアップロードする。この時、ASでデータのエラーをチェックするので、不正なデータは登録されない。

③ 正常なデータがASからパッケージシステムへ自動連携され、調査担当者へ通知される。入手したデータを確認し、パッケージシステムで製品単位に積み上げ集計を行い、製品としてのコンプライアンスチェックを行う。

④ 規制対象物質の追加・変更があった場合には、取引先に通知を行い、取引先が自主的にASに登録済みのケムシェルパデータを更新することで、提供先に自動的に変更データを配信する機能がある。もちろん、改めて再調査依頼を行うことも可能である。

本システムでの調査を当社グループを含め、約50社で活用中であり、メールでの調査に比べおおむね1／5～1/10の工数で情報が入手できている。各担当者任せで調査した場合の入手漏れも極小化され、業務効率化とコンプライアンス遵守に大きく寄与していると聞く。

一方、情報を提供する取引先にも以下のメリットがある。

・あらかじめ作成したケムシェルパ自社データの情報提供

ケムシェルパをメールで調査依頼された場合には、顧客の依頼データをケムシェルパ入力支援ツールに読み込み、自社の成分・遵法判断情報を付加した上で、回答データを作成する必要がある。ProChemistではあらかじめ作成したケムシェルパの成分・遵法判断情報をウェブ画面で依頼者の調査依頼データにアップロードするだけで回答が可能である。ProChemist上で依頼者型番と提供者型番が関連付けられるためである。

・複数顧客への情報提供、履歴管理

既にアップロード済みの同一製品のケムシェルパデータを複数の顧客に提供することが可能。変更データも自動的に顧客へ配信される。提供データの履歴も管理される。

・その他オプション機能の活用

さらに自らの調達材料・部品についての2次取引先からの情報入手や、自社の部品表に基づく製品データ集計機能、集計結果のケムシェルパデータ作成機能なども利用可能。

部品数や部品構成階層が少ない場合や、部門内利用であれば本システムで含有化学物質管理業務の遂行に十分である。必要に応じて、パッケージシステムの導入も検討頂きたい。

(4) ケムシェルパの活用に向けて

本システムは、従来成分情報フォーマットとしてのJAMP-AIS・MSDSplusに対応していたが、新たにケムシェルパに対応することで、成分情報、遵法判断情報の双方のデータ入手が可能となり、あらゆる業態のコンプライアンスニーズに対応できるようになった。

とりわけ、サプライチェーンの川中の部品メーカーは、従来は、川下企業ごとにJAMP-AISなどの成分情報の他に非含有保証書や不使用証明書を作成することが常となっていた。

今後はケムシェルパにより成分情報を作成し、同じフォーマットで必要に応じて遵法判断情報を付加して情報提供することが可能となる。

また、装置メーカーなど膨大な部品数を抱える場合に、従来のJAMP-AISで成分情報を入手すると、50MBを超えるような多量のデータがやり取りされ、システム負荷が発生するなどの問題があったが、ケムシェルパの遵法判断情報により、最小限のデータでコンプライアンスが確保できるようになった。

このような各社のニーズに応じた情報交換がProChemistにより可能となり、ケムシェルパの普及促進に寄与するとともに、サプライチェーン全体の効率化に貢献することができるものと考える。

また、既存フォーマットであるJAMP-AISで調査した部品の成分情報も活用して、ケムシェルパの成分情報への積上集計が可能であり、一時点で情報を切り替えることなく、段階的に既存フォーマットからケムシェルパに移行できることも、ProChemistの特徴である。

今後も増え続ける規制対象物質への対応として、ケムシェルパの導入とITシステムの活用はますます重要な位置づけになるであろう。

2.4.2　沖電気工業株式会社

企業名	沖電気工業株式会社
代表者名	鎌上信也
URL	http://www.oki.com/jp/
事業内容	電子通信・情報処理・ソフトウェアの製造・販売およびシステムの構築・ソリューションの提供、工事・保守およびサービス

(1)　会社紹介

当社では、1970年から環境経営を本格的に実践してきた。また、情報通信機器のメーカーとして、製品化学物質の管理業務について20年以上の実績を有している。本管理業務の中心である情報システム COINServ-COSMOS-R/R（コインサーブ・コスモスアールツー）を自社開発し現在も運用している。

(2)　情報システムの特徴

COSMOS-R/R は、設計や遵法管理のツールとして開発され、現場の業務課題に対応した有効性の高い機能を実装し、法規制や調査フォーマットの改定にもいち早く対応し、社内外の運用をサポートしている。また、汎用性が高く、電気電子をはじめ機械、部品など幅広いユーザーに導入実績がある。

実際の課題対応としては、化学物質情報の収集・評価・報告の一連業務をシームレスに対応、標準テンプレートによる高いコストパフォーマンスと短期導入、各種調査フォーマットへの対応（AIS、MSDSplus、JGP、ケムシェルパ（追加リリース：図2.30参照)、独自フォーマット）を実現し、実務ノウハウを生かした導入／構築のサポートを提供している。

(3)　情報システムおよび運用体制構築の課題

RoHS 指令、CE マーキングそして REACH 規則等に広く対応可能なツール

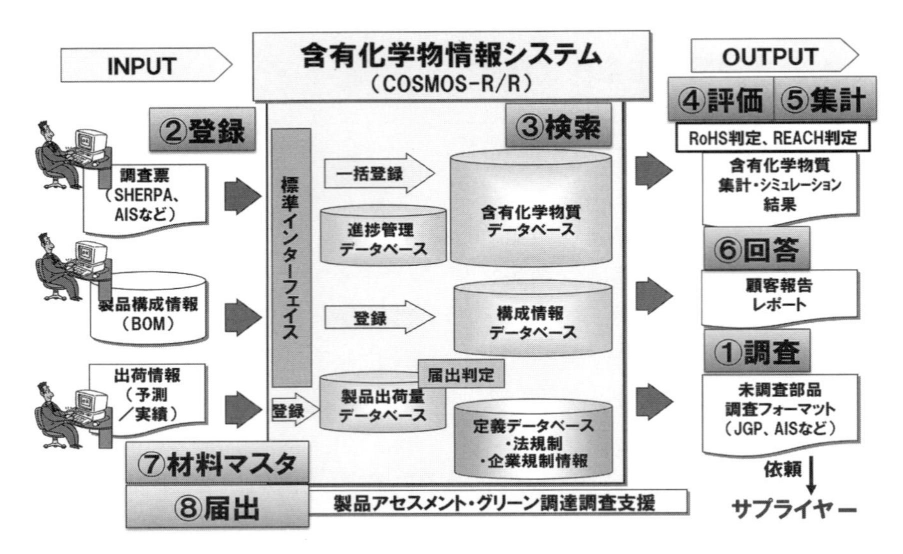

図２．30　COINServ-COSMOS-R/R システム概要（①～⑧ SHERPA 対応機能）

としてケムシェルパが開発され、グローバルな有効活用が期待されている。一方、対象規制等の網羅性と従来の運用利便性を確保するため、成分と遵法の異なる情報を１つのファイルに統合したことにより、運用上の課題も生じている。社内で検討された事例を以下に記す。

・情報が多く、承認などの機能が拡充され、ソフトウェアとしての仕様や情報が持つ意図を理解することに時間を要する。
・遵法／成分情報、承認／一時保存、という情報の組み合わせに対応した、業務フローの構築。
・ケムシェルパのバージョンアップ、規制等の変更に対する過去に収集した情報の扱い／更新方法の社内ルール構築。
・川上企業から得られる膨大な調査情報から該当する物品を照会し、遵法性を評価する基準や運用手順の構築。
・過去に収集したJGPやAIS調査データの活用方法。

これらの課題を解決し効率的に体制を構築するには、提案されたシステムの機能や運用事例と導入企業の社内基準とのギャップを分析し、カスタマイズの少ない機能要件の取りまとめが必要である。さらに、供給側のIT企業に実務の経験があるか？汎用的な機能（テンプレート）が提案できるか？法令対応などに対する情報提供や迅速な対応が可能か？などが1次的な検討事項になると考えられる。

(4)　情報システムに求められる要件事例

情報システム導入企業の社内基準から機能要件を定義する際の検討項目の概要を以下に紹介する。

①　各種調査票の登録要件

ケムシェルパの運用が各社で開始されているが、成分と遵法、成分のみ、遵法のみそして承認の有無などの条件があり、効率と遵法性確保の側面から運用基準を設定することが必要である。ケムシェルパ登録要件の一例を以下に記す。

(i)　承認済み以外のSHERPAでも登録可とする。
(ii)　成分情報／遵法判断情報、両方または一方の登録を可能とする。
(iii)　成分から遵法情報への変換は不要とする。
(iv)　成分と遵法情報の矛盾チェックを行いエラーの場合は登録不可とする。

②　個別部品評価／製品構成評価

製品含有化学物質に関する法規制や顧客要求は、今後も拡大／強化する傾向にある。これは、設計段階で遵法が確認できても、出荷段階で違反をしてしまう恐れがあり、成分や遵法の情報だけではなく、将来の規制動向や部品／製品構成における評価が必要である。現行システムで評価可能な項目の事例を以下に記す。

(i)　RoHS(II)指令の規制物質追加　→　どの部品に含有しているか？
(ii)　RoHS適用除外期限切れ　→　どの部品にどの除外が該当しているか？
(iii)　REACH規則のSVHC追加　→　どの部品に含有しているか
(iv)　REACH規則の濃度分母変更　→　構成の分母を設定した際の違反部品は？

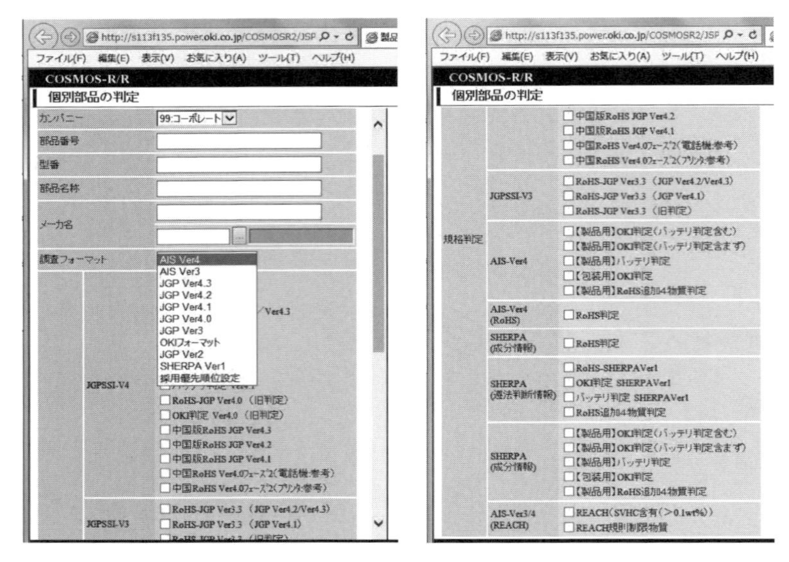

図2.31　調査フォーマット選択、判定規格選択画面

(v)　顧客の禁止物質追加　→　どの部品に含有しているか？

③　他フォーマットとの混在集計

ケムシェルパを用いた情報収集では、RoHS(II)指令、REACH 規則、包装材指令など、多くの遵法性確認が可能である。しかし、全ての部品がケムシェルパで調査が完了していない場合は、複数種のフォーマットが混在した状況で集計／評価することになる。その場合、(i)～(iii)の項目を法令要求に基づき自由に選択できることが求められる（図2.31）。

(i)　ケムシェルパ成分、遵法情報の優先順位

(ii)　ケムシェルパ、AIS、JGP の優先順位

(iii)　各調査票バージョンの優先順位

(5)　ケムシェルパへの期待

現在、公表されている情報として JGP 調査票は、既に保守が終了しており、

AISについても来年の終了が予定されている。一方、今般公開されたケムシェルパは、国際規格（IEC）に準拠し、グローバルな視点から複数の調査票を統合した仕様で構成され、かつ、多くの法令対応が考慮されている。

これらの有効性を踏まえ、サプライチェーン全体で運用を活性化し、企業間の情報交換が円滑に行われることで、企業の効率向上とビジネスリスクの低減に貢献することを期待している。

第3章

RoHS（II）指令や REACH 規則が求めるリスクマネジメント

3.1 REACH 規則

3.1.1 REACH 規則の早わかり

環境に関する関心の高まりにつれて、REACH 規則（含有化学物質規制）やRoHS(II)指令（有害物質使用制限指令）をはじめとする製品含有化学物質規制は、EU のみならず世界中の国々で強化されつつある。REACH 規則やRoHS 指令に適合するためには、製品に用いられる全ての部品が規制される化学物質・特定有害物質を使っていない（もしくは、使っていても規制値以内である）ことを把握する必要がある。川上企業、川中企業の顧客が日本の川下企業であっても、川下企業が EU に製品を出荷する場合、川下企業は部品や材料に規制化学物質・特定有害物質が含有されていないかを把握するために川中企業並びに川上企業にそれを確認することになる。

REACH 規則や RoHS 指令は、化学物質規制法、製品含有物規制法のデファクトスタンダードと言える。現状の世界の化学物質管理の考え方の潮流からすると、REACH 規則が最も基本的なモデルとなっており、EU に限らず各国の化学物質の規制法を理解する上で、REACH 規則の基本的な要求事項をまず理解することが望ましい。

本節では、REACH 規則の基本的な要求事項に絞って解説する。

(1) REACH 規則の概要

REACH 規則は化学物質の規制法で、日本の「化審法（化学物質の審査および製造等の規制に関する法律）」や米国の「TSCA（有害物質規制法（Toxic Substances Control Act））」に類似した EU の法律であり、アジェンダ21のプログラムの先行モデルである。REACH 規則は、Registration、Evaluation、Authorisation、Chemicals の頭文字を取っている。

REACH 規則の目的は、「人の健康と環境の保護」、「EU 化学産業の競争力の維持向上」などであり、化学物質のほとんど全てを対象としている。本規則は、従来の40以上の化学物質関連規則を統合するものである。

REACH 規則は主に「登録」、「評価」、「認可」、「制限」、「情報伝達」の仕組みから成り立っており、概要は図3．1に示すようになる。

事業者（登録者）は新規化学物質、既存化学物質についてECHA に「登録」することで、EU 域内に上市・使用可能になる。「登録」された物質については、ECHA 並びにEU 加盟国によって「評価」され、「評価」の結果を踏まえ「認可」、「制限」などの対象物質に指定されることがある。

(2) 「登録」

EU を含む欧州経済領域（EEA）の域内では登録されていなければ販売できず、「No Data - No Market：データの無い物質は上市できない」と言われている。登録はEU 域内で1物質を1年間1トン以上製造または輸入している製造者や輸入者に対して、REACH 規則で規定されている技術一式文書をECHA に提出することが求められる。なお、REACH 規則では、複数の企業が同じ物質を登録する場合、技術一式文書に含まれる物質の分類と表示、および物質の特性に関する試験要約書、試験計画案は登録者が共同で提出することを求められている。登録しなければ、EU 内で製造・輸入ができないが、欧州既存商業化学物質リスト（EINECS）に掲載されている既存化学物質などの段

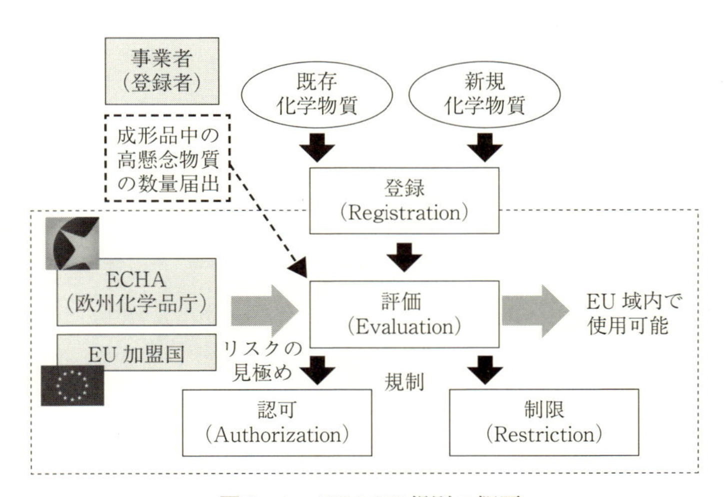

図3．1　REACH 規則の概要

階的導入物質は予備登録を行うことで、製造量・物質の有害特性により登録期限の猶予なども設けられている。

①　登録対象物質とは

登録対象となるのは、化学物質そのものである。塗料等の混合物についてはそれを構成する化学物質が登録対象である。

成形品の場合は、用途が未登録であり、かつ成形品中からある物質が放出される場合（意図的放出）に、成形品中にその物質が３年間の移動平均で年間１トンを超えて存在する場合が登録対象となっている。なお、意図的放出とは、製造者が意図的に計画して物質を放出する場合で、その放出が成形品の最終使用の機能に直接関連しない場合である。

②　登録義務のある者

図３．２に示すように、登録義務のある者は、EU域内の製造者・輸入者、もしくはEU域外の製造者が指名するEU域内に拠点のある「唯一の代理人」とされている。

「唯一の代理人」とは、EU域外の製造者の代わりに登録を含めREACH規則の義務などを代理で行う者である。一般的に、輸入者はREACH規則が要求する登録時の情報や評価時の対応に関する情報に乏しい。「唯一の代理人」を

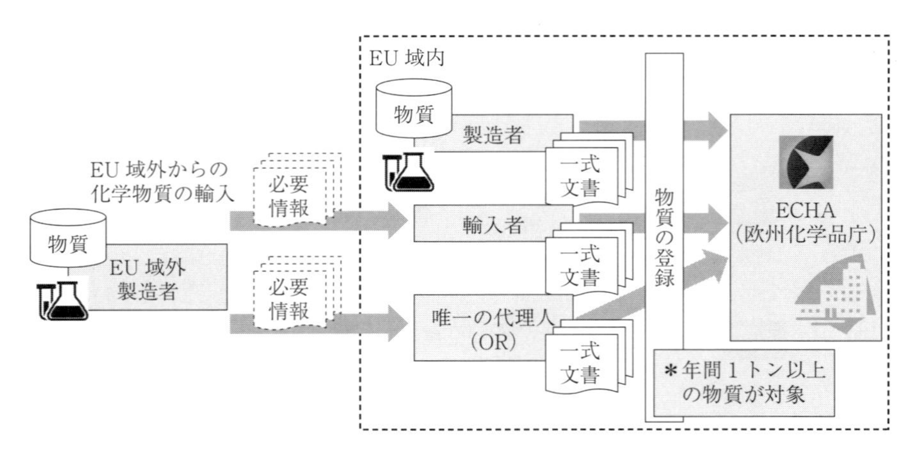

図３．２　「登録」の概要

活用することで、REACH 規則への対応が円滑にでき、企業の製造情報などに関する情報の漏えいを防ぐことが可能になる。

「唯一の代理人」には EU 域内の自然人および法人であれば誰でもなれるが、登録などの実務を行えるのは、化学物質の知識と実務経験のある EU 域内のコンサルタント会社や各種試験機関等に限られてくる。これらの EU 域内のコンサルタント会社や各種試験機関の日本支社やその提携機関などが「唯一の代理人」業務の受託を行っているので、REACH 規則に対する全ての対応を日本国内で依頼することができる。

なお、「唯一の代理人」に REACH 規則対応を依頼する場合、以下の項目に注意する必要がある。

・安全データシート（SDS: Safety Data Sheet）の最新版を常に提供すること
・登録物質の輸入量、EU 域内の顧客リストを常に最新の状態にすること

③　登録に求められる情報

登録では、REACH 規則で規定されている技術一式文書を ECHA に提出しなければならない。**表３．１**に示すように、登録量によって提出する書類が異なり、１トン以上であれば技術一式文書、10トン以上であれば化学物質安全性報告書（CSR: Chemical Safety Report）を併せて提出することが求められている。

表３．１　登録文書に求められる情報

技術一式文書　（年間１トン以上製造または輸入する場合）	
1．製造者又は輸入者の身元	2．物質の識別、物質の特定
3．物質の製造及び用途に関する情報	4．物質の分類及び表示
5．物質の安全な使用に関する指針	6．情報の調査要約書
7．ロバスト調査要約書	8．試験に関する提案
9．適切な経験を有する評価者によるレビューを受けているかの指摘	
10.（１トン～10トンの量の物質については）ばく露情報	
11．インターネット上で利用可能にすべきではないと考えているかという要請	
化学物質安全性報告書　（年間10トン以上製造または輸入する場合）	
・第14条「化学物質安全性報告書及びリスク軽減措置の適用及び推奨義務」に基づく	

(3)　「評価」

図３．３に示すように、ECHA に提出された登録文書一式は、「法令適合性の評価」、「試験提案の審査」、「物質評価」の３種類で、「物質評価」では化学物質が規制されるべきか否かについて審査される。審査は、REACH 規則第57条に該当するような高懸念物質や年間100トン以上の広範囲かつ拡散的なばく露をもたらす用途の危険有害性に分類される物質が優先される。「物質評価」の結果によって認可候補物質として Candidate List への収載提案や、「制限」の候補になることがある。

以下に、簡単に評価の具体的な内容について触れる。

①　法令適合性の評価

法令適合性の評価では、ECHA はトン数帯ごとに受理した一式文書の中から全体の５％以上を抽出し、次項等を確認する。

・提出された一式文書が要求基準に適合していること
・提出された一式文書の標準的情報の適合性と正当な根拠がトン数帯ごとの一般的規定に適合していること
・化学物質安全性評価（CSA: Chemical Safety Assessment）や CSR が定められた要件に適合し、リスク管理措置の検討が十分であること

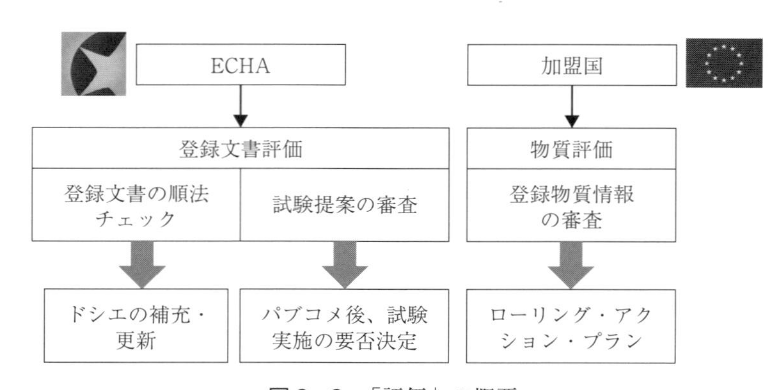

図３．３　「評価」の概要

② 試験提案の審査

一式文書には危険有害性情報を含めて、登録するトン数帯が増えるごとに要求情報が追加される。短期間では結果が得られない一部の試験データに関する情報は、まず試験提案を提出することで登録できる。

③ 物質評価

物質評価では、物質の使用・用途を考えた場合、ヒトの健康や環境へ重大なリスクを生じる可能性を確認する。物質の評価の優先対象リストとして、ECHA は欧州共同体ローリング行動計画（CoRAP：Community Rolling Action Plan）を３年にわたって各年作成し、加盟国ごとに毎年評価している。評価の過程において、評価を行う加盟国は必要に応じて申請者に追加の情報を要求することがある。加盟国による評価結果は ECHA に提出され、他の加盟国および ECHA によるレビューを経て、加盟国委員会（MSC：The Member State Committee）の合意が得られれば ECHA が最終決定を行う。合意に至らない場合は、欧州委員会に引き渡され、ECHA で設置される専門委員会（コミトロジー委員会）で検討する。

(4) 「認可」

化学物質によっては、人や環境に与える影響が非常に深刻で、本来はその使用を禁止すべきものがある。しかし、高い懸念を有する有害な物質によっては既に製造、使用されており、代替が容易でない場合も多い。「認可」とは人や環境に対して高い懸念を有する有害な物質の製造・使用のリスク管理、その製造・使用の可否を決定する仕組みである。

図３．４に示すように、認可物質は、物質ごとに設定された日没日（sunset date）以降は認可を受けないと EU 域内では使用できなくなる。そのため製造・使用、または上市する場合、特定された用途ごとに ECHA の許可を得る必要がある。高懸念物質の「認可」については取り扱い量が１トン未満であっても適用される。

図３．４　「認可」の概要

① 認可の対象

REACH 規則第57条に該当する非常に高い懸念がある物質が認可の対象となっている。高懸念物質とは、ヒトの健康および環境に対して非常に高い懸念を抱かせる物質を指す。具体的には、以下のようなものが該当する。

・CMR（発がん性物質、変異原性物質、生殖毒性物質）
・PBT（難分解性・生物蓄積性物質・有害性物質）
・vPvB（極難分解性物質・極生物高蓄積性物質）
・内分泌かく乱性を持つ物質

認可物質は Candidate List に収載された高懸念物質から選定され、附属書 XIV に収載（ECHA のウェブで公開）される。認可物質の候補である Candidate List 収蔵物質（CL 物質）は半年ごとに追加され、2017年１月現在は173物質ある。追加が検討される CL 物質については、ECHA の提案意図の登録ページで正式決定よりもある程度前に検討されている物質の動向を把握することができる。「2020年までの高懸念物質の特定の REACH 規則におけるリスク管理措置の実施に関するロードマップ」によると、2013年から2020年の間に440物質が評価され、Candidate List に収載されると見込まれている。なお、2017年１月時点で認可物質には31物質ある。

なお、REACH 規則第56条によると、「物質そのものの上市および使用」、「混合物中に含まれる物質の上市および使用」、「成形品への物質の組み込み」

が認可申請対象とされている。そのため、EU 域外で製造された CL 物質組み込みの成形品については認可申請対象になっていない。ただし、REACH 規則第68条によって、CL 物質を含有する成形品によるリスク管理が不十分と判断された場合、「制限」の対象とされることがあるため、別途注意する必要がある。

②　認可対象物質の決定プロセス

図３．５に示すように、認可物質とするプロセスは、まず、REACH 規則第57条で規定する高懸念物質から、第59条の手続きを経て Candidate List に登録し、さらにこの中から第58条の手続きを経て、認可物質を決定し附属書 XIV に収載される。

③　認可の要件

認可を受けるための用件には、「適切なリスク管理の要件」と「社会経済的便益の要件」の２つあり、要件に合致すれば所定の手続きを経て認可される。認可の申請は、ECHA に対して物質の製造者、輸入者および／または川下使用者の１つまたは複数の者が、認可の申請を行うことができる。しかし、認可申請を受け入れられるかは不明な部分も多々あり、ECHA の専門委員会に対する要件に関する論証は申請者にとって負担が大きくなることがある。なお、認可物質になっても Candidate List にはその物質は残るため、情報提供義務

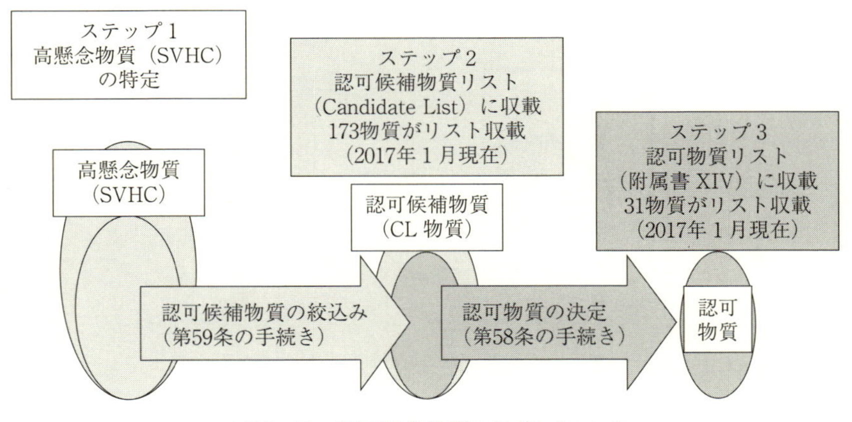

図３．５　認可対象物質の決定プロセス

なども残ることに注意する必要がある。

(5) 「制　限」

「制限」とはヒトの健康や環境にとって受け入れられないリスクがある物質について、EU全域で使用に対する制限条件を設けたり、使用禁止の処置を取ることである。物質、混合物または成形品に含まれている物質が附属書XVII「ある危険な物質、混合物および成形品の製造、上市および使用の制限」にリストアップされた場合、制限の条件に合致していなければ、製造、上市または使用ができない。

なお、制限の種類には、「特定された物質の特定製品への使用禁止」、「消費者の使用禁止」、「完全な禁止」などがある。REACH規則の附属書XVIIには、2017年１月の時点で66項目の制限がある。

「認可」と「制限」は共に化学物質を規制する施策になるが、それら２つを並べてみると、日本語の語感からは、認可より制限の方が厳しく見える。図３．６に示すように、認可と制限のイメージは次のとおりである。

認可：ドアはノックすると開けてくれるが中にはなかなか入れてもらえない

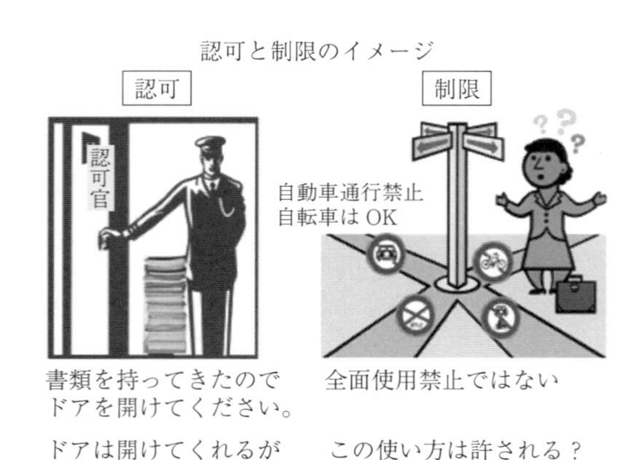

図３．６　認可と制限のイメージ

制限：特定の使い方が禁止で、必ずしも全面禁止ではない。

「認可」は附属書 XIV に記載されている日没日以降は、認可申請が受理されていなければ使用も上市できない。認可されなけれていないならば、認可物質は事実上の使用禁止物質と言える。

一方、「制限」は製造業者、輸入業者、川下使用者によって、その条件が変更できるものではないが、その条件外では使用できる。

①　制限の決定プロセス

新たな制限が設定される際には、欧州委員会・ECHA の提案と加盟国の提案があり、リスク管理が十分でなく EU 全域で対処が必要な場合に諸手続きを経て決定され、REACH 規則の附属書 XVII に収載されることになる。

②　制限の具体例

制限は、「物質」と「条件」により規制される。例えば、「物質」であるベンゼンを規制する「条件」は次のとおりになる。

1）遊離状態でのベンゼン濃度が、玩具または玩具の部品重量中で 5 mg/kg（5 ppm）を超える場合には、上市される玩具または玩具の部品を上市できない。

2）上市される物質または混合物に0.1重量比％以上の濃度で使用されてはならない。

3）燃料品質指令（98/70/EC）の対象とされる自動車燃料、現行法規で定められた量を超えるベンゼンの排出が見込まれない工業プロセスでの使用のための物質および混合物や有害廃棄物指令（91/689/EEC）および廃棄物指令（2006/12/EC）の対象となる廃棄物には適用しない。

(6) 「情報提供」

REACH規則では第31条に情報提供義務が規定されている。第31条によると、物質または混合物が以下の要件に該当する場合、川上企業、川中企業から川下（最終製品製造）企業へ数量には関係なくSDSの提供が行われなければならない。川上企業、川中企業にSDSの提供が求められる対象は、以下のとおりである。

① 物質または混合物に下記の危険有害性がある場合

・CLP規則の危険有害性の分類基準に該当

　CLP規則とは、EUにおける物質や混合物が有する危険有害性を判定し、危険有害性に応じた表示、包装、届出、情報伝達などを定めた規則である。

　REACH規則の登録文書で求められる「物質の分類・表示」はCLP規則の基準による。

・PBT（難分解性／生体蓄積性／毒性）またはvPvB（極めて難分解性で高い生体蓄積性）

・CL物質（認可対象候補物質）

② 混合物が危険有害性に該当しなくても以下の物質を含む場合

・危険有害性物質を1％以上（非ガス状）、0.2％以上（ガス状）

・PBTまたはvPvBを0.1％以上（非ガス状）

・CL物質

・EU域内の作業ばく露限界値がある物質

(7) 「成形品固有の義務」

REACH規則では、物質、混合物中の物質、成形品中の物質に関して義務が定められているが、成形品固有の義務も定められている。

成形品中にCL物質が年間1トンを超えCL物質の含有率が0.1重量比％を超える場合については、届出義務が生じる。また、成形品中にCL物質の含有率が0.1重量比％を超える場合に、顧客への安全使用情報の伝達義務が定められている。成形品中に含有されるCL物質が年間1トン以下であっても、CL物質の含有率が0.1重量比％を超える場合には情報の伝達義務が生じることに注意しなければならない。

CL 物質の含有率を算出する際には、各部品を組み合わせた複合成形品ではなく、一つ一つの部品である成形品ごとに算出することに注意しなければならない。川下企業が一つ一つの部品における届出義務、安全使用情報に関する情報を準備することは現実的でないため、個々の部品を製造する川上企業、川中企業に上記義務を果たすための情報提供を求めることになる。具体的には、川下企業から川上企業、川中企業には、CL 物質の不使用証明書や含有証明書などの提出が求められることになる。成形品固有の義務については、表３．２に示すとおりである。

届出義務と安全使用情報伝達義務について、それぞれ以下に取り上げる。

①「届出」

CL 物質が成形品中に0.1重量比％を超える濃度で存在し、年間に１製造者または輸入者当たり１トンを超える量で存在する場合に届出が必要となる。成形

表３．２　成形品固有の義務の概要

<table>
<tr><th></th><th></th><th>対象</th><th>備考</th></tr>
<tr><td>成形品に含まれる物質がCL物質であるかにかかわらず</td><td>「登録」</td><td>成形品に含まれる意図的放出物が合計して年間１トンを超える場合</td><td></td></tr>
<tr><td rowspan="3">成形品に含まれる物質がCL物質である場合</td><td rowspan="2">「届出」</td><td>成形品に含まれるCL物質が年間１トンを超える量</td><td rowspan="2">届出期限はCandidate Lists収載日から６カ月以内</td></tr>
<tr><td>成形品中のCL物質の含有率が0.1重量比％以上</td></tr>
<tr><td>「情報伝達」</td><td>成形品中に、CL物質を0.1重量比％を超える濃度で含有する場合</td><td>・成形品の安全な使用を認めるのに十分な情報（少なくとも物質名を含む）を提供
・消費者から要請があれば、45日以内に無償で提供
・「成形品に含まれるCL物質が年間１トンを超える量」の条件はない</td></tr>
</table>

品の最初の EU 内製造者または輸入者を対象としており、成形品におけるその用途が登録されている場合、届出は不要になる。

② 「顧客への情報伝達義務」

CL 物質が成形品中に0.1重量比％を超える濃度で存在する場合、製品の供給者は、川下企業に対し、CL 物質の存在（少なくとも物質名）並びに当該成形品を安全に使用できるのに十分な情報について伝達しなければならない。消費者から情報提供申請があった場合にも川下企業に提供するものと同様の情報を、消費者の要求から45日以内に提供しなければならない。

③ 成形品の解釈について

複合成形品に関する解釈については「REACH 規則の成形品ガイド」を参照することが望ましい。本ガイダンスについては、2016年８月５日に第４版案を公表し、2017年３月に第４版は最終化される予定である。例えば、付録に記載されている成形品の「分母」に関わる事例について以下のように例示されている。

付録３　例５　布張りソファー

図３．７に示すように、本例では、２つ以上の成形品を機械的に組み合わせた成形品の例として取り上げられている。CL 物質が0.1重量比％を超える濃度で存在するか算出する「分母」には、個々の成形品ごととされている。たとえ破壊しなければ成形品ごとに分解することができないようなものであっても、

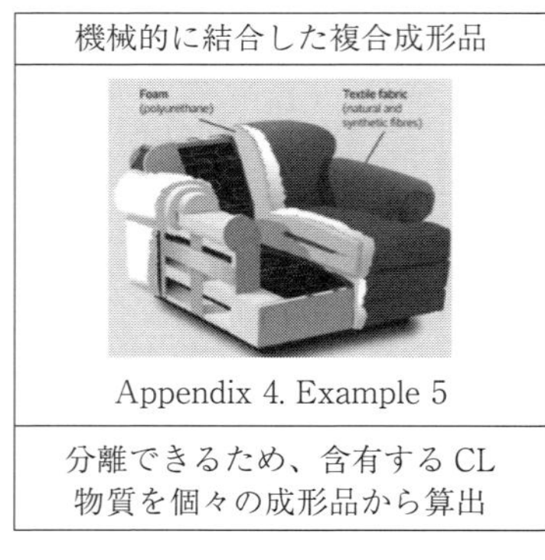

図３．７　附属書４ 付録３ 例５

同様とされている。

3.1.2　REACH 規則が求めるリスクマネジメント

REACH 規則では、製造者、輸入者および川下使用者の責任として、物質や混合物もしくは成形品に含まれる物質を製造・上市または使用する時にヒトの健康および環境に対して適切にリスクマネジメントを行うことを挙げている。

物質や混合物がリスクマネジメントが不十分な状態で製造・使用されて人の健康や環境にリスクが高まった場合、ECHA は物質や混合物に制限条件を付けたり、使用を禁止する処置を取ることがある。

制限・使用禁止などの規制をされずに、製品を流通させ続けるために、川下企業に加え、川上企業や川中企業も適切にリスクマネジメントを実施できる必要がある。一般的な物質並びに混合物のリスクマネジメントの進め方について図3．8に示す。

「化学物質のリスク評価」、「化学物質のリスク管理」、「リスクコミュニケーション」について、それぞれ解説する。

(1)　REACH 規則が求める化学物質のリスク評価

REACH 規則には、登録物質または混合物に関するリスクの評価手法として CSA（Chemical Safety Assessment）がある。

CSA は、1年に10トン以上輸出・使用する物質を登録する際に必要となる

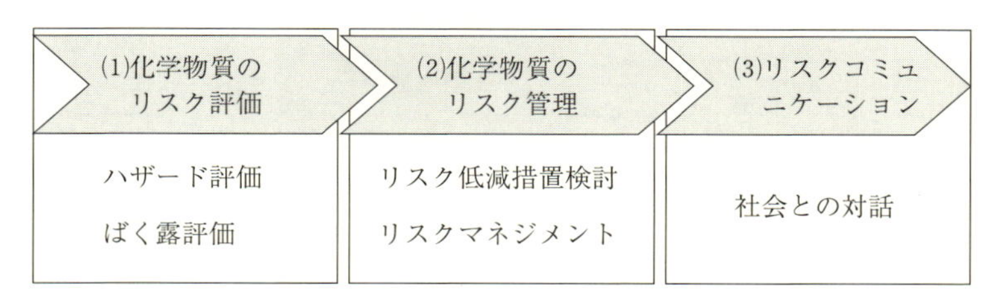

図3．8　リスクマネジメント全体の手順

CSRに掲載する評価である。CSRの目的は、労働者や使用者などの人や環境に対して登録物質のリスクがコントロールされていることや、消費者や川下製造者にその製品の情報を提供することにある。そのため、CSAにおいて化学物質のライフサイクル、あらゆる用途で評価されることが求められる。

以下に、CSAの概要とリスク評価の方法について解説する。

①　CSAの概要

CSAとは、図３．９に示すように、「ハザード評価」、「ばく露評価」、「リスクの特性化」の３つの手順で実施される。各項目について、簡単に解説する。

②　Step1. ハザード評価

ハザード評価とは、登録する物質に関連する全ての情報を収集し、危険有害性、PBT、vPvBに関する評価を行い、リスクコントロールの必要性があるか

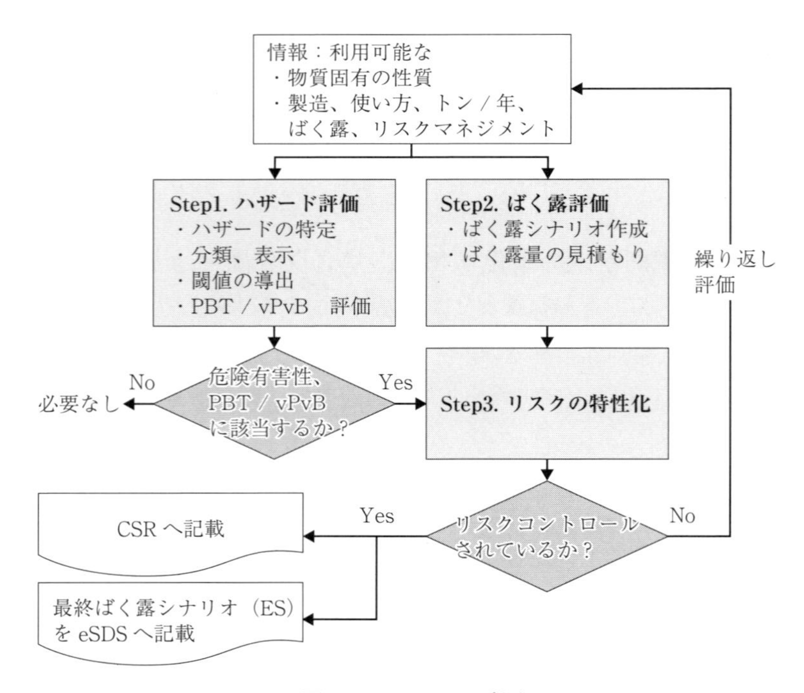

図３．９　CSAの手順

表3．3　ハザード評価の各観点のまとめ

手順	「ハザードの特定」、「PBT, vPvB の評価」	「分類と表示」	「閾値の導出」
実施内容	利用可能な情報を収集し、ヒトや環境に対し、どのような影響を生じるか判定	各規則に則り、危険有害性をランクづけ	ヒトや環境にとって暴露されるべきでない物質や混合物のばく露量の導出
「ヒト」に関する観点	ヒトの健康への有害性評価	CLP 規則に則り、分類と表示	推定無影響レベル（DNEL）を用い、算出
「そのもの」に関する観点	物理化学的特性の有害性評価	CLP 規則に則り、分類と表示	－
「環境」に関する観点	環境への有害性評価	CLP 規則に則り、分類と表示	予想無影響濃度（PNEC）を用い、算出
「ヒトへの重大な有害性」に関する観点	PBT, vPvB	REACH 規則に則り、分類	－

判断することである。表3．3に示すように「ヒト」、「化学物質そのもの」、「環境」、「ヒトへの重大な有害性」などに焦点を当てて、情報収集、危険有害性の分類、ヒトや環境にばく露される物質のばく露量の導出などを行う。

上記の観点から、化学物質もしくは混合物がCLP 規則に基づく分類における危険有害性またはPBT、vPvB に該当する場合に、ばく露評価の実施が必要になる。

③　Step2. ばく露評価

ばく露評価とは、ヒトや環境がどの程度、製造や使用時に化学物質にさらされるか、調査または評価することである。労働者や使用者などのヒトや環境に対して登録物質のリスクがコントロールされていることを示すために行うので、その物質の全用途、製造から廃棄までを含む製品のライフサイクルを網羅しなければならない。製品のライフサイクルを網羅した各条件におけるばく露評価を行った「ばく露シナリオ」をつくり、ヒトや環境へのばく露レベルを決定する。

なお、ばく露評価は、ばく露シナリオの作成、ばく露の推定の２つの手順に

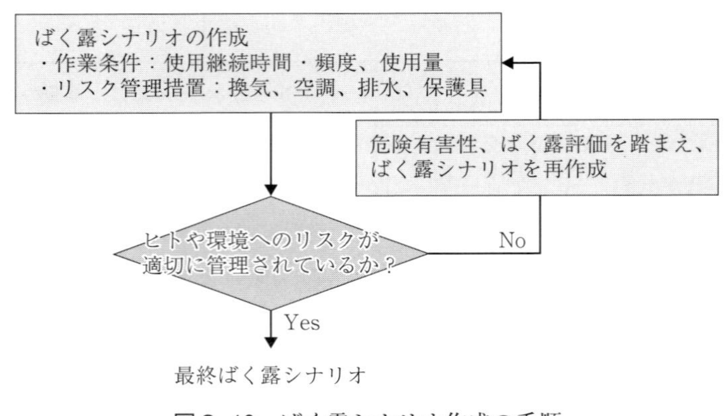

図３.10　ばく露シナリオ作成の手順

より図３.10に示すように、人や環境へのリスクが適切に管理されるまで、新しいばく露シナリオを作成することになる。

最初に作成する初期ばく露シナリオでは、利用可能なあらゆる登録物質または混合物の有害性情報に基づき、作業条件およびリスク管理措置について初期の仮定におけるばく露推定を行う。ばく露推定では、主に化学物質の環境への排出の推定、ライフサイクルの評価、ばく露レベルの推定を行う。

この結果、ヒトの健康および環境へのリスクが適切に管理されたばく露シナリオを最終ばく露シナリオと呼び、CSR並びに拡張SDS（eSDS: extended Safety Data Sheet）に記載しなければならない。

なお、ばく露シナリオは以下の項目が必要とされる。

・作業条件：使用継続時間・頻度、使用量
・リスク管理措置：換気、空調、排水、保護具など

④　Step3. リスクの特性化

リスクの特性化とはヒトや環境にとって、ばく露レベルが問題ないレベルになっているか評価することである。ばく露レベルが一定の閾値を超えている場合、ハザード評価並びにばく露評価の是正を行い、ばく露レベルが問題ないレベルになるまで実施しなければならない。

上記の「ハザード評価」、「ばく露評価」、「リスクの特性化」の3つの手順で定めた最終ばく露シナリオをCSRとeSDSに記載しなければならない。eSDSについては、以下の諸点に注意点すべきである。

・物質の性質に関する情報、使用条件、リスクのコントロールを保証するリスクマネジメントに関する調査が含まれなければならない。
・掲載する物質または混合物の全ての使用方法並びに使用条件には、川下使用者が使用する条件、その製品の廃棄までのライフサイクルの評価まで網羅されている必要がある。

(2)　化学物質のリスクマネジメント

化学物質のリスク評価を行った後に、化学物質に応じたリスクマネジメントを実施する。具体的には、リスク低減措置の検討、レスポンシブル・ケア活動などが挙げられる。

①　リスク低減措置の検討

REACH規則が求める化学物質の評価によって、リスク評価が完了した後に、リスクの低減措置について検討する。例えば0.1重量比％に満たないCL物質を含有する成形品の場合、製造工程でCL物質が含まれる治具を使ったり、外部から混入してしまって、0.1重量比％を超えることも考えられる。製品に含有する物質量が異なる場合に登録などのREACH規則で定められる義務を果たさなければならないのは、CL物質に限らず、ほかの物質や混合物でも同様である。

上記のようなことから、製品に含有される物質量を管理するとともに、製品に意図せず化学物質が含有されるリスクを低減していくことが必要になる。

製造におけるリスクの低減措置として、例えば、以下のような方法がある。機械設備の改良や設置、作業手順の改良や立入禁止等を設ける管理的方法、使用化学品の変更や作業条件の変更、場合によっては保護具の使用等が挙げられる。優先度が高いリスク低減措置を実施する項目に焦点を当てて、社内から幅広く低減措置に関する意見を求めることが必要になる。

② レスポンシブル・ケア活動

リスク低減措置を実行に移していく上で、レスポンシブル・ケア活動の一環として取り組むことが最も効果的と言える。

レスポンシブル・ケア活動は、一般社団法人　日本化学工業協会の定義では、「化学物質を扱うそれぞれの企業が化学物質の開発から製造、物流、使用、最終消費を経て廃棄・リサイクルに至る全ての過程において、自主的に「環境・安全・健康」を確保し、活動の成果を公表し社会との対話・コミュニケーションを行う活動」となっている。

リスク低減措置の実施によって化学物質のリスクが低下したことを地域の人々や輸送に携わる業者、製品を使用する顧客などのステークホルダーに情報伝達する手法として、レスポンシブル・ケアでいう社会との対話・コミュニケーションを行う活動は最も効果的と言える。

実際にリスク低減措置を進めていくに当たっては、レスポンシブル・ケア推進委員会を社内に設置し、トップダウン形式で進めることが望ましい。図3.11に示すように、1年単位のPDCAサイクルによるリスク低減措置の実行が最もシンプルな形式と言える。優先的に実行するリスク低減措置の決定(Plan)、リスク低減措置の実施（Do)、リスク低減措置の効果測定（Check)

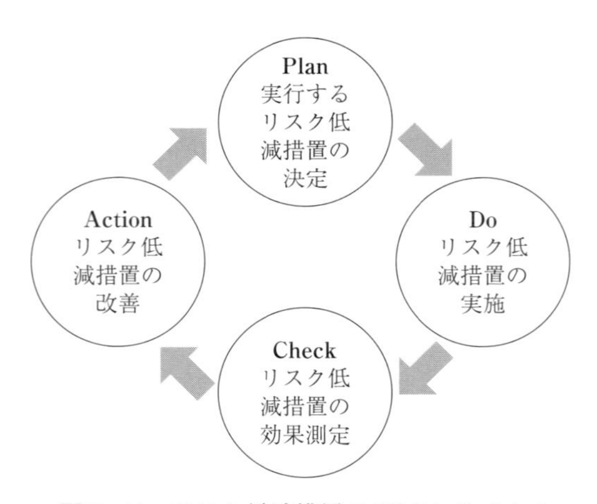

図3.11　リスク低減措置のPDCAサイクル

によって、リスクが低減されたかかどうか確認することができる。

一方、リスクが期待から外れ十分に低減しなかった場合には、再度リスク低減措置の実施もしくは方法の改善を行うことになる（Action）。

なお、化学物質のリスクマネジメントをより厳密に行っていくには、マネジメントシステムに組み込んで、化学物質管理を実行していくことも有効である。マネジメントシステムへの展開については、第7章で解説する。

(3) 化学物質のリスクコミュニケーション

前述のとおり、あらゆる用途で登録物質を含む製品を使用する時にヒトの健康および環境に対して適切にリスマネジメントを行うことは、製造者、輸入者の責任となっている。全ての使用者が適切なばく露条件が維持される環境で製品を取り扱うためには、適切に情報伝達し、意思疎通を図らなければならない。具体的な情報伝達手段としては、① eSDS、②イエローカードが挙げられる。

① eSDS

EUに1年に10トン以上輸出・使用を登録する際には、eSDSを川下企業に情報伝達しなければならない。eSDSには、全ての用途かつ製品のライフサイクルに応じたばく露シナリオが掲載されている。

川下企業に川上企業、川中企業がeSDSを異なる方法で情報伝達すると、川下企業の情報管理は煩雑になるため統一的な情報伝達の方法が求められることになる。eSDSの情報伝達の方法として、ケムシェルパの活用が有効である。ケムシェルパは、情報伝達に最も適したツールとなっており、顧客が情報伝達に求めるeSDSに加え、成分情報や管理対象物質の含有有無などが網羅されている。

② イエローカード

化学物質の輸送時の万一の事故の際に、運転者や消防・警察などの関係者が輸送する化学物質に対して適切な措置を取らなければならない。製品の輸送時には取るべき措置が記載された緊急連絡カードであるイエローカードの活用が望ましいと言える。

3.1.3 リスクマネジメントの留意点

国内外を問わず、化学物質の危険・有害性に起因する労働者、消費者の健康障害保護および環境汚染防止の要求の高まりから、上市される製品に対する化学物質の含有規制、分類、表示等の世界調和等の要求が強化している。

製品を開発、上市する企業においては自社製品に求められる有害物質の含有規制等への対応や譲渡、提供する化学物質のSDS提供や容器、包装への適正なラベル表示等の遵法対応が求められる由縁である。

遵法対応の実現には、サプライチェーンを通した化学物質のリスクマネジメントが欠かすことのできない要因となる。

以下、リスクマネジメントの留意点について記載する。

(1) 製品に要求される法令の特定と法令の要求内容の確認

開発製品に要求される法令とその法令が要求する規制内容の確認を行う。この場合、当該製品の輸出を計画しているのであれば、輸出先国において適用される法令とその法令に要求される規定を理解することがまず必要なことである。ここを正しく把握していない場合、当該製品の輸出に当たりつまずく結果となり、製品設計の見直しという事態も想定できる。

上記については、以下の諸点につき絞り込みを行うことにより適用法令の特定をできるものと思われる。

① 製品の出荷先国、地域

② 製品のターゲット顧客 (企業／一般消費者)

③ 製品用途 (工具、電気電子製品、自動車、玩具等)

④ その他

前記の絞込みにより、製品に適用される法令を特定することが可能になるものと思われる。このことにより、製品出荷時の法令対応への不備というリスク回避が可能となる (ただし、適用法令を把握していることと当該法令への遵法とは直接の関係はないことに留意が必要である)。

(2) 特定した法令の要求内容の確認

開発中の製品に求められる法令の確定を行うが、この場合の特定される法令は必ずしも1法令とは限らない。複数法令が要求されることが一般的である。例えば、電気・電子製品に対し、低電圧指令、電磁両立指令および RoHS(II) 指令が要求される場合等である。したがって、適用法令に抜け、漏れがないように留意する必要がある。

以下、いくつかの法令（規則、指令等）と求められている要求を例示する。

① CLP 規則

国連勧告の「化学品の分類および表示に関する調和システム（GHS)」を導入し、REACH 規則で導入された分類、表示システムを包含している物質の分類表示システム。

1）GHS システムに対しビルディングブロックアプローチによる、EU の物質の分類、表示および包装規則

2）分類に基づいた SDS（REACH 規則で規定)、ラベルの作成

（注）SDS 作成は REACH 規則に従う。

3）危険有害性物質を包装する場合の規定　等

② 一般製品安全指令（General Product Safety Directive：GPSD)

ニューアプローチ指令やその他の指令で規制されない消費者用の製品の安全を確保するために1992年に制定された。

1）生産者に対して必須要求事項である「一般安全要求事項（General Safety Requirement)」を満たす安全な製品のみを流通させることを求めている。

2）安全な製品とは、「通常の状態、あるいは合理的に予見できる状態で使用した場合、何もリスクがないか、あるいはリスクがあったとしても許容範囲にあるもの」と定義されている。特定製品について整合規格が定められています。

http://eur-lex.europa.eu/LexUriServ/LexUriServ.do?uri=OJ:C:2012:059:0004:0007:EN:PDF

③　玩具指令

1988年5月に採択された旧法が2009年6月に改正された。加盟国は2011年1月26日までに国内法を制定し、同年7月20日以降国内法に基づく措置が適用されている。

1）14歳未満の子供達が使用すること（遊びに限定しない）を意図してつくられた製品、または材料。

2）REACH規則に規定されているCMR物質の玩具への含有禁止、化粧品指令（指令76/768/EEC）に定義されているアレルギー性物質、芳香物質も使用禁止。

3）附属書IIパートIIIで以下の各項において物質移動量等の制限を規定している。

(i)　ニトロソアミンおよびニトロス化可能物質に対する移動量（migration limit）を設け、36カ月未満の子供向け玩具および口に入ることを想定した玩具への使用禁止。（8項）

(ii)　アンチモン、ヒ素、バリウム、カドミウム、クロム、鉛、水銀、セレン、銅、マンガン等の移動量制限。（19項）

4）玩具指令にはNLF（新しい法的枠組み）が適用されCEマーキングが要求される。

④　BPR

1998年5月発効、2006年5月から運用されていた殺生物性製品指令に代わり、殺生物性製品規則（BPR）として、2012年5月に採択、2013年9月1日から運用開始された。

殺生物性製品とは、活性物質と呼ばれる化学物質や微生物の働きによって、害虫や細菌などの害を及ぼす生物からヒト、動物、材料、成形品を保護するために使われる製品である。

・殺生物性製品の上市には事前認可が必要である。

・殺生物性製品に含まれる活性物質は事前の承認が必要である。

・殺生物性製品規則では新たに殺生物性製品で処理された成形品が定義さ

れた。

⑤ TSCA

有害化学物質規制法は、有害な化学物質によるヒトの健康と環境への不当なリスクを防止することを目的とした米国の法律である。1977年1月1日に発効していたが、2016年6月に改正TSCAが成立した。

1）新規化学物質（TSCAインベントリー未収載物質）についてはその製造、輸入の90日前までに届出（PMN）を行い当局の審査を受ける。

2）届出の新規物質がヒト・環境に過度のリスクをもたらす、あるいは相当量の環境への排出やヒトへのばく露の場合の申請書に対する同意指令（Consent Order）やTSCAインベントリー収載既存物質の重要新規利用規則（SNUR）への対応等が求められるケースがある。

(3) 開発、設計製品に対し、危険有害物質の含有規制等への対応

① 開発、設計段階において遵守すべき適用法令を洗出し、その中で含有制限等規制される有害物質を特定する

② 製造段階では、外部調達品も含め、含有規制物質等の非含有に関しリスクア管理を重視する。

この観点からはサプライチェーン間の情報伝達スキームとして「ケムシェルパ」の導入が望まれる。

上述のように、我々の生活を取り巻く環境における化学物質によるリスクはあらゆる面に存在している。したがって化学物質を製造する企業はもちろん、それらの化学物質を使用した製品を供給するメーカーにおいても、自社製品による化学物質起因リスク低減に務めることが喫緊の課題である。

3.1.4 新たな動き

(1) 第16次CL物質の決定

2016年9月に第16次CL物質として6物質が提案されていたが、2016年12月

に開催された加盟国委員会（MSC）で表３．４に示す４物質について、全会一致で追加が合意され、2017年１月に正式に追加された。正式追加決定の時点から、届出や情報伝達といったCL物質に関連する義務が発生する。

なお、提案されていた６物質のうち、残りの２物質（4-ターシャリ-ブチルフェノール、ベンゼン-1, 2, 4-トリカルボン酸1, 2-無水物）については、加盟国の多くは提案に同意したものの、一部加盟国が異なる意見を示したため、全会一致での合意には至っておらず、指令1999/68/ECによる新コミトロジーで審議されることとなっている。

(2)　認可物質（附属書XIV収載物質）の追加

CLに収載された物質は、ECHAによる附属書XIV（認可物質）への収載勧告の後、欧州委員会等での検討を経て附属書XIVに収載されることになる。

ECHAによる追加勧告については、2016年11月に９物質を認可物質とする第７次勧告が発表された。2015年11月に11物質を対象とした勧告案が公表され意見募集が行われ、その結果２物質については第７次勧告からは外された。

一方、附属書XIVの改正については、第４次勧告を反映した2014年８月以降は改正されず、NGO等から手続きの遅れを指摘する声が挙げられていた。第５次勧告および第６次勧告の対象となっていた12物質を附属書XIVに追加する改正案が2016年９月にWTOに通知された。通知文によると2017年５月頃に採択される見込みとなっている。

表３．４　新たに追加された認可対象候補物質

物質名（和名）	CAS番号
4, 4'-プロパン-2, 2-ジイルジフェノール（ビスフェノールA）	80-05-7
4-ヘプチルフェノール、分岐および直鎖	−
ナデカフルオロデカン酸、ノナデカフルオロデカン酸アンモニウム、ノナデカフルオロデカン酸ナトリウム	3108-42-7 335-76-2 3830-45-3
4-tert-ペンチルフェノール	80-46-6

(3) 制限物質（附属書 XVII）の追加

第16次 CL 物質として2017年１月に正式追加された４物質の中のビスフェノール A（BPA）については、2016年12月に附属書 XVII が改正され、エントリー66として BPA が追加された。これにより、0.02重量比％以上 BPA を含有する感熱紙の上市が2020年１月２日から禁止されることになる。REACH 規則の第58条7項では、「あらゆる用途が REACH 規則の制限または他法規制で禁止されている物質は附属書 XIV に収載しない」ことが定められているが、今回の附属書 XVII での制限対象は感熱紙に限定したものであるため、CL 物質と特定後に、ほかの用途を認可対象とする附属書 XIV への収載が将来検討されることになる。

また、2016年10月には、メタノールとペルフルオロオクタン酸（PFOA）類を新たに追加する附属書 XVII の改正案が WTO に通知されている。メタノールについては、メタノールを0.6重量比％超含有する一般消費者向けのフロントガラス洗浄剤または除霜剤、変性アルコールの上市を制限する内容となっており、2017年前半に採択した上で、１年後から制限が適用される予定となっている。

一方、PFOA については、PFOA を25 ppb（10^{-9}）超含有する、または PFOA 関連物質を合計1,000 ppb 超含有する混合物や成形品の製造時使用および上市を制限する内容となっている。なお、2017年前半に採択した上で、原則３年後から制限が適用される予定であるが、印刷インキや消火剤、半導体エッチング工程等の一部用途については適用開始時期を遅らせる形となっている。

3.2 RoHS(II)指令

3.2.1 RoHS(II)指令早わかり

Directive 2011/65/EU（以降「RoHS(II)指令」）は2011年７月21日に公布され、2013年１月３日に国内法が公布された。

(1) RoHS(II)指令の制定目的

ヒトの健康と環境保護を目的に、廃電気電子機器のリカバリーと処分の容易化のため電気電子機器への有害物質の使用制限を規定している。

(2) 電気電子機器の定義と適用範囲

「適正に作動するため、電流または電磁界に依存し、電流、または電磁界の生成、移動および測定のため直流1,500V、交流1,000V以下の定格電圧で使用するよう設計された装置」で、表３．５に示す11カテゴリー製品に適用される。

カテゴリー８、カテゴリー９およびカテゴリー11の製品群はRoHS(II)指令において新しく対象となった製品群である。

(3) RoHS(II)指令の製品適用除外

以下の製品に対してはRoHS(II)指令は適用が除外されている。

(a) 軍事目的の武器、軍需品、軍需物質等加盟国の安全保証に必要な製品
(b) 宇宙に送られるために開発された製品
(c) RoHS(II)適用除外製品の一部として特別に設計され、当該装置に設置される製品
(d) 大型産業用固定工具
(e) 大型固定装置
(f) 型式未承認の電動二輪車両を除くヒトまたは貨物用運搬車両
(g) 職業用途以外の非道路用運搬具

表3．5　RoHS(II)指令適用の製品カテゴリー

項	適用カテゴリー	適用時期
1	大型家庭用電気製品	RoHS(I)指令で適用されていた
2	小型家庭用電気製品	
3	情報通信装置	
4	消費者用品	
5	照明装置	
6	電気電子工具	
7	玩具、レジャースポーツ用品	
8	医療装置	2014年7月22日以降 体外診断医療装置は2016年7月22日以降
9	監視および制御装置（産業用の監視および制御装置を含む）	2014年7月22日以降 産業用監視および制御装置は2017年7月22日以降
10	自動販売機	RoHS(I)指令で適用されていた
11	上記の範疇以外の電気電子機器（*）(RoHS(I)指令では適用除外であったが、RoHS(II)指令に従っていないEEE)	2019年7月22日以降

(h)　埋込み型移殖用医療装置

(i)　太陽光パネル

(j)　企業間取引を目的とした研究開発専用装置

RoHS(I)指令適用以前に上市されていた電気電子機器に対して、修理、再使用、機能向上または能力更新のためのケーブル、予備部品には適用されない（例：2006年7月1日以前に上市されていた電気電子機器）。

(4)　含有制限物質

修理、再使用、機能変更または能力向上のためのケーブルおよび予備部品を含み、表3．6記載物質の均質材料当たり最大許容濃度を上回る電気電子機器への含有は、指令制定前の上市製品を除き禁止されている。均質材料とは、「全体が単一成分の材料または、ねじを外す、切断、押しつぶしおよび研磨工程のような機械的な手段で解体または異なる材料の組み合わせで構成される材

表３．６　EEEへの含有制限物質、最大許容濃度（附属書II）

項	物質名	最大許容濃度	適用時期
1	鉛	0.1重量比％	RoHS(I)指令において2006.７.１から適用。
2	水銀	0.1重量比％	
3	カドミウム	0.01重量比％	
4	六価クロム	0.1重量比％	
5	ポリ臭素化ビフェニル	0.1重量比％	
6	ポリ臭素化ジフェニルエーテル	0.1重量比％	
7	フタル酸ビス（2-エチルヘキシル）(DEHP)	0.1重量比％	医療装置と監視および制御機器を除く製品カテゴリーについては2019年７月22日。 医療装置と監視および制御機器は2021年７月22日。
8	フタル酸ブチルベンジル(BBP)	0.1重量比％	
9	フタル酸ジブチル(DBP)	0.1重量比％	
10	フタル酸ジイソブチル(DIBP)	0.1重量比％	

料」を意味している。

2015年６月４日のEU官報において含有制限物質の見直しが行われ、フタル酸ビス（DEHP)、フタル酸ブチルベンジル（BBP)、フタル酸ジブチル（DBP）およびフタル酸ジイソブチル（DIBP）の４物質が追加され、従来の６物質と合わせて含有制限物質は10物質となった。

(5)　含有制限物質の製品への適用除外

附属書IIIおよびIVに収載されている製品には含有制限物質の適用が除外されている。2011年７月21日時点での附属書III収載物質は、下記より短かい期間が特定されていなければ

・附属書Ｉのカテゴリー１～７および10は2011年７月21日から５年間

・附属書Ｉのカテゴリー８と９は上市日から７年間

2011年７月21日時点での附属書IV収載物質は、見直しされない限り上市日から７年間である。

附属書Ⅲ、Ⅳに科学と技術の進歩を適用し、専門委員会により欧州委員会が見直しを行う。除外追加がREACH規則に規定している環境と健康の保護を弱めることなく以下の条件に適合する場合は、特定製品の材料および部品の用途が附属書ⅢおよびⅣに追加される。

① 設計変更による除去、代替または附属書Ⅱに収載中の材料、部品を必要としない材料および部品への代替が科学的、技術的に実行不可能である場合

② 代替品の信頼性が確実ではない場合

③ 代替品に起因する環境、健康および消費者安全の負の影響が、総合的な環境、健康および消費者安全の便益を上回りそうである場合

(6) 製造者、輸入者および流通業者の義務

上市される電気電子機器ついて、以下の製造者、輸入者および流通業者に求められる義務が規定されている。

① 制限物質を非含有とする設計、製造　(製造者のみ)

② 技術文書を作成し、Decision No. 768/2008/ECの附属書Ⅱのモジュール Aにより内部生産管理手順を実行する（実行させる)。(製造者のみ)

③ EU適合宣言書の作成と最終製品上にCEマーキングを貼付(製造者のみ)

④ ほかに同等な適用すべきEU法令が適合性評価手順を要求する場合、それら要求への適合性はその文脈内で説明し単一の技術文書を作成してもよい。(製造者のみ)

⑤ 技術文書とEU適合宣言書は電気電子機器の上市後10年間を保管(輸入者、流通業者はコピーを10年間保管)

⑥ 適合性を保持するため手順をシリーズ製品に適合すること。製品設計、特性の変更および電気電子機器の適合宣言に参照された整合規格は適正に考慮（製造者のみ)

⑦　不適合な電気電子機器およびリコール製品を記録（登録）し、流通業者に通報すること（製造者のみ）

⑧　電気電子機器の特定を可能とする型式、バッチまたはシリアル番号等を貼付すること。製品に貼付できない場合は、パッケージまたはEEEに附属する文書に貼付　（製造者のみ）

⑨　製造者の名称、登録商号、登録商標および住所を電気電子機器上に表示できない場合はパッケージか電気電子機器に附属する文書に表示
ほかの適用可能EU法令が製造者の名称および住所の表示規定を含んでいる場合はそれらの規定にも対応（製造者、輸入者、流通業者）。

⑩　電気電子機器が指令に適合していない、またそのように信ずる理由があれば、当該電気電子機器を指令に適合させるため製品の引き上げ、リコール等の措置を行い、電気電子機器を効果的に活用できるよう加盟国の権限ある国家当局に通報（製造者、輸入者、流通業者）

⑪　権限ある国家当局からの要求に対し、指令への電気電子機器の適合性を示すために必要な情報と文書を当局に提供

⑫　上市した電気電子機器の指令への遵法を確実にする行動について、当局の要求に応じ協力　（製造者、輸入者、流通業者）

（注）上記①～⑫において製造者とは、欧州域外国も含めた製造者を意味する。(ブルーガイド３．１項)

(7)　EU適合宣言とCEマーキング

EU適合宣言書は、上市される電気電子機器について当該製品に含有制限物質を含有していないことを証明するもので、製造者が当該電気電子機器の本指令への遵法に対する責任を負うことを意味する。

(8)　適合性の推定

「特定有害物質非含有」に従っていることを示す試験・計測が実施されているか整合規格に従って評論されている材料、構成部品および電気電子機器は

RoHS(II)指令の要求に従っているとみなさなければならない。

すなわち、含有制限物質の非含有要求に従っていることを示すような試験および計測が実施されているか、または整合規格RoHS(II)指令の場合はEN50581:2012（有害物質の使用制限に関する電気電子製品の評価のための技術文書）（以後EN50581と表記））に従い評価されている材料、構成部品および電気電子機器は本指令の要求に適合していると推定される。

(9)　川中ユーザーとしての対応

電気電子機器は多数の複雑な構成部品で構成されており、川下メーカーは川中企業に発注している部品、構成品等に対してRoHS(II)指令対応要求（含有制限物質の非含有）を求める。川下企業にとっては、川中企業からの調達部品、構成品のRoHS(II)指令非含有を実現することが最優先課題となっている。

一方、川中企業においては、川下企業からの受注に対応するため、購入材料や塗装、メッキその他の中間工程で必要となる加工を外部の専門業者に委託している場合が多い。

この場合、川中企業においても川下企業同様、それらの外部購入材料や発注工程に対するRoHS(II)指令非含有管理も重要となる。すなわち、川中企業は外部購入材料や外部委託加工については、川下企業同様に調達部材、部品等の含有制限物質の非含有を求める立場であり、川下企業へ受注部品や構成品を納入する場合は川上企業と同様自らがRoHS(II)指令非含有を求められるというRoHS(II)指令対応への両面性を持っていることとなる。

複数の川下企業へ対応している川中企業の場合、川下企業の個々の要求への対応に忙殺されているのが現状である。その煩雑さを解消するためには、RoHS(II)指令に適用されるEN 50581への適切な対応が求められる。すなわち、川下企業との取引において、納入品のRoHS(II)指令への遵法対応を納入実績で示し、川下企業の信頼性を確保に務めることがEN 50581 の要求を実現することとなる。

川下企業においても、複雑で多様な部品で構成される電気電子機器のRoHS

(II)指令の含有制限物資の非含有を確保するため、整合規格EN50581が求めるサプライヤーの信頼性と納入製品の品質実績（特定有害化学物質の非含有を含む）に基づきEN50581が定める技術文書を収集することにより、リスク管理することが重要なポイントとなる。

サプライチェーン間の情報交換手段としてケムシェルパを導入することが求められる。

3.2.2　自社工程のリスクマネジメントの留意点

製品により工程や作業方法は異なる。製品ごとにリスクアセスメントを実施し、リスクに応じたリスクマネジメントを実施しなくてはならない。

工程に関するリスクアセメントは、4M〔人（Man）・機械（Machine）・材料（Material）・方法（Method）〕について行うのが一般的である。

ヒトについては、作業で要求される能力と作業者の能力をスキルマップ表などで整理し、配員時に考慮する。作業者の能力が不足している場合は、作業方法の変更や教育計画を立案する。

機械、設備は、メンテナンスや作業方法によりコンタミネーションの可能性が変わる。

購入材料はリスクアセスメントを行い、十分にリスクが低いことが確認された部品、材料を調達する。

新規製品の生産開始時は十分に検討して対応するが、４Ｍの変更があった時の対応に抜けが起きることが多い。変更管理が重要であるが、これは有害化学物質管理に限ったことではなく、品質管理や作業管理と同じである。

(1)　重要管理作業の考え方

ものづくりの全ての工程、作業のどこかで抜けや落ちがあれば、品質上も遵法上も問題を起こす。しかし、全ての工程、作業を厳重に管理すると、かえって作業ミスや漏れなどが生じる。重要管理作業は、絞り込むことで管理が徹底できる。

食品業界ではHACCP（Hazard Analysis and Critical Control Point）を導入して重点的に管理している。HACCPは「食品の製造・加工工程のあらゆる段階で発生するおそれのある微生物汚染等の危害をあらかじめ分析（Hazard Analysis）し、その結果に基づいて、製造工程の重要管理点（Critical Control Point）を定め、これを連続的に監視することにより製品の安全を確保する衛生 管理の手法（厚生労働省ホームページ)」である。

HACCPは確立した手法であるが、電気電子業界でも、食品ほどの厳密さは不要ながら、「微生物汚染」を「有害化学物質」と置き換えることで、重要管理作業が絞り込める。

(2)　QC工程表での重要管理作業の選定

電気電子業界ではQC工程表で作業管理をすることが多い。このQC工程表などを利用して、どの作業要素が遵法上重要なのかを確認することになる。基本的には化学物質を使う作業である。

QC工程表は各社各様であるが、図3．12はQC工程表のフロー部分を例示したものである。QC工程表は、作業手順とQC（品質管理）上のポイントを示すもので、不良発生、欠品、納期追い込みなどの定常外の手順が書かれていないことが多い。

遵法上でも不適合になることが多いのが、この非定常作業時である。QC工程表あるいは手順書等に想定される非定常作業についても、手順を決めておくことが肝要である。

例示したQC工程表の製造課の作業について、遵法上の重要管理作業を確認してみる。

①　作業計画策定作業

計画策定は、4Mの管理点を具体化するが、非定常作業も想定する。

②　特定有害化学物質の使用作業

はんだ付け作業：指定鉛フリーはんだの使用、はんだ設備（ディップ

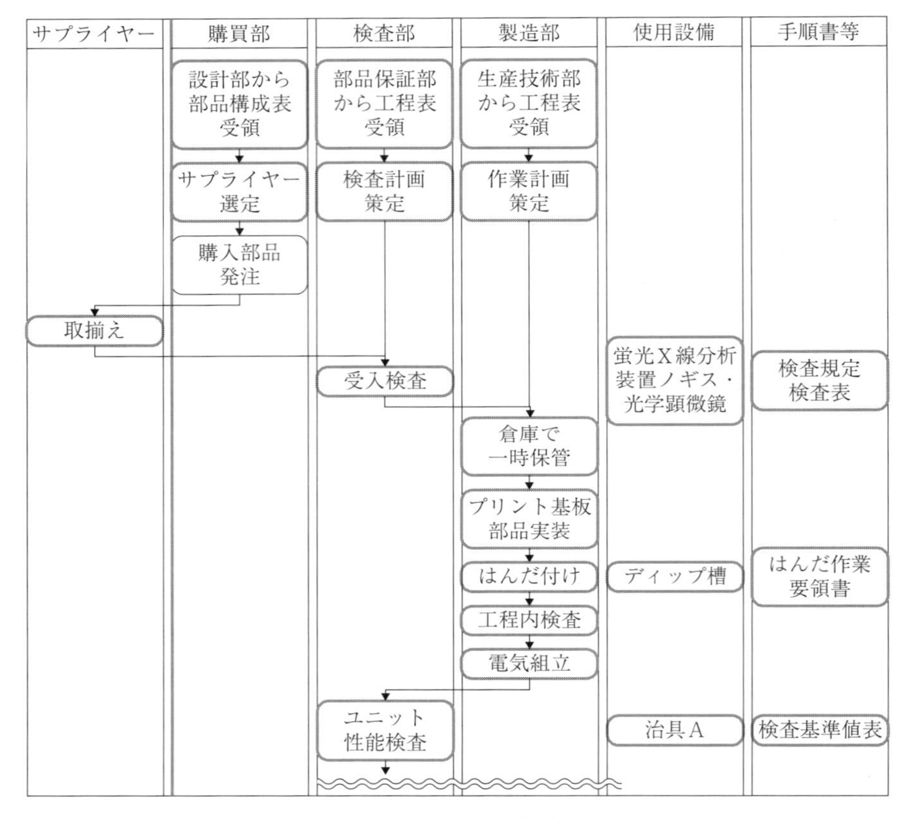

図３.12　QC工程表

槽）の清掃などが重点管理作業となる。

③　一時保管・取り出し作業

保管時に他部品類からの蒸気などでのコンタミネーションまでは、一般的には考慮する必要はない。出庫時の異品取り出し防止が重要管理作業である。

④　電気組立作業（特定有害化学物質の不使用作業）

シャーシーにプリント基板を組み付ける場合などの特定有害化学物質を使用しない作業である。ドライバーやペンチなどの汎用工具を使うことが多く、前に使用した時のコンタミネーションの可能性はゼロではない。工具の専用化に越したことはないが、このレベルのコンタミネーションまでは、一般的には考慮することはない。

(3) リスクの見積もり

RoHS(II)指令の整合規格であるEN50581の第4.3.2項では「混入の技術的判断は、電気電子産業界で活用されている技術情報に基づいてよい」とされている。このことから、製造現場、生産技術部などの知見を有している技術者が可能性を評価し、リスクを見積もることができる。

例えば、表3.7に示すようなリスクを決めて、リスクの度合いによって、作業工程後の工程内検査や検査部門の検査の程度を決めることになる。

作業工程のリスクの見積もりでは、BOM（部品表）に収載されていない現

表3.7　工程リスク表

リスク評価対象			リスク
工程なし			0
機械加工	切削加工	指定材誤認のリスク	1
	物理的加工	研磨剤等の残渣	1
表面処理	化学めっき	皮膜への含有	5
	電気めっき	洗浄残渣	2
	塗装	皮膜への含有	5
	無機物含浸	指定材誤認のリスク	1
	有機物含浸	指定材誤認のリスク	2
	熱処理		0
樹脂成型		指定材誤認のリスク	5
接着			3
組立	機械組立	潤滑剤などのリスク	2
	電気配線	束線バンドなど現場手配品	2
	プリント基板実装	はんだ槽、はんだの鉛含有リスク	4
その他	技術的知見で高リスクである		4
	技術的知見で低リスクである		2

場手配品と言われるねじの緩みを止めるペンキ類、束線糸などが欠落することがある。現場手配品のリスクの見積もりも、同様に行う必要がある。

3.2.3　サプライヤーのリスクマネジメントの留意点

サプライヤーから調達する部品、材料のリスクは、「サプライヤーの遵法信頼度」、「調達する材料の特定有害物質の含有の可能性」「サプライチェーン内での作業工程」から決まる。

(1)　サプライヤーの遵法信頼度

EN50581の第4.3.2項では、サプライヤーの信用の格付けの追加情報として「サプライヤーの実績（historical experience）を例示している。実績の考え方として、2005年11月に当時のUKのDTIは過去３年間の実績とするガイドを出しているので、参考になる。

サプライヤーの信頼度は、過去の実績と今後もその実績の維持される保証が必要である。RoHS(Ⅱ)指令第７条e項が要求する「量産品に関する手順が整っていることを確実にする」は、サプライヤー管理も含んでいる。

サプライヤーに要求する「量産品に関する手順」としては、UK DTIは、運用している品質マネジメントシステムの統合したRoHS(Ⅱ)指令コンプライアンス保証シシステム（CAS：Compliance Assurance System）と解説している。CASは、設備管理、検査体制、作業者のスキル、化学物質規制法に関する知識などが含まれる。

サプライヤーの評価は、CASの仕組みと運用状況を確認することになる。

(2)　調達する材料

購入部品材料は、一般汎用材（品）と特殊仕様品に大別され、リスクアセスメントやリスクマネジメントは異なる。

①　一般汎用材の含有の可能性

1）IEC62321-2（電気・電子機器中における特定物質の定量－第2部：分解、分離および機械的試料調製）に、一般的な部品や材料についてのRoHS(II)指令の特定6物質の含有の可能性のリストがある。このリストを利用すれば、効率的である。

2）IEC62321-2に収載されていない素材、素材に加工が施されている場合などは、技術的知見などから見積もることになる。メーカーからの適合情報やカタログやホームページで開示している遵法情報を利用する。

②　特殊仕様品（図面付仕様品）

特殊仕様品の多くは「一般汎用材」に、図面で仕様を指定している。図面から素材と加工工程を確認し、可能性を確認する。素材や加工工程での含有の可能性の和となる。

(3)　含有の可能性（リスクの和）

複数の素材を使った複合材、複数の工程が重なった部品などは、それぞれの含有の可能性の和となる。サプライヤーの信頼度を固定して考えると、含有の可能性は「遵法リスク」になる。

特定有害物質の含有を意図的、非意図的を問わずにゼロにすることはできない。含有リスクは製品の用途より許容できる遵法リスクは異なる。例えば、工場で使用する製品と乳幼児が使用する製品では、許容含有リスク（十分に低いリスク）は異なる。

リスクを考慮すべき事項は次のように数が多い。

①　製品の用途：消費者・専門家・子供

②　製品の輸出先国：EU・米国・中国…

③　サプライチェーン全体の工程

④　原産地国

⑤　材料指定（一般汎用材（品）購入・特殊仕様品購買）

⑥　材料・部品の重量な個数

リスクは、製品を構成する全部品、材料の全てについて確認しなくてはなら

表３．８　BOM

ユニット　PN234567890　コントローラ						
No	PN	名称	型式	メーカー	使用個数	重量(g)
1	PN42345678	IC	ICA12345678	ABC 株式会社	12	5.1
2	PN42345680	IC	ICA12345680	ABC 株式会社	8	5.1
3	PN42345681	チップ抵抗	CR123-100-00	BNM 株式会社	12	0.5
4	PN42345682	チップ抵抗	CR123-200-00	BNM 株式会社	10	0.5
5	PN42345683	チップコン	CC523-100P-00	BNM 株式会社	3	0.5
6	PN42345684	チップコン	CC6218-10M-00	BNM 株式会社	2	0.5
7	PN42345685	放熱器	FIN569	KKM 株式会社	1	30
8	PN42345693	コンデンサー	CON682345699	SDF 株式会社	5	3
9	PN12345601	ギア A	図番12345601	サプライヤ ABC	2	25
10	PN12345602	ギア B	図番12345602	サプライヤ LMN	1	15
1000	PN12345603	ケース	図番12345603	サプライヤ XYZ	1	30

ない。製品構成部品類は多いものは1,000部品を超える。川中企業は川下企業（顧客）に、部品構成表（BOM：Bill of materials）でリスクアセスメントをして遵法適合宣言をする。

表３．８は設計部署が作成したBOM例で、この表の右列に前記の「リスクを考慮すべき事項」を追加していくことになる。

リスク低減対策では、トレードオフ関係が生じることがある。例えば、塗装をメッキに変えると、有害化学物質の含有のリスクは下がるが、金属アレルギーのリスクが上昇する。

このように、リスクを考慮すべき事項のウェイトづけを考慮する必要がある。リスクの高い重点部品を選択し、リスクに応じた遵法確認を行うことになる。

リスクのウェイトはEN50581にあるように独自の技術判断が許されるので、自社方式を開発することができる。この１の方法を紹介する。

個々の項目に相関関連が無い場合の一般的な手法として、一対比較して幾何平均を取る評価手法である。

・一対比較

工程や材料などの各項目の全体の中でのウェイトを決める最初のステップが全項目の総当たりの一対比較である。例えば、重要度を1～5の5段階とする。

素材を基準として工程を比較した時、素材より工程の重要度が高く2とする。この場合は、素材の重要度は逆数の1/2、工程の重要度は2となる。

「素材」「工程」「重量」「個数」「原産地国」について、EXCELなどで整理する。一対比較は主観的とはいえ決定しやすくなる（表3．9）。

「計算1」は、「素材」×「工程」…「原産地国」である。幾何平均は、「計算1」について、Excelの関数の「Power」で算出する。

重要度は「幾何平均の総合計」の6.77との比率で、リスクを表すものである。リスクの考慮は、原産地国に47%、工程に23%、素材に18%とし、重量や個数は僅かな考慮となる。

素材も数多くあり、段階的に計算する方法もある。大きな表となるが、例えば素材を「鉄」「銅」「PET」「PVC」などにする。

このような考え方で、IEC62321-2に収載されていない品目の重要度（H、M、L）表の作成ができる。

(4)　BOMへの反映

BOMに材料や工程などの欄を設け、構成部品、材料からフラグを立ててウェイトを計算する。

表3．9　一対比較の計算表

	素材	工程	重量	個数	原産地国	計算1	幾何平均	重要度
素材	1	1/2	4	5	1/4	1×0.50×4.00×5.00×0.25	1.20	0.177
工程	2	1	4	5	1/4	2.00×1×4.00×5.00×0.25	1.58	0.234
重量	1/4	1/4	1	1/2	1/5	0.25×0.25×1×0.50×0.20	0.36	0.053
個数	1/5	1/5	2	1	1/4	0.20×0.20×2.00×1×0.25	0.46	0.067
原産地国	4	4	5	4	1	4.00×4.00×5.00×4.00×1	3.17	0.468

(5)　リスクの統合

サプライチェーンの工程リスク、素材リスク、部品重量リスク、使用数量リスクや原産地国リスクなどからリスクを出す。

このリスクとサプライヤーの管理レベルとの組み合わせで、リスクを確定して、対応を決定する。例えば、確証データの種類を決定する。

(6)　運用

工程と素材のリスクでスクリーングして、リスクが十分に低くない場合のみ、追加してほかのリスクを考慮することが考えられる。特に、調査対象の部品や材料が多い時には、メリハリを付けた調査をした方が効果的になる。

3.2.4　CEマーキングの技術文書の適合性確認

(1)　RoHS(II)指令のCEマーキング

RoHS(II)指令では、第7条で新たに附属書Ⅷによる適合宣言書とCEマーキングの貼付が義務づけられた。

RoHS(II)指令に基づくCEマーキングの適合性審査は、Decision No 768/2008/EC附属書IIのモジュールAが適用され、公認審査機関の審査は必要が無く、適合宣言（自己宣言）のみで可能となる。ただし、不適合が市場で摘発されれば再び製品を販売することはできなくなるので、生産者の自己責任できちんとした設計・生産管理を行える体制を構築する必要がある。

社内の管理は設計段階と製造段階で行う必要がある。モジュールAには補足的なモジュールとしてモジュールA1とモジュールA2があり、どれを採用するかは製造者の責任で選択することができる。

(2)　RoHS(II)指令の技術文書

技術文書は指令に適合していることを示す根拠文書であり、10年間の保管が義務づけられている。

技術文書には以下の項目が含まれていなければならない。

－製品の概要

－概念設計図、製造図面、部品、部分組み立て品、回路などの図表

－上記図面と図表を理解するための説明文書と製品取扱説明書

－適合した整合規格または“Official Journal of the European Union”に掲載された同等の技術規格のリスト、部分適用か全適用かの明示、整合規格を用いない場合には法的な必須項目を満足していることの説明、部分適用の場合は適用している項目の明示

－設計上の計算結果と実施した試験結果など

－試験報告書

製造段階の管理は、この技術文書と、適用した法律文書の要求を満たすような工程管理と必要なモニタリングを行うことで保証される。

(3)　技術文書の適合性確認

RoHS(II)指令第16条２項で、官報“Official Journal of the European Union”に掲載された整合規格に則って本法第４条の要求に合致していることを試験して対策を行っている材料、部品、電気電子製品は、本法の要求に適合していると見なされると規定されている。

RoHS(II)指令の整合規格はEN50581であり、その前文で、「複雑な製品の製造者にとって、最終組立製品の全ての材料に独自の試験を行うことは非現実的である。製造者はサプライヤーと連携して法令遵守できる管理を行い、法令遵守の証拠としての技術文書を揃える。」とうたっている。

ブルーガイドの第4.3項（技術文書）には、「製造者はリスクの分析と評価を行うにあたり、最初に製品の全てのリスクと適用必須事項を洗い出す必要があり、その分析過程を技術文書に記さなければならない。」と規定されている。

この２つの条文を通じて要求されている適合性確認方法は、ハザード管理ではなくリスク管理で行うことを示している。

したがって製造者は、自社の設計工程と製造工程のリスクの分析と評価を行

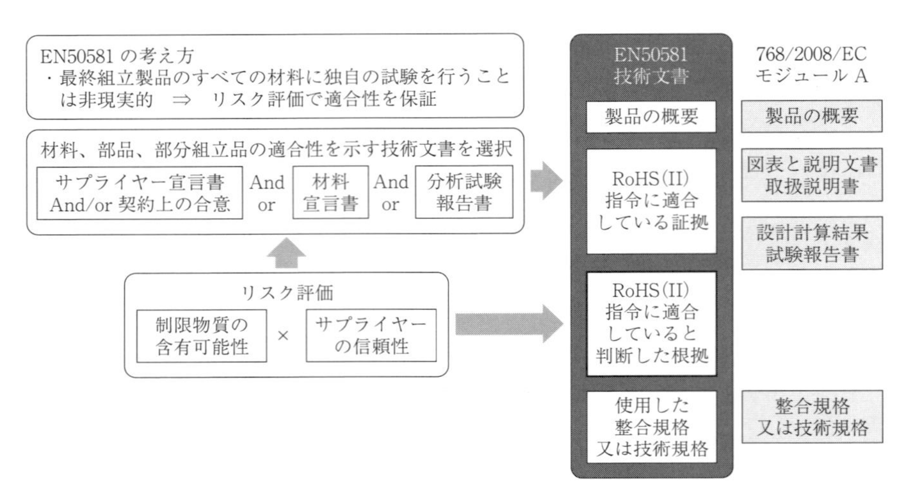

図3.13　EN50581による技術文書の適合性確認

い、制限物質が含有するリスクを最小限に抑えるための品質管理体制を構築する必要がある。ISO9001マネジメントシステムを既に構築していれば、そこに制限物質非含有を保証するための管理項目を追加することで効率的に社内管理システムを構築することができる。

例えば設計工程では、設計段階に応じて通常行われているデザインレビューの検討項目に制限物質混入のリスクを検討する項目を追加することで対応が可能であり、製造工程ではQC工程表や標準作業手順書に、制限物質の混入防止を担保する項目を追加することで対応できる。

外部からの購入品や加工外注品におけるリスク管理の方法としては、EN50581第4.3.2項で「材料、部品、部分組み立て品の適合性を示す技術文書」は、「制限物質の含有可能性」と「サプライヤーの信用性」により決めることが要求されている。

このリスクの程度により必要となる技術文書が異なる。

EN50581が求める技術文書は、

①　サプライヤーの自己宣言書

②　契約上の合意

表３．10　IEC62321-2附属書表 B1（一部掲載）

部品／材料		Hg	Cd	Pb	Cr6	PBB	PBDE
機械部品	金属骨組み	L	M	H	H	N/A	N/A
	プラスチックケース	L	L	L	L	L	M
	電線	L	H	H	L	L	M
	厚膜センサー	L	H	M	L	L	M
	ラジエーター	L	L	L	L	N/A	N/A
	金属留め具	L	M	M	H	N/A	N/A
	液晶パネル	H	L	H	H	L	L
	バックライトランプ	H	L	H	M	N/A	N/A
	磁気ヘッド	L	L	H	M	N/A	N/A

③　材料の特定

⑤　分析試験結果

の４種類であり、リスクの程度によりどの技術文書まで用意するかを判断する必要がある。ここまでの適合性確認の流れを768/2008/EC のモジュール A で要求されている技術文書の内容と比較して図３．13に示す。

768/2008/EC のモジュール A で要求されている技術文書と内容はほぼ同じであるが、リスク評価の結果を技術文書に残すことにより RoHS(II)指令に適合していると判断した根拠を明らかにすることが追加で要求されている。

(4)　制限物質の含有可能性評価

制限物質の含有可能性を評価するためには技術的判断が必要である。リスクの第１次の技術的判断を行うには、部品等の判断については表３．10に一部を掲載した IEC62321-2（電気・電子製品－規制物質の濃度定量－分解・解体・機械的サンプル作成）を参考にするか、自社の過去の経験などで判断をする。

製造工程に関しても工程ごとにリスクの判断を行う必要がある。例えば、はんだ、接着剤、塗料などを用いる組み立て工程やメッキ工程などはリスクが高く、熱処理工程や切削工程は一般的にはリスクが少ない工程と見なされている。実際にはその工程で使用されている治工具からの汚染も考慮する必要があり、これらの部材は部品表に記載されていないので、製造工程の作業標準書などを確認する必要がある。製造工程の部材や消耗品、治工具などの購入仕様書などの記録を確認してリスクの高そうなものを洗い出すことも可能である。

(5)　サプライヤーの信頼性評価

サプライヤーの信頼性評価は、EN50581では「サプライヤーの過去の経験」や「サプライヤーの出荷試験や検査結果」から評価するとしているが、具体的な基準はなく自社のISO9001などのマネジメントシステムの中で、評価の手順と基準を定めておく必要がある。例えば、サプライヤーのRoHS(II)に対する理解度、制限物質の含有可能性を下げるためにどのような管理体制を持っているか、制限物質の含有可能性が高い部材を購入する時にどのようなチェックを行っているかなどが重要な評価指標となる。

3.2.5　EU以外のRoHS法の動き

(1)　中国RoHSの動向

中国RoHSは2016年7月1日に全面改定されて「電器電子製品有害物質使用制限管理弁法」〔通称C-RoHS(II)〕が施行された。

同時にC-RoHSの下位規定であった「電子電気製品有害物質使用制限標識要求」(SJ/T11364-2006) も同時に廃止され、新たに「電子電気製品有害物質使用制限標識要求」(SJ/T11364-2014) が施行された。

その他のC-RoHS(II)の根拠となる上位法と下位規定はそのまま継続して有効である。

C-RoHS(II)の正式名称は「电器电子产品有害物质限制使用管理办法」令第32号であり、工業情報化部、国家発展改革委員会、科学技術部、財政部、環境保護部、商務部、税関総署、国家品質監督検査検疫総局の連名で発令されている。工業情報化部が主管部門として各部門の意見を調整して有害物質使用制限を促進する施策を制定し、関連する使用制限措置を実施する。(第5条)

対象製品は、第３条で、「電流又は電磁場で動作、又は電流又は電磁場の生成・輸送・測定を行うことを目的とする機器で、定格電圧が直流1,500ボルト以下交流1,000ボルト以下の設備および周辺機器。ただし、電力の生産・電送・分配設備を除く。」と規定されている。したがってこの範疇に入る全ての電器電子製品が対象となり、EU-RoHS(II)よりも適用範囲が広く規定されている。

具体的な製品例が「一般的な問題解答（FAQ）」に10分類示されているが、あくまで参考資料としての扱いである。

ただしC-RoHS(II)では、EU-RoHS指令の要求する特定有害物質の非含有は義務ではなく、含有しても「電子電気製品有害物質使用制限標識要求（SJ/T11364-2014)」に従って表示をすれば当面は上市することができる。

有害物質として規定されているものは以下の７物質である。

①　鉛およびその化合物（0.1重量比％）
②　水銀およびその化合物（0.1重量比％）
③　カドミウムおよびその化合物（0.01重量比％）
④　六価クロム化合物（0.1重量比％）
⑤　ポリ臭化ビフェニル（PBB）（0.1重量比％）
⑥　ポリ臭化ジフェニールエーテル（PBDE）（0.1重量比％）
⑦　国家が指定するその他の有害物質

使用制限物質限度量は、「電器電子製品の使用制限物質限度量要求（GB/T26572-2011)」に規定があり、EU-RoHSと同じ値である。

前述のように、限度量を超える制限物質が含まれていても、業界団体が決めるSJ/T11364-2014に規定されている表示を付けることにより製造・流通・販売・輸入することができる。限度量を超えて含有する製品には標識のほかにも、有害物質の名称、含有量、含有場所および回収利用可能性、不適切な使用方法や環境への廃棄による人体への影響等を表示する義務がある。製品等に直接表示できない場合には取扱説明書への記載でもよい。

製品の梱包材に対しても、無害、分解容易、または回収利用容易な材料を使用し、包装材使用の国家標準および業界標準を遵守する義務がある。

製品設計者にも本規則および関連法規の遵守義務がある。遵守の上で、製品が無害、低害、分解容易、または回収利用容易等の問題解決法を選択することが求められている。

(2)　韓国RoHSの動向

韓国RoHS（K-RoHS）は、2008年1月1日　施行された「電気電子製品および自動車の資源循環に関する法律」で規制されているが、この法律はEUのWEEE指令（廃電気電子機器指令)、RoHS指令（廃自動車指令）とELV指令を1つにした法律であり、内容は電気電子製品と自動車の有害物質使用制限および輸入制限（第2章)、並びに廃電気電子製品と廃自動車のリサイクルシステム構築（第3章、第4章）を意図したものである。

対象製品は電気電子製品では以下の製品で、自動車の部品として使われているものを除外した10製品群である。

① テレビ
② 冷蔵庫
③ 洗濯機（家庭用に限定）
④ エアコン
⑤ パソコン（モニターおよびキーボードを含む）
⑥ オーディオ（携帯用は除く）
⑦ 携帯電話端末（電池および充電器を含む）
⑧ プリンター（交換用インクカートリッジおよびトナーカートリッジは、法第10条第1項による材質・構造改善対象に限定）
⑨ コピー機（交換用トナーカートリッジは法第10条第1項による材質・構造改善対象に限定）
⑩ ファクシミリ（交換用トナーカートリッジは法第10条第1項による材質・構造改善対象に限定）

自動車で対象となるものは、「自動車関連法」第3条1項にある以下の3分類である。自動車の部品として使われている電気電子製品も対象となる。

表3.11　K-RoHSの制限物質とその含有基準

自動車	電気	物質	最大許容濃度
○	○	鉛	同一物質内の重量基準で0.1重量比％未満
○	○	水銀	
○	○	六価クロム	
	○	PBB	
	○	PBDE	
○	○	カドミウム	同一物質内の重量基準で0.01重量比％未満

①　乗用自動車

②　乗車定員9名以下の乗合自動車

③　貨物自動車（軽と小型に限定）

制限物質とその含有基準を表3.11に示すが、電気電子製品と自動車で対象制限物質が異なる。電気電子製品の制限物質とその含有基準はEU-RoHS(I)と同一であり、自動車の制限物質とその含有基準はEU-ELVと同一である。

ただし、研究・開発および輸出を目的とする場合には、有害物質含有基準は適用されない。そのほかにも有害物質含有基準が適用されない例外項目が大統領令第20480号附則別表2に列挙されている。

(3)　台湾RoHSの動向

台湾RoHSは、商品試験法（商品検験法：The Commodity Inspection Act）を上位法として、その第4条で執行機関と規定されている経済部標準検験局（The Bureau of Standards, Metrology and Inspection）公告軽標三字第10430007281号によって規定されている。この公告は、電気電子製品の検査基準であるCNS15663第5項「含有標示」に特定電気電子製品に対する特定有害物質含有の状況を表示することを追加したものである。

対象製品は、パソコン、プリンター、複写機、テレビ、モニター、PCモニター、ネットワークメディアプレーヤー、プロジェクターの８製品である。

台湾RoHSはC-RoHS(II)と同様に、EU-RoHS指令の要求する特定有害物質の非含有は義務ではなく、含有してもCNS15663第５項「含有標示」に従って表示をすれば当面は上市することができる。

有害物質は以下の６物質がCNS15663附録Aで指定されている。

①　鉛（0.1重量比％）

②　水銀（0.1重量比％）

③　カドミウム（0.01重量比％）

④　六価クロム（0.1重量比％）

⑤　ポリ臭化ビフェニル（PBB）（0.1重量比％）

⑥　ポリ臭化ジフェニールエーテル（PBDE）（0.1重量比％）

対象製品は、「使用制限物質の含有情況標示声明書」を作成して提出し認可を受けなければならない。

また含有標示表を、商品本体、包装、商品標識または取扱説明書に標示する必要がある。製品のウェブサイトに開示している場合には、そのウェブアドレス（URL）を商品本体、包装、商品標識または取扱説明書に標示する必要がある。

3.2.6　新たな動き

(1)　適用除外用途検討の動向

適用除外用途は、科学と技術の進展に合わせた更新（継続、廃止、新規追加等）を行うことが規定されている。

更新申請はEU委員会に対し満了期限の18カ月前までに行うことができる。

2016年までに12回の見直し申請（Pack 0～Pack11）が行われており、Pack 0からPack 7までの見直しが完了して官報公布されている。

2016年７月21日に満了期限となる29種の適用除外用途の更新申請に対する調査（Pack 9）報告書が2016年６月27日に公表され、多くの電気電子製品に使用されている用途が含まれているために注目を集めている。同報告書に対して世界33の業界団体が産業界の懸念を示す書簡を提出しており、現時点（2017年２月）でいまだ結論が出ていない。2017年中頃には結論が出されると予想されるが、それまでは規定により既存の適用除外用途は継続して有効である。

第4章

新たな規制物質の動向

4.1 ナノ物質

4.1.1 ナノ物質の早わかり

(1) ナノ物質とは

国際標準化機構（ISO）では、ナノ物質を「何らかの外径寸法がナノスケール（およそ１～100ナノメートル（以下、nm））であるか、又はナノスケールにある内部構造若しくは表面構造を有する材料」と定義している。“何らかの外径寸法”がナノスケールということは、ナノ物質には棒状、薄膜状、粒状の形状があることを意味する。さらに、欧州委員会（EC）は規制に用いる定義として、「１つ以上の外径が１～100 nm のサイズ範囲にある粒子の個数基準サイズ分布が50％以上から成る材料をナノ物質」とすることを勧告している。

ナノ物質に関連する用語も多くあるが、一例として、表４．１にISO/TS 27687の定義を示す〔「工業用ナノ材料に関する環境影響防止ガイドライン（厚生労働省：平成21年）」より〕。

ナノ物質は、フラーレンのような新規化学物質と、既存の物質であっても、大きさが極端に小さくなったことによりバルク状態とは全く異なる特性を持つ

表４．１　ナノ物質に関する主な用語の定義（ISO/TS 27687）

用語	定義
ナノスケール	およそ１nm から100 nm までの大きさの範囲
ナノ物質	１、２次元あるいは３次元のサイズがナノスケールである物質
ナノ粒子	３つの次元のサイズがナノスケールであるナノ物質
ナノファイバー	２つの次元のサイズがあまり違わず、かつナノスケールであり、残る１つの次元のサイズがそれらより著しく大きいナノ物質
ナノプレート	１つの次元のサイズがナノスケールであり、ほかの２つの次元のサイズがそれより著しく大きいナノ物質
ナノロッド	中空でないナノファイバー
ナノチューブ	中空のナノファイバー
ナノワイヤー	導電性または半導電性のナノファイバー

物質がある。ナノ物質の特性は、主には表面積の増加と量子サイズ効果によるものである。単位質量当たりの表面積がバルク状態よりもはるかに大きくなるため、触媒など物質表面の化学反応の効率は高くなる。量子サイズ効果とは、ナノ物質の大きさが20 nmより小さくなると、電子がその中に閉じ込められることにより発現する効果である。ほかにも、金属の融点が下がったり、細胞壁の中に入ったりできるようになる。ナノ物質は、これらの特異な特性を持つことから高い関心を集めており、エレクトロニクス、エネルギー、医療、農業、環境などの広い産業分野で精力的に研究開発が進められている。

(2) ナノ物質の主な種類と用途

ナノ物質としては「カーボンナノチューブ」や「フラーレン」、「ナノ金属」などが有名ではあるが、タイヤや化粧品の材料にもなるなど、身近なところでも使われている。

カーボンナノチューブには、図4.1に示す「単層カーボンナノチューブ」(Single-Wall Carbon Nanotube：SWCNT）と、SWCNTが多層になった「多層カーボンナノチューブ」(Multi-Wall Carbon Nanotube : MWCNT）がある。主に静電防止のために半導体やシリコンウェハの搬送用容器などに使われているが、特異な電気特性を持つことから半導体や電極の材料として、また軽さと強度、弾性力を利用した構造材料としての用途が期待されている。

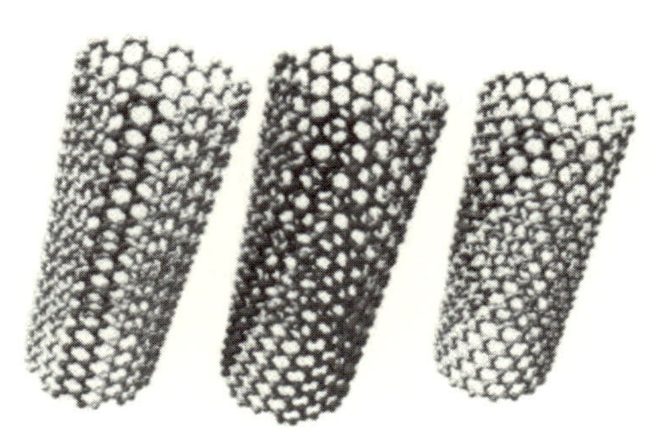

図4.1 カーボンナノチューブ

フラーレンは炭素クラスターの総称である。代表的なものは炭素原子60個から成るC_{60}フラーレンであり、20面体（サッカーボール型）構造をしている。C_{60}フラーレンはエポキシ樹脂に混練することで強度を高めたり軽量化したりできることから、バドミントンやテニスのラケットなど身近なものにも利用されている。最近では活性酸素やラジカルを消去する作用を持つことから美肌効果があるとされ、化粧品などにも配合されている。将来的には燃料電池・太陽電池、バイオ医薬などでも利用されると見込まれている。

これらのほかにも、表4．2に示すように、カーボンブラック、金属酸化物（二酸化チタンや酸化亜鉛など）、金属（銀や鉄など）、顔料微粒子、アクリル微粒子など、様々な材料のナノ物質が、産業用だけではなく、日焼け止め効果を持つ化粧品、日用品の抗菌加工、コピー用トナーといった身の回りのものにも広く使用されており、今後もその応用拡大や量の増大が期待される。

最近では、植物を構成する繊維であるセルロースをさらにほぐした「セルロースナノファイバー」が新素材として注目されている。これは、鉄の5倍以上の強度を持ちながら重量は鉄の5分の1以下であるなど、優れた性質を持つ。また、植物繊維由来であることから、石油原料を使用しない上に廃棄時の環境負荷も小さいことが特徴である。

表4．2　主なナノ物質とその用途

物質	用途
カーボンブラック	タイヤ、顔料、導電性用途など
カーボンナノチューブ	半導体トレイなど
カーボンナノファイバー	リチウム電池など
フラーレン	スポーツ用（軽量化、強度向上）など
シリカ	シリコンゴム、FRP、化粧品など
二酸化チタン	化粧品（紫外線カット）、トナーなど
酸化亜鉛	化粧品（紫外線カット）など
デンドリマー	紙コーティング、化粧品など

(3) ナノ物質のハザードとリスク

ナノ物質の安全性については、まだまだ未知の事柄が多い。ハザード面では、二酸化チタンなどはヒトの健康に明確に影響を及ぼすデータはないとされる一方、カーボンナノチューブなどヒトへの健康被害が発生した物質と形状が似ていることで有害性の懸念があるとされている物質や、ニッケルのように粒子サイズによらず物質として人の健康や環境への影響を及ぼすと評価されている物質などもある。いずれにしろ、バルク物質で蓄えられた知見をそのまま適用することが困難であることや、後述するリスク面に関する課題もあり、欧州などではヒトの健康や環境面に及ぼすことを懸念する声が強い。

また、これらのデータは試験の条件や方法がバラバラであったり、データ数が少なかったりするなど、一概に評価できないものもある。そこで、ナノ物質の環境ばく露や、物理化学的特性の試験および評価方法の標準化が急がれている。現在は、経済協力開発機構（OECD）が中心となってガイドラインが作成され、レビューが進んでいる。

ナノ物質の安全性に関する情報は、OECDがデータを公表しているほか、日本では経済産業省が、平成20年から平成22年にかけて開かれた「ナノマテリアル製造事業者等における安全対策のあり方研究会」の報告を受け、ナノ物質の物性や安全性に関する情報を「ナノマテリアル情報収集・発信プログラム」というウェブサイトで収集・発信している。

このようなハザード情報の収集のほか、ナノ物質のライフサイクルにおけるリスク評価手法の確立なども研究されており、それを踏まえた今後の調査研究の進展が待たれる。その一方、過去の経験を鑑みれば、化学物質がその有害性やリスクの評価が十分になされていない状態で環境中に放出され、その後に人への有害性や動植物への被害が明らかになった場合は、当該物質を回収して環境を回復するためには多大なコストと時間が必要となるのは明らかである。したがって、ナノ物質の製造や使用に当たっては、被害を未然に防ぐためにばく露の防止を図ることが必要となってくる。

ナノ物質の安全性については、その有用性研究と比べて遅れており、まだ調査研究の途中である。企業としても、新規ナノ物質は当然のことながら、原材料が既存のものであっても、その形状や大きさなどによっては新たな規制が設けられる可能性があることから、将来に備えて今から継続して情報収集、対応の検討を行うことが望ましい。

4.1.2　規制の動向

ナノ物質は、基礎的な有害評価や環境中の濃度測定の方法のほかにも、環境への放出状況、環境に放出された粒子の運命・挙動の解析など、リスク評価方法の開発も必要である。しかし、現状ではリスク評価がまだ十分になされていないことから、世界各国において予防的対応が取られている。なお、ナノ物質の定義も統一されていないため主要なものを表４．３にまとめた。

表４．３　各種規制におけるナノ物質の定義

	国・地域／規則	ナノ物質の定義
1	ISO	何らかの外径寸法がナノスケールであるか、又はナノスケールにある内部構造若しくは表面構造を有する材料
2	EC 勧告	非結合状態または凝集物または凝集物としての粒子を含有する天然の、偶発的なまたは製造された物質であって、数粒径分布の粒子の50％またはそれ以上について、１つ以上の外寸がサイズ範囲 1 nm ～100 nm
3	REACH 規則	ECHA は「2011年の欧州委員会の勧告は、REACH や CLP を含むさまざまな欧州規制で使用する必要がある」としていることから、EC 勧告を採用すると思われる
4	RoHS 指令	非常に小さい物質または非常に小さい内部構造または表面構造（ナノマテリアル）を持つ物質。（前文16項）
5	バイオサイド規則	微粒子を含む天然あるいは人口の活性物質あるいは不活性物質で、非束縛体、凝集体あるいは塊として存在。粒径範囲が 1 ～100 nm に入る割合が50％を超えるもの。粒径 1 nm 未満のフラーレン、グラフェン、単層カーボンナノチューブはナノ物質とみなす
6	TSCA	定義ではないが、EPA がナノ物質として報告や記録保管を求めているのは「25℃および大気圧で固体であり、一次粒子、凝集体または凝集体が 1 ～100ナノメートル（nm）の範囲にある形態で製造または加工される化学物質」としている

⑴　REACH 規則、CLP 規則（欧州）

欧州化学品庁（ECHA）では、「REACH 規則および CLP 規則の条文にナノ物質に関する明示的な言及はないが、ナノ物質は REACH 規則の『物質』の定義に含まれることからこれらの規則が適用される」としている。したがって、化学物質の登録（Registration）、評価（Evaluation）、認可（Authorization）、制限（Restriction）並びにサプライチェーンでの情報伝達といった REACH 規則の一般的な義務は、ほかの物質と同様に適用される。

例えば、ナノ形状であっても EINECS に収載された物質は既存物質として扱うことになる。したがって、1トン以上が登録対象となり、10トンを超えると化学物質安全アセスメント（CSA）と化学物質安全報告書（CSR）が必要である。また、サプライチェーン全体への有害化学物質の情報提供も必要となる。

EC では2013年２月に「REACH のレビュー」を採択した。この中では、REACH 規則と CLP 規則は、物質または混合物中のナノ物質のリスク管理のための可能な限り最適なフレームワークを提供していると結論づけている。

一方、REACH 規則付属書の技術規定をいくつか変更することが検討されており、REACH 規則および CLP 規則の管轄当局（CARACAL）の補助作業部会である CASG Nano で議論されている。

⑵　RoHS 指令（欧州）

現在の RoHS(II)指令では、改正に当たって規制対象物質にナノマテリアルは採用しなかった。しかし、当初、欧州議会の環境委員会から出された修正案では、５条 a 項（ナノ物質）でナノ銀および繊維長の長い多層カーボンナノチューブの禁止を要求していた。さらに、ナノマテリアルを含む電気電子材料はラベリングされ、また製造業者は欧州委員会に安全性データを提供すべきであるとしていた。

その後、RoHS(II)指令は2011年11月24日に欧州議会本会議で採決されたが、最終版では、特定有害物質からナノ銀と多層カーボンナノチューブを削除し、そして附属 III（禁止候補物質）も全て削除されるなど、環境委員会案とはかなり違ったものになった。しかし、環境委員会案にあった「ナノ物質を規制の対象とする」という修正意見はRohS(II)指令の第6条（制限物質の見直しと修正）と前文16（ナノ物質）に、「議会環境委員会の修正意見附属書IIの見直しで、ナノ物質を修正の対象とする」と明記される形で残っている。

附属書IIの見直しと修正は、REACH規則の附属書（認可物質）および（制限物質）を考慮するとしている。また、欧州委員会は、附属書IIの見直しと修正では小さいサイズ、内部または表面構造を含む物質または類似物質グループについて特別の考慮をするとしている。

前文16（ナノ物質）では、「ナノ物質は他の制限物質と同様に科学的根拠や予防原則により消費者保護の観点で代替品を調査すべきであり、特定の有害物質（附属書II）のレビュー、修正は論理的であるべきであり、REACH規則との補完、相乗効果を上げるべきである」としている。

これらのことから、今後のRoHS指令の改定において、ナノ物質が規制対象物質となる可能性は高いのではないかと思われる。

(3) WEEE指令（欧州）

WEEE(II)指令は、電気電子機器（WEEE）からの廃棄物による悪影響の発生抑制および管理などにより、環境およびヒトの健康を守ることを目的とした規制である。

2012年7月に施行された改正指令では、前文18項で「ナノマテリアルを含有している電気電子機器の廃棄処理による人の健康と環境への起こりうるリスクを制御するため、特定の取り扱いが必要であるかどうかを評価する必要がある」としている。現在は、欧州委員会が電気電子機器に含まれるナノ物質に対処するため、付属書VIIの修正が必要か検討している段階だが、バイオサイド規則（次項参照）では表示の義務などを課していることから、電気電子機器にナノ物質を使用する場合は、十分に動向を確認しておくことが肝要である。

(4)　バイオサイド規則（欧州）

バイオサイド規則は、非農薬の殺生物性製品（バイオサイド製品）の規制を目的としていたバイオサイド指令98/8/ECを改定し、2013年9月1日から施行された。

バイオサイド規則では、バイオサイド製品は以下のとおり定義されている。

① 物理的・機械的以外の効力で有害な有機体を無力化する、もしくは被害を発生させないようにコントロールする目的で、使用者に提供する形態において、1つもしくはそれ以上の活性物質を構成、含有、生成する物質、または混合物。

② 物理的・機械的以外の効力で有害な有機体を無力化、もしくは害を発生させないようにコントロールする目的で、そのものとしては1項に属さない物質・混合物から生み出された物質もしくは混合物。

また、バイオサイド規則の中で、ナノ物質は以下のように定義されており、ISOなどとは若干異なる。

① 微粒子を含む天然あるいは人口の活性物質あるいは不活性物質で、非束縛体、凝集体あるいは塊として存在。粒径範囲が1～100 nmに入る割合が50％を超えるもの。

② 粒径1 nm未満のフラーレン、グラフェン、単層カーボンナノチューブはナノ物質とみなす。

バイオサイド規則には簡易認可手続きが定められているが、その条件に「いかなるナノ物質も含まない」とある。また許可の場合も「当該製品中にナノ物質が使用されている場合、人と動物の健康と環境へのリスクが既に評価されている」ことが条件となる。これらのことから、ナノ物質を含んだバイオサイド製品の許可は現実的には難しいのではないかと考えられる。

さらに、表4．4に示すように、バイオサイド製品の上市に当たってはCLP規則の要求より多い項目のラベル表示が必要となる上、「処理された成形品」であってもラベル要求があるので注意が必要である。なお、成分にナノ物質が含まれる場合、製品の成分名称において（nano）と表記しなければならない。

表4．4　バイオサイド規則とCLP規則のラベル表示項目

	バイオサイド規則	CLP規則
1	全ての活性物質の名前とその濃度	注意喚起用語
2	製品中のナノマテリアル	危険有害性情報（分類・カテゴリー）
3	製品の認可番号	被害を防止・最小化する適切な措置
4	認可者の名前と住所	絵表示
5	製品のタイプ	製品特定名
6	認可された製品の使用法	供給者の情報
7	製品の使用回数・使用割合	容器に含まれる物質・混合物量
8	使用した場合の逆効果（直接・間接を含む）	
9	説明書があるのであれば使用する前に読んでくださいという指示	
10	処分する方法	
11	通常使用可能な保管期限	
12	製品の効果が持続する期間	
13	製品の使用を禁止されたユーザーの範囲	
14	環境に対する特別危険な情報	
15	微生物を含んでいる場合は規則2000/54/ECで要求しているラベル	

これと同様な表示規制が、化粧品、食品においても施行されており、また乳幼児食品についても導入が検討されている。

(5)　TSCA（米国）

米国の有害物質規制法（TSCA）では、重要新規利用規則（SNUR：Significant New Use Rule）という枠組みがある。新規化学物質を登録する際の製造前届出（PMN：Pre-manufacture notice）の評価の結果、リスクがあると判断された場合、SNURを発行して製造、使用、加工、流通、廃棄時などに制約や規制を課す。SNUR対象物質をPMN申請者以外が製造などをする場合、重要新規利用届出（SNUN：Significant New Use Notification）が必要となる。既存物質（TSCAインベントリ登録物質）であっても、その後の評価の結果次第でSNURの対象となることもある。

米国環境保護庁（EPA）は、ヒトの健康と環境に対する不合理なリスクから保護された方法でナノスケールの材料を製造・使用するために、SNURとSNUNを通じて、新しい化学物質のナノスケール材料の使用を制限している。例えば、SNURでばく露および環境放出を制限することにより、特定の規制除外の条件の下でばく露が厳格に管理されている状況においてのみ、新規ナノ物質の製造を許可している。

さらに、TSCAに基づき、ナノ物質として製造（および輸入）あるいは加工された化学物質について、情報の報告と記録保管を義務づける最終規則案を提出した。EPAの提案では、ナノスケールで化学物質の製造や加工を行う事業者は、EPAに対して、化学的組成、製造量、製造や加工の手法、ばく露や放出に関する情報、環境や健康に関する現存するデータといった情報を提出することが求められる。同様の報告義務制度はEU加盟国にもあり、フランス、デンマーク、ベルギーが施行済み、スウェーデンが検討中である。

(6) 日本

前項に記したとおり、経済産業省がナノ物質の物性や安全性に関する情報を「ナノマテリアル情報収集・発信プログラム」の中で収集・発信しているが、規制としては、平成21年に厚生労働省労働基準局から「ナノマテリアルに対するばく露防止等のための予防的対応について」の通達が出されているにとどまる。

この通達では「ナノマテリアルの生体への健康影響については調査研究が進められているものの、未だ十分には解明されていない」としながらも、予防的アプローチの考え方に基づき、ナノマテリアルに対するばく露防止等の対策を講じることを求めている。

具体的には、製造・取扱装置の密閉化や局所排気装置等の設置などの作業環境管理面、マニュアル作成や保護具の着用などの作業管理面、特定健康診断の受診、安全衛生教育の実施と受講、ラベルやSDSへの表示や通知、などとなっている。

4.2 フタル酸エステル

4.2.1 フタル酸エステルの早わかり

プラスチックを軟らかくする働きのある可塑剤は、1865年に英国のAlexander Perkesがクスノキの葉や枝などのチップを水蒸気蒸留すると結晶として得ることができる樟脳をニトロセルロースに使ったことに始まる。樟脳に代わってフタル酸エステルを可塑剤として初めて用いたのはドイツのC. Grageで、1883年のことと言われている[1)]。ポリ塩化ビニルの市場の成長とともに、当初は天然物や発酵法によっていたフタル酸ジエステル（DBP = Dibutyl phthalatet 等）の原料が石油化学工業から大量に供給されるようにな

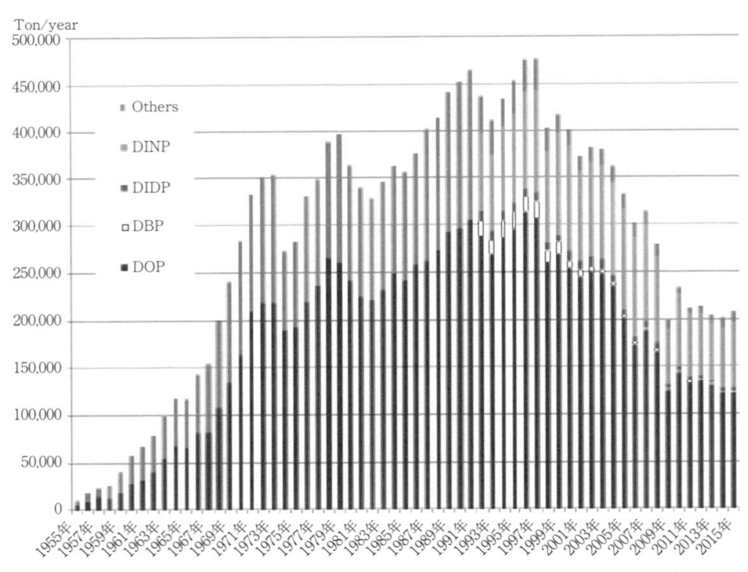

※1991年までは通産省「化学工業統計年報」より（「DOP（DEHP）」と「その他フタル酸系」の2区分）、1992 年以降は「可塑剤工業会資料」より（「DOP（DEHP）、DBP、DIDP、DINP」と「その他フタル酸系」の4区分）

図4．2　フタル酸系可塑剤生産量推移

り、可塑剤用途でのフタル酸エステルの需給は図4．2に示すように1950年以降急速に立ち上がって行った。フタル酸エステル、中でもDEHP（= Di(2-ethylhexyl)phthalate)、DOPとも呼ばれる）は主要可塑剤としての確固たる地位を得、それは国内では今日でも変わることはない。DBP、DEHP以外のフタル酸エステルとしては、BBP、DINP等がある。

フタル酸エステル（フタレート）は、図4．3に示すように、ベンゼン環に2つのカルボキシル基を持つフタル酸と2つのアルコールの脱水反応で合成されるエステル結合を持った化学物質である。

ベンゼン環に2つのカルボキシル基が化学結合したフタル酸には、ベンゼン環の隣接した炭素にそれぞれ1つのカルボキシル基が結合したフタル酸(IUPACの命名法での許容慣用名。IUPACの命名法体系によると、1, 2-benzenedicarboxylic acid)、ベンゼン環の注目している炭素とそれに隣接した炭素を1つ飛び越した次の炭素にそれぞれカルボキシル基が1つづつ結合したイソフタル酸（IUPACの命名法での許容慣用名。IUPACの命名法体系によると、1, 3-benzenedicarboxylic acid)、そして、ベンゼン環の注目している炭素とそれに隣接した炭素を2つ飛び越した次の炭素（対角位の炭素）とのそれぞれにカルボキシル基が1つづつ結合したテレフタル酸（IUPACの命名法での許容慣用名。IUPACの命名法体系によると、1, 4-benzenedicarboxylic acid）の3つの幾何異性体がある。図4．4に示すとおり、これら幾何規制体

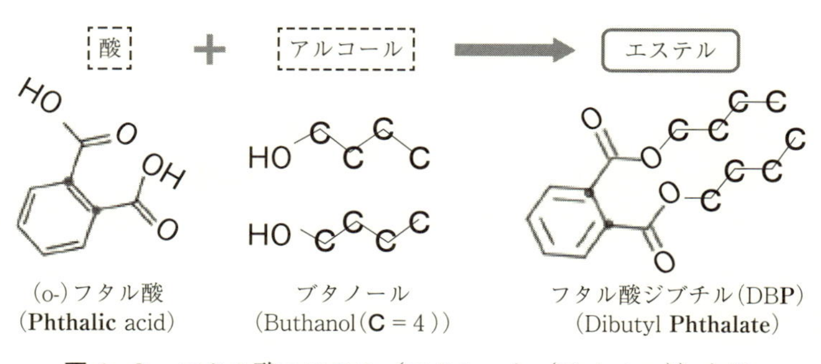

図4．3　フタル酸エステル（フタレート（Phthalate)）とは

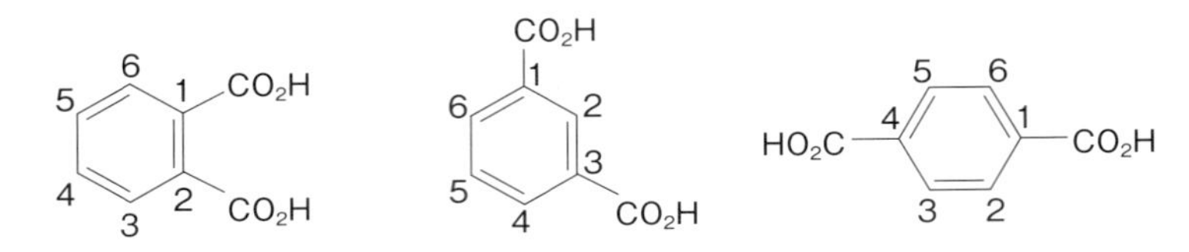

図４．４　benzenedicarboxylic acid の３つの幾何異性体

はそれぞれ左から順に、ortho-dicarboxylic acid（通称フタル酸）、meta-dicarboxylic acid（＝イソフタル酸）、そして para-dicarboxylic acid（＝テレフタル酸）とも呼ばれることもある。

一方、フタル酸エステルを合成する際に、フタル酸と対になるアルコールはアルキル鎖に１つのヒドロキシル基（-OH 基）が化学結合した形をしている。親しみ深い身近なアルコールとしてはメタノールやエタノールがある。アルキル基は炭素の数や炭素の結合の仕方、例えば、直鎖（normal）であったり分岐（branch）があったりして多様であり、それに応じて炭素数が同じであっても多様なアルコールが存在する。例えば、炭素数が４つの場合、直鎖状のアルコールは normal-butanol であるが、分岐があれば iso-butanol であり、これらは異なるアルコールである。

図４．５に、市販されていないジカルボン酸エステルも含めて可塑剤として考えられるアルコールとのエステル類を模式的に示す。

同図の上下方向は、アルコールの炭素数（Ci、i＝1, 2, 3, …）順で示しており、上から炭素数４個から始まり13個まで示しており、下に行くほど炭素の数は多くなる。図の水平方向は、左から原料のジカルボン酸がフタル酸、イソフタル酸、そしてテレフタル酸の代表的なフタル酸ジエステル、右端はその他のエステル類の順に示している。

現在最も多く市販されているフタル酸ジエステルは、フタル酸の化合物である。本来はフタル酸ジエステルと表記するべきであるが、慣例上、本稿ではフタル酸エステルと表記する。フタル酸を酸として用いたフタル酸エステル化合物を例に詳細を述べる。これらは用いているアルコールの構造や組成によって

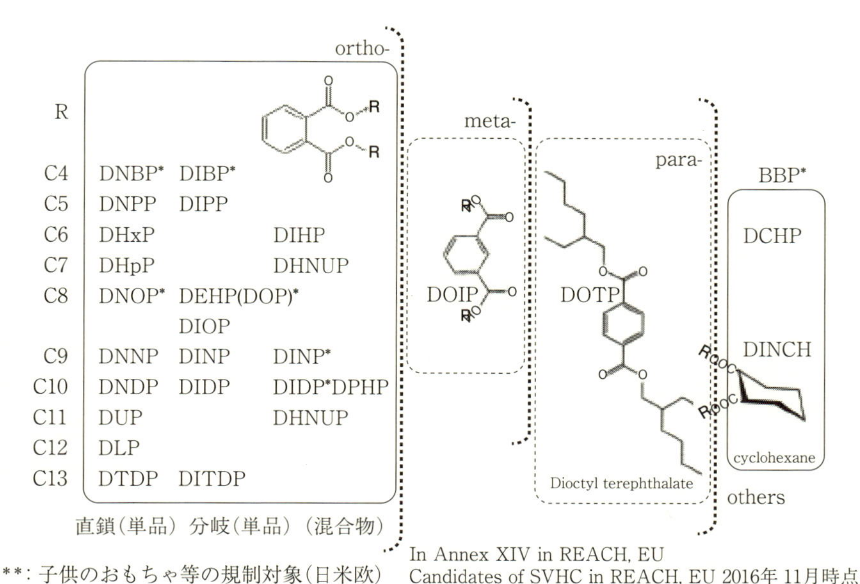

図4．5　3種の幾何異性体ジカルボン酸と種々のアルコールとの組み合わせによる可塑剤として考えられるエステル化合物

分類できる。

つまり、左の第1列にDNBP（通常DBPであるが直鎖であることを強調するためにNを記載）に代表される直鎖のアルコールを用いたフタル酸エステル、左から第2列にDIBPに代表される分岐のあるアルコールを用いたフタル酸エステル、そして、左から第3列にDINPに代表されるある炭素数を中心とした複数の種類のアルコール混合物を用いたフタル酸エステルである。アルコール原料の潤沢さを反映してかフタル酸のみならず、イソフタル酸やテレフタル酸においても、C＝8に対応する分岐アルコール（2-エチルヘキサノール（2-Ethylhexanol）を用いたエステル化合物が既に上市（DIOP、DOTP）されている。

同図の一番右端には、2つのカルボン酸が隣り合わせでシクロヘキサン環に結合したジカルボン酸を酸原料としたエステル（1, 2-cyclohexanedicarboxylic acid, diisononyl ester（DINCH））も示している。DINCH は DINP のベンゼン環をシクロヘキサン環に置換、または水素添加したものである。

フタル酸エステルは、一般的に室温で無色透明で水よりも粘稠な液体である。一例として、炭素数が８と９のフタル酸エステルである DEHP（= Di(2-ethylhexyl)phthalate）と DINP（Diisononyl Phthalate）についてそれらの物理化学的諸性質を比較してみよう。いずれもアルコールは分岐タイプであり、炭素数が僅か１つ違いではあるが、それが少しずつ性状の違いに表れている。例えば、20℃での DEHP の粘度は81 mPa・s であるのに対して、DINP のそれは100 mPa・s である。これは分子量の違いを反映している。また、オクタノール／水分配係数（Log Kow）は、DEHP、DINP でそれぞれ、7.5、8.8である。これは水への溶解性の違いを反映している。これらの僅かな違いは加工処方や最終製品の性能発現それぞれに生かされ、長年にわたり現場で技術的に使いこなされている。

先にも述べたように、フタル酸エステルは主としてポリ塩化ビニルを柔軟にするための可塑剤用途がほとんどである。具体的にはどのような用途分野で使用されているのであろうか。ちなみに、欧州化学庁がウェブ上に公開している DEHP を含有する輸入品を用途別に整理した一覧がある[2)]。ここにはテーブルクロスなどの日用品から建築材料、遊具、電気電子製品、繊維・布、車両関連、そして医療機器、防塵メガネなど多種多様の用途が記載されている。電気・電子用途でも、絶縁材、電気コード、ワイヤーをはじめ多くの電気製品の中に組み込まれている。可塑剤用途ではないが、航空機エンジンのブレードを接着する拡散接着剤の一成分として、また、リチウムイオン電池のセパレーター製造時の溶剤としても一部用いられている。このように、代表的なフタル酸エステルである DEHP は日用品ばかりではなく、医療の分野や最先端の航空宇宙分野でも、幅広く今日の人々の日常生活、種々の産業を支えており、なくてはならない工業製品であると言ってもよいであろう。

フタル酸エステルの安全性について、国内で最も多く使用されている DEHP を取り上げて以下述べる。

DEHPは、ラットに多量に投与した動物実験の結果として精巣の形態形成に異常がみられることから、欧州では1967年の指令（Directive 67/548/EEC）で、生殖・発生毒性があるとして2（現在のREACHでは1B）に区分された。

可塑剤工業会は、欧州や米国の可塑剤工業会であるECPI、ACCとともに、1980年代からフタル酸エステルの安全性に本格的に取り組んできた。その中にあって、日本の可塑剤工業会は、当初から特に種差の視点からDEHPの安全性を検証してきた。対象とする実験動物には、霊長類であるマーモセットを用いた。マーモセットは、比較的小柄で、ヒトと類似する生理機能を有することから、薬効の検証実験等に用いられてきた動物である。

1994年4月から1995年11月の期間に、DEHPのマーモセットの成獣を用いた13週間の反復経口投与試験を実施した。この実験においては、霊長類（マーモセット）にDEHPを100、500、2,500 mg／kg投与して、肝腫瘍と精巣毒性の変化を観察した。その結果、いずれの投与群も、肝腫瘍に結びつくペルオキシゾームは発現しなかった。また、精巣毒性も発現しなかった。500 mg／kg以上の群では、下痢と異物摂取による防御反応のみが観察された[3)]。

2000年8月から2002年3月の期間には、幼弱マーモセットを用いたDEHPの65週間反復経口投与毒性試験を実施した[4)]。反復投与毒性に関しては次のような所見が得られた。つまり、雌で卵巣、子宮の臓器対体重比が僅かに増加した以外、臓器重量、HE染色による組織病理学的変化は認められなかった。精巣の電子顕微鏡での観察によると投与に関係する変化は認められなかった。精子数、性ホルモン共に変化はなく、試験期間終了時には正常に性成熟していた。ペルオキシゾーム増殖活性レセプターを示すmRNAに差は認められなかった。

一方、薬物動態に関する所見としては以下のとおりであった。つまり、投与2時間後、組織内でのDEHP代謝物の血中濃度が比較的高かったのは、胆汁、腎臓であったが、ほかの全ての臓器では生殖器（精巣）も含め、げっ歯類の場合を平均値で下回っていた。代謝物の主な排出ルートは糞（投与量の35～65%）、尿（10～22%）。投与後24時間で、代謝物の血中濃度はおおよそ1/100に下がり速やかに排泄された。

2003年12月から2004年10月の期間に、幼弱ラット、および幼弱マーモセットに14C標識DEHPを100 mg/kgの用量で単回経口投与し、放射能の血中濃度推移、体内分布および尿、糞中排泄を検討した[5)]。本実験の範疇では、投与したDEHPは、ラットでは50%が、マーモセットでは29%が糞中に排泄された。血漿中のDEHPの代謝物濃度の実測値は、投与後、2、4、8時間後で、ラットの場合、52、35、17 μgeq/ml、マーモセットの場合、3.3、0.9、0.2 μgeq/mlであった。つまり、これらの投与量でのDEHPの体内への吸収能はラットの方がマーモセットよりも高いことが予想される。血漿中の代謝物濃度はマーモセットの場合、吸収率が低いことを考慮しても、ラットと比べるとそれ以上に低い。そして、代謝物の精巣への分布はラットでは認められたが、マーモセットでは認められなかった。

2003年11月から2004年11月までの期間においては、妊娠ラット、およびマーモセットに14C標識DEHPを100 mg/kgの用量で、単回経口投与し、胎児への移行性について検討した。24時間での血漿中のDEHP代謝物の濃度は、ラットの母親、マーモセットの母親でそれぞれ、2.74 μgeq/ml、0.41 μgeq/mlであった。それに対して、胎児の精巣におけるDEHP代謝物の濃度は、ラット、マーモセットでそれぞれ、3.70 μgeq/ml、0.20 μgeq/mlであった[6)]。これらの結果からは、ラットの場合、母体から胎児の精巣へDEHP代謝物が特異的に移行するのに対して、マーモセットの場合、そのような胎児精巣への特異的な移行は認められないと言えよう。

以上、ラットとマーモセットを用いた検討により、以下の種差が検証された。

- 13週連続投与の実験から、マーモセットの成獣に対するDEHPの生殖毒性は認められない。
- 65週連続投与の実験から、マーモセットの幼弱獣に対するDEHPの生殖毒性は精巣の形態観察を含めて認められない。
- 幼弱獣を用いた14CラベルしたDEHPの単回投与の実験から、代謝物の精巣への分布がラットでは認められるが、マーモセットでは認められない。
- 14CラベルしたDEHPの妊娠母親獣への単回投与実験から、胎盤関門のマグニチュードがラットに比べてマーモセットの方が大きい。

さらに、DEHPの代謝に関しても、げっ歯類と霊長類とでは明らかな代謝様式の違いが以下のとおり2006年11月から2010年11月に実施した実験によって明らかにされている[7)]。以下詳細に解説する。

DEHPは経口摂取すると、膵臓から分泌されたリパーゼによりエステルが加水分解を受け1次代謝物フタル酸モノ（2-エチルヘキシル）（MEHP）を生成する。MEHPはさらに酸化等の化学的変性を受けていくつかの2次代謝物となる。現在確認されているDEHPの主な代謝物群は、MEHP、5OH-MEHP、2cx-MEHP、5cx-MEHP、5oxo-MEHP等である。これらの1次、2次代謝物にはそれぞれ2種類の異なったタイプがあることが知られている。

MEHPを例に取ると、1つはMEHP単独のフリータイプである。今1つは、MEHPがグルクロン酸で抱合されたグルクロン酸抱合タイプである。ここでは便宜上、前者をFタイプ、後者をGタイプと呼ぶことにする。Fタイプは比較的親油性であるので血中や体内にとどまる傾向があるが、他方、Gタイプは比較的親水性であるので尿などに移行しやすい傾向にあると考えられる。

英国で合法的にボランティア男女各10名に朝食とともに少量のDEHPを経口投与し、投与後36時間までの4時間ごとに尿と血液をサンプルとして採取した。尿サンプルについて、尿中のDEHP代謝物をFタイプとGタイプを区別して定性定量分析を実施した。ヒトに対する結果をマーモセット、およびラットに対する結果と対比して表4.5に示す。

ラットの場合はFタイプに対するGタイプの比（G/F）は1よりも小さく、マーモセットやヒトの場合は、1よりも大きい。つまり、ラットの場合、Gタ

表4.5　DEHP代謝物のFタイプとGタイプの比（種別）

動物種	G/F	ラットに対して
ラット	0.13	1
マーモセット	7.12	54.9
ヒト（男子）	3.47	26.7
ヒト（女子）	5.33	41.0

イプよりもＦタイプが多いのに対して、霊長類ではそれとは逆に、Ｆタイプよりも Ｇタイプがはるかに多く、霊長類の方がはるかに速やかに体外へ代謝物が排泄されることが推察される。しかも、ヒトの場合、投与されたDEHPはこのような代謝物の形で約24時間以内に相当量体外に排泄されることが判明した。

以上のことから、次のようなことが言えよう。つまり、霊長類の場合は、げっ歯類と異なり、DEHPは体内ではその代謝物の８割強（げっ歯類の場合は１割強）が無毒化されたグルクロン酸抱合体の形で存在し、しかも、それらはほぼ24時間以内に体外に排泄されるのである。

最近報告されたキメラマウス（肝臓をヒトの肝細胞で置き換えたマウス）を用いた薬物動態学的研究を基に構築されたDEHPに対するヒト化PBPKモデルによると、ヒトバイオモニタリングで得られた尿中の代謝物濃度から、ヒトの日々ばく露量が推算できる[8)]。一般の人々を対象とした米国での同齢集団研究プロジェクトである「the National Health and Nutrition Examination Survey（NHANES）1999-2010」のヒトバイオモニタリングデータと、「日本における化学物質ばく露量（環境省2015）」のヒトバイオモニタリングデータを用いて、それぞれのDEHPの日々ばく露量Qを推算した。推算値を幾何平均と95パーセンタイル（‰）について**表４．６**に示す。表中には内閣府の食品安全委員会が定めたDEHPに対するTDI（= Tolerable Daily Intake（日々許容摂取量））でQを除した値RCR（= Risk Characterization Ratio（リスク判定比））も併記した。幾何平均、95パーセンタイル（‰）、いずれに対しても、RCR<< 1であり、リスクは懸念されない。

表４．６　ヒトバイオモニタリングのデータを用いて推算した日々ばく露量とRCR

	Q（日々暴露量（DEHP））[μg/kg bw/day]		RCR（Q/TDI）[－]	
	幾何平均	95th	幾何平均	95th
NHANES 1999-2010	0.087	1.3	0.003	0.043
環境省2015	0.059	0.456	0.002	0.015

4.2.2　規制の動向

フタル酸エステルに対する規制は2002年に始まる。動物実験で生殖系に影響が現れることから、玩具や食品に接する容器包装材料への添加量が重量比0.1％までとして予防原則的に制限された。欧州、米国、日本で制限対象となるフタル酸エステル類は、DEHP、DBP、BBP、DINP、DIDP、DNOPの6種類である[9)]。

2006年にドバイでSAICM（Strategic Approach to International Chemicals Management）が採択され、2020年までに化学物質の製造と使用によるヒト健康、環境への悪影響（リスク）を最小化する方向で、世界中の各国が現在しのぎを削っている。この年から化学物質の管理基準がハザードベースからリスクベースに大転換したことは意義深い。

つまり、従来はハザードしか考慮されていなかったが、新たなメジャーであるリスクは化学物質のハザードに加えて化学物質へのばく露の両者から見積もられる。例えば、ハザードが高い化学物質でもばく露量が適切にコントロールできればリスクは小さく、そのようなばく露コントロールの範疇では使用可能となる。一方、化学物質のハザードが小さくても、ばく露量がおびただしく多く、ばく露量を適切にコントロールする策がなくヒトへの健康や環境への有害性が予想される場合は、リスクが高いのでその化学物質の使用を控えようとするのである。

日本においては、2011年に改正化審法が発効し、スキームに従ってリスク評価が展開中である。スクリーニングによる優先評価化学物質の指定、優先評価化学物質の1次リスク評価（Ⅰ、Ⅱ、Ⅲの3段階で実施される。）、2次リスク評価を経て、第2種特定化学物質が指定される。スクリーニングでは7,000～8,000種類ある一般化学物質について、それらの年間製造・輸入量に用途別の排出係数を乗じたばく露クラスと文献等からのハザード情報によって決定されるハザードクラスとからリスクの懸念が高いと判断された化学物質が優先評価化学物質の指定を受ける。2016年4月の時点で優先評価化学物質は196物質である。フタル酸エステルではDEHPが唯一196物質の中に含まれており、1次リスク評価(Ⅰ)の段階にある。一方、2013年に公表された厚労省によるDEHPの労働環境におけるヒトに対する初期リスク評価では、リスクは低いと判断された。

欧州に目を転じる。DEHPのEUリスク評価書は2008年に公表されたが、DEHPは生殖毒性が1Bの区分であるので2011年2月に認可対象物質リストであるAnnex XIVに収載され、認可申請が2013年8月に締め切られ、日没日、2015年2月21日が定まった。DBPも同様である（BBP、DIBPについては認可申請がなされなかったので認可申請が締め切られた時点で欧州では使用禁止となった)。一方、リサイクル軟質塩ビに使用されているDEHPについては、2016年4月20日の欧州委員会REACH委員会においてDEHPの認可が承認された。しかしながら、配合や成形加工に用いるバージンのDEHPの認可は現時点でもペンディングのままであり、従来どおりDEHPの製造販売は続いている。

一方、2016年4月、認可の判断を待たずにECHAがDEHPを含む4種フタル酸エステルに対して新たに制限提案を発し、パブコメを募集した。JPIA（可塑剤工業会）は先に述べた種差（生体に及ぼす影響には顕著な種差があること）はもちろんのこと、集積ばく露影響の評価方法が不適切であること、引用されている欧州のヒトバイオモニタリング（DEMOCOPHES）データからは一般の人々へのDEHPのリスクは懸念に及ばないことを物語っていること等を論拠に、制限提案の取り下げを求めた意見書を8月末にECHAに提出した。

DINPに関しては、これ（おもちゃ規制）以上の規制は必要がないことが2013年11月に公表されている。また、電気電子機器中の有害物質制限指令(RoHS指令）が全面改訂され、これが2015年6月4日に官報に載った。施行は2019年7月22日からである。この改訂で制限物質としてフタル酸エステル4物質（DEHP, BBP, DBP, DIBP）が新たに加わった。許容濃度は、先（2006年7月1日～）に制限になっている、鉛、水銀、六価クロム、PBB、PBDEとなぜか同様の0.1%（カドミウムは0.01%）である。

また、懸案となっている医療用途でのDEHPの処遇は、約４年を周期に、医療機器規制の見直しが実施されている。最新は、昨年末に、代替え品に関する科学ベースの意見書（2015年版）が公表された。欧州委員会は、一般の人々に対するDEHPのリスク懸念は認められないことに言及し、長期間にわたる血液透析成人患者や特に集中治療室で手当てを受けている新生児へのばく露量が最も高くなることへの懸念があることと、他方で、フタル酸エステルばく露がありながらも透析等が多くのヒトの命を救ってきたことを肝に銘じなければならないことも併せて述べている[10)]。現時点では、DEHPを含有している軟質PVCの医療バッグは禁止に至ってはいない。

米国では1977年に発効し、それ以来大きな改正がなされてこなかった懸案のTSCA改正が、2016年６月22日にオバマ大統領署名によって成立した。2016年12月中旬に初期リスク評価物質としてTSCAワークプラン（WP）のリストから10種類を抽出し、リスク評価が開始される。法発効日より３年半をかけて合計40種類の化学物質を指定しリスク評価することを目標に掲げており、フタル酸エステルの行方が注目される。先頃（2016年11月29日）EPAが公表した先発の10物質の中にはフタル酸エステルは含まれていない[11)]。

可塑工業会は科学をベースにフタル酸エステルの安全使用をこれまで一貫して訴えてきた。欧州では政治的な力でフタル酸エステルに否応ないストレスがかけられている。一方で、世界の可塑剤市場は年年歳歳右肩上がりで成長を続けている。2009年の可塑剤市場規模は約600万トン／年であったが2015年には800万トン／年を越えた。この成長をけん引しているのは中国である。現時点でフタル酸エステルが全可塑剤に占める割合は約２／３強である。そして、アジア、中南米、アフリカの国々が旺盛な可塑剤の需要を今後も確実に生み出してゆく。グリーンケミストリーからも小さな産声が上がっている。これらを背景として、軟質PVCという汎用用途でのこのような膨大な需要を支える原料ソースを、量の面と品種の面、そして品質面と安全面でどのように現実的に使い分け発掘してゆくのかは、可塑剤の供給サイドに突き付けられた挑戦的な課題である。

第5章

特定有害物質の検査法

5.1 RoHS 規制物質の測定方法

ここではRoHS指令で従来から規制されていた６物質に、４種のフタル酸エステルを加えた10物質について、IEC62321（RoHS規制物質の分析方法を定めた国際規格）で規定された分析手法を中心として解説する。

5.1.1 サンプリング

IEC 62321の試験方法フローチャートに記載される対象物質は高分子材料、金属材料、電子部品の３種に分けられるが、分析を行う上では一部の材料には無機材料（ガラス、セラミックス）が含まれ４種の性状に区分けされる。高分子材料、金属材料、無機材料は比較的均質材料となっているが、電子部品については多くのユニットで形成されているため、試料を均質材料とするのは難しいものがある。

試験対象試料は電気・電子機器製品としての完成品が対象になることが多く、その場合、製品を解体することから始める。

解体を行う上で試料のどの部位に有害物質が高濃度で含有しているかを理解することが、試料間汚染を防ぐことにつながる。

例えば赤、オレンジ、黄色、ピンク、緑のプラスチックには着色剤としてカドミウム、鉛が含有されることがある。このような部材の材質ごとに次に示す含有の可能性の評価（表５．１）を行い試料を選別することが効率的である。特に未知試料の解体にはこのようなリスクを理解して分別することが望ましい。

試料情報が何も無い場合は蛍光Ｘ線分析によるスクリーニング分析により含有の有無の判断が簡便に行える。規制物質が含まれていなければ化学的な操作が必要ないので効率的である。蛍光Ｘ線分析は解体時や分解前の工程においても有効な分析方法として普及している。図５．１の基板を蛍光Ｘ線装置でマッピング測定を行った結果が図５．２である。どの部位に規制物質があるかをマッピングから判断することができる。この図５．２と基板の図５．１を重ね

表5．1　特定物質の含有の可能性[1)]

構成／規制物質 機械部品／構成	有害物質［リスク分析］					
	水銀 Hg	カドミウム Cd	鉛 Pb	6価クロム Cr（Ⅵ）	臭素系難燃剤 PBB	 PBDE
金属フレーム	L	M	L	M	N/A	N/A
プラスチック筐体	L	L	L	L	L	M
電源コード／ケーブル	L	H	H	L	L	M
厚膜センサー	L	H		L	L	M
ヒートシンク	L	L	L		N/A	N/A
金属製ねじ、座金、ファスナー	L	M	M	H	N/A	N/A
ガラス類	L	M	H	L	N/A	N/A
燐光性のコーティング（例. ブラウン管）	L	H	L	L	N/A	N/A
液晶ディスプレイ　パネル／スクリーン	H	L	H	H	L	L
プラズマ　パネル／スクリーン	H	L	H	H	L	L
ランプ、バックライト	H	L	H	M	N/A	N/A
磁気ヘッド			H			
プリント基板						
ラミネート	L	L	L	L	L	M
コネクター		L	H	L	L	H
電解コンデンサー	L	M	H	M	L	M
チップ型コンデンサー	L	M	M	M	L	M
抵抗器-IMT タイプ	L	M	H	L	L	L
付属品						
外付け電源	L	H	H	L	L	M
材料						
ペンキ、インク、似たような塗料	L	H	H	M	L	L
接着剤			M			
ポリウレタン－高光沢	H	M	M	L	L	M
塩化ビニル（PVC）	L	H	H	M	L	M
スチレン、ポリスチレン、ABS、ポリエチレン、ポリエステル	L	M	M	L	L	H
ゴム	L	M	M	L	L	M
他のプラスチック	L	M	M	L	L	M
着色剤（全てのプラスチック）赤、オレンジ、黄色、ピンク、緑	M	H	H	H	N/A	N/A
金属	L	M	M	M	N/A	N/A
他の鉄材	L	L	L	H	N/A	N/A
快削鋼	L	L	H	L	N/A	N/A
銅合金	L	H	H	L	N/A	N/A
アルミ合金	L	L	H	L	N/A	N/A
金属クロムめっき	L	L	L	L	N/A	N/A
亜鉛皮膜	L	H	H	H	N/A	N/A
その他の金属皮膜	L	H	L	H	N/A	N/A
その他のガラス材	L	M	H	M	N/A	N/A
セラミックス	L	M	H	L	N/A	N/A

L ＝含有低；M ＝含有中；H ＝含有高、N ／ A ＝適用外

（[1)] IEC 62321-2　Annex B　参照）

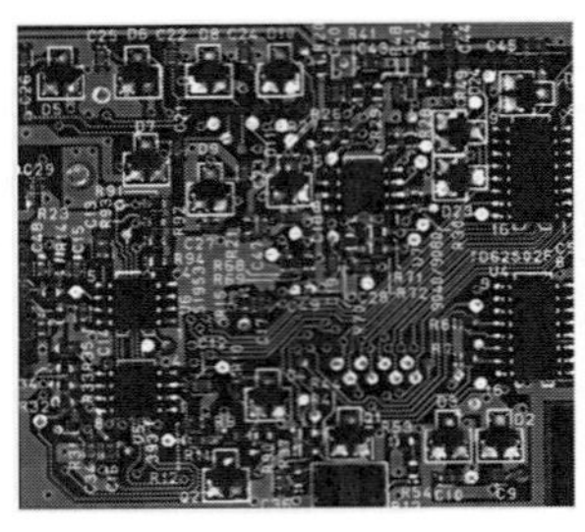

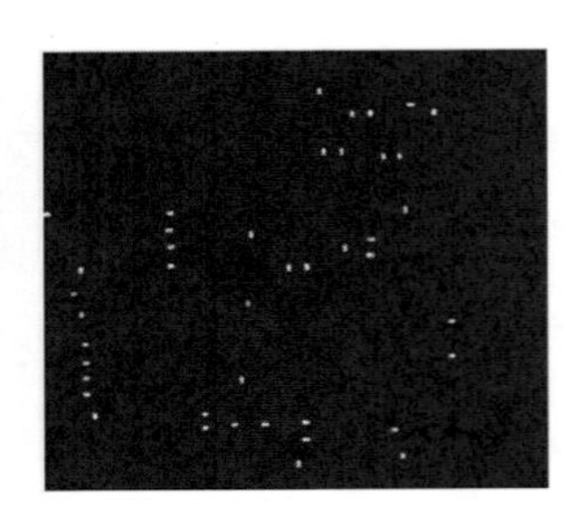

図５．１　基板の試料画像図　　図５．２　鉛元素マッピング

るとはんだ部分に鉛が含有していることがわかる。このような場合ははんだとほかの部位を分けて前処理をする必要がある。

(1)　粉砕の必要性、および選定

対象試料が不均質、または粗大である場合は、粉砕により微粉末で代表性の高い試料を作製する必要がある。選定に際しては、試料の崩壊性を考慮する。硬質（脆性）試料は衝撃力が、軟質（弾性）試料は切断力が効果的に作用する。

(2)　粉砕前に留意すること

ニッパー等を用いて、試料を粉砕機に投入できるサイズにまで切断し、ボルト、金属板等を除去する。これらの金属部位は王水による溶解等の手法で処理することを推奨する。延伸性のある金属は機械的には粉砕できない。

(3)　粉砕方式

①　粗粉砕：カッティングミル

・投入試料サイズ：最大60 mm×80 mm、粉砕粒度：平均約30 mm ～ 5 mm

・試料は回転刃と粉砕室の固定刃で切断粉砕され、スクリーンで粒整される。

電子基板等の中硬質～軟質試料には、カッティング式での粉砕が好ましい。粉砕は数 mm 程度にとどめることを推奨する。細かく粉砕し過ぎると微粉が

粉砕室内に付着し、次の試料を粉砕する際に、試料間汚染が問題になる。

②　均質粉砕：超遠心粉砕機

・投入試料サイズ：最大10 mm、粉砕粒度：平均約 5 mm ～0.20 mm

・高速回転する回転刃の遠心力により試料を衝撃粉砕、スクリーンで粒整する。

粗大、または代表性が乏しい試料には均質化の必要性が生じる。チタンおよび耐摩耗性があるタングステンカーバイドをコートした回転刃、スクリーンを選択できる。高分子材料は、ドライアイス等を併用した凍結粉砕が有効である。

③　微粉砕：振動式ボールミル

・投入試料サイズ：最大10 mm、粉砕粒度：平均約0.5 mm ～0.05 mm

・粉砕容器を高速で往復運動させ、粉砕ボールが試料を粉砕する。

密閉容器内で粉砕が行われるので試料の回収が簡便である。クロムを含まないタングステンカーバイド、ジルコニア等の材質を選ぶことが可能。対応機は液体窒素で容器を冷却することで、試料が脆性破壊される。図５．３に凍結粉砕機とフッ素ゴムの粉砕例を示す。

図５．３　凍結粉砕機（振動式ボールミル）とフッ素ゴムの粉砕例
（レッチェ社クライオミル）

5.1.2　分析方法と分析基本フロー

(1)　各装置の原理

①　蛍光X線分析装置

蛍光X線法は、試料にX線（1次X線）を照射することにより発生する蛍光X線を測定し、含有される元素とその濃度を分析する方法である。比較的簡単な試料前処理で測定を行うことができ、取り扱いも容易であることからRoHS分析のスクリーニングに用いられている（図5．4）。

試料にX線（1次X線）を照射するとその一部が試料に吸収され光電効果（原子（元素）の内殻軌道電子をはじき飛ばして光電子として飛び出させる）を起こす。光電効果を起こした原子は、イオン化され不安定な励起状態となり、安定な状態に戻るためエネルギーレベルの高い外殻軌道電子が空いている内殻軌道を埋めるため移動し、両軌道のエネルギー差に相当するエネルギーを持つ蛍光X線が発生する。

蛍光X線は、励起された原子固有のエネルギー（波長）を持ち、発生量は試料に含有される元素の濃度と相関を持つことから、物質の定性・定量分析に用いることができる。また、試料を2次元に走査（マッピング）することにより試料表面の元素分布を知ることもできる。マッピングは、分解が困難な部材

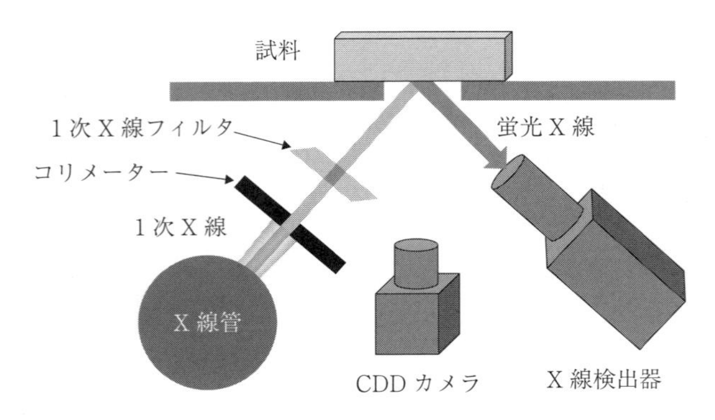

図5．4　蛍光X線分析装置の構造例

図5．5　汎用型蛍光 X 線分析装置
（㈱日立ハイテクサイエンス）
EA1000VX

図5．6　汎用型蛍光 X 線分析装置
（日本電子㈱）JSX-1000S）

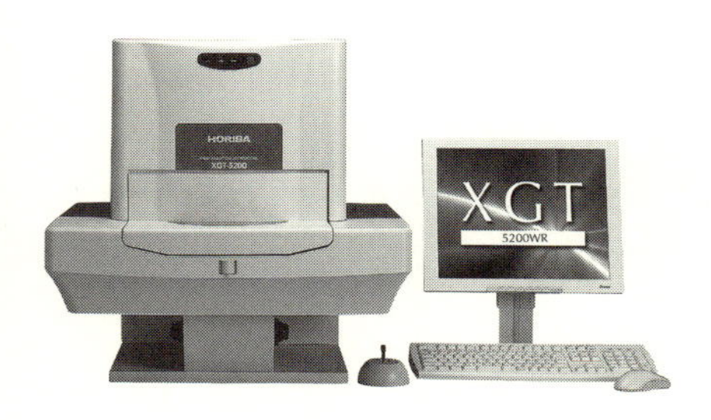

図5．7　マッピング型
蛍光 X 線分析装置
（㈱堀場製作所 XGT-5200WR）

図5．8　ハンドヘルド型
蛍光 X 線装置
（㈱堀場製作所　MESA ポータブル）

（プリント基板など）の RoHS スクリーニング分析に用いられている。

装置は、蛍光X線の検出法の違いにより、エネルギー分散型（EDXRF）と波長分散型（WDXRF）に分類されるが、RoHS 分析には小型で取り扱いが簡単な EDXRF が使用されることが多い。また、試料室の形状、試料をスキャンするためのステージの有無などの違いにより、ハンドヘルド型、汎用型、マッピング型などの装置が製品化されている（図5．5～図5．8）。

②　ガスクロマトグラフ質量分析計

ガスクロマトグラフ質量分析計（GC-MS）は、ガスクロマトグラフ（GC）によって分離されたガス成分を、オンラインにて質量分析計（MS）で検出し、得られた質量スペクトルから化合物の定性および定量解析を行う複合分析装置

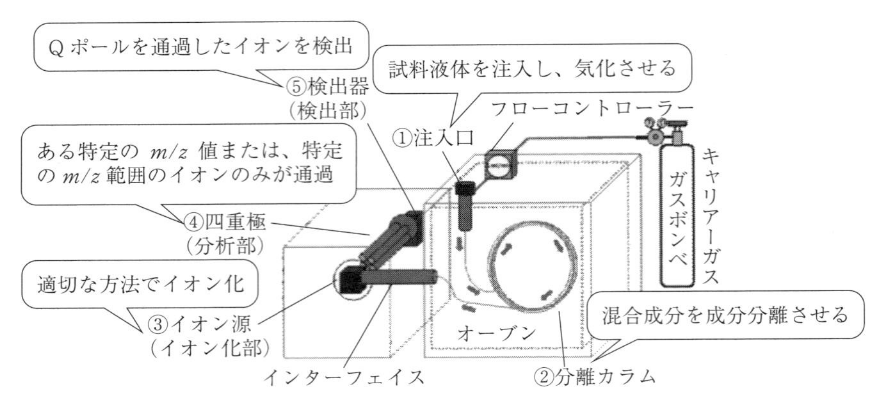

図５．９　ガスクロマトグラフ質量分析計（GC-MS）の原理図の例

である。分析対象は、主に有機物であり、数十万種を超える化合物を識別し、1 ppt といった極微量成分も検出できる（図５．９）。

1）ガスクロマトグラフ（GC）

シリンジ（注射器の筒）を用いて注入口に導入された試料は加熱によって気化し、分離カラムへ導入される。分離カラムは、内径0.25 mm、長さ30 m 程度の石英ガラス製の毛細管が用いられ、内壁には0.25 μm 程度の厚さで固定相（液相）が化学的に結合されている。この中を移動相として、ヘリウム等の不活性ガスを一定流量流し、同時にオーブン温度を上昇させると、導入されたガス成分の沸点や極性に応じて固定相に分配する度合いが異なるため、MS へ到達する時間（保持時間）が異なることからガス成分の分離が可能となる（図５．10～図５．12）。

2）質量分析計（MS）

カラムで分離されたガス成分は、MS のイオン源に導入され、種々のイオン化法によってイオン化される。電子衝撃イオン化（EI）法は、フィラメントからの熱電子を用いて化合物に高いエネルギーを与えることによってイオン化を行う方法であり、分子構造を維持したイオンのほかに部分構造を開裂したイオンも生成される。これらのイオンは、質量と電荷数の比（m/z）によって分離され、質量スペクトルが得られる。この質量スペクトルのパターンは、化学構造を反映するため、指紋を使った犯人の特定と同じようにガス成分を推定することが可能である。また、検出イオンの中から特徴的な *m/z* をモニターし、その成分の保持時間に検出されたピーク面積から濃度を求めることも可能である。

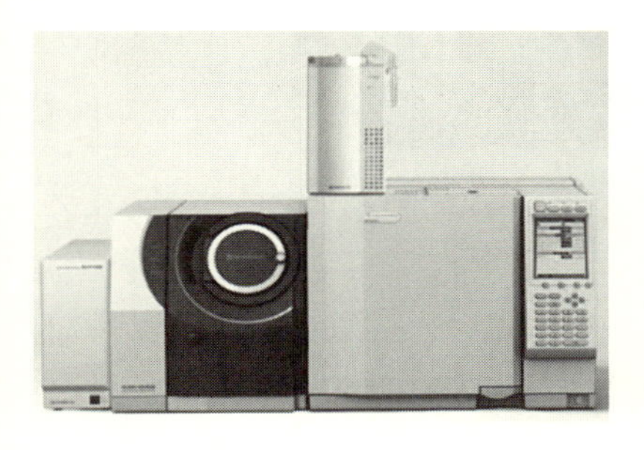

図5．10　Py-GC-MS
(㈱島津製作所　Py-Screener)

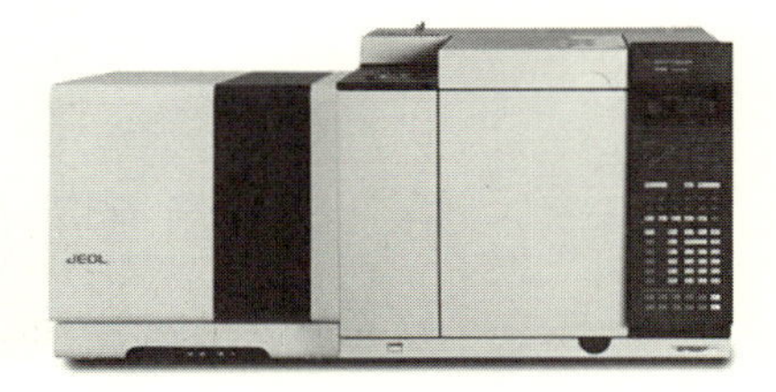

図5．11　GC-MS
(日本電子㈱ JMS-Q1500GC)

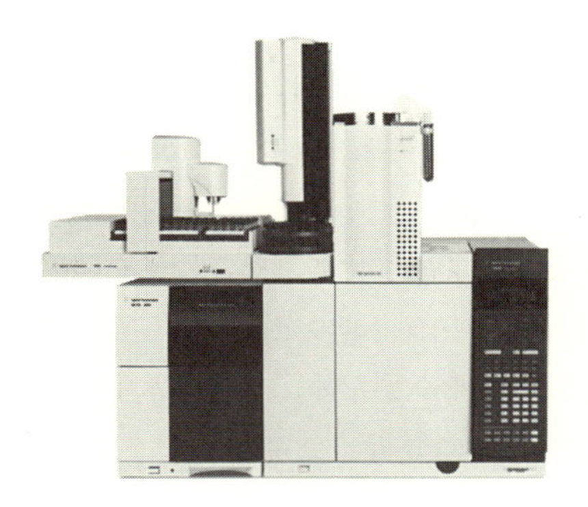

図5．12　GC-MS
(アジレント・テクノロジー㈱　Agilent 5977B シリーズ MSD)

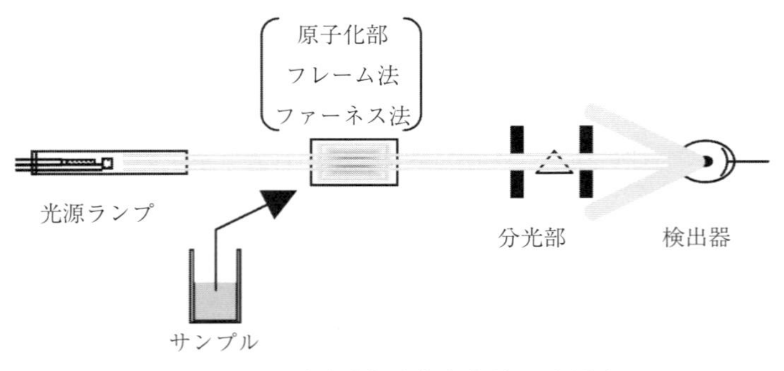

図5.13　原子吸光分光光度計の原理図

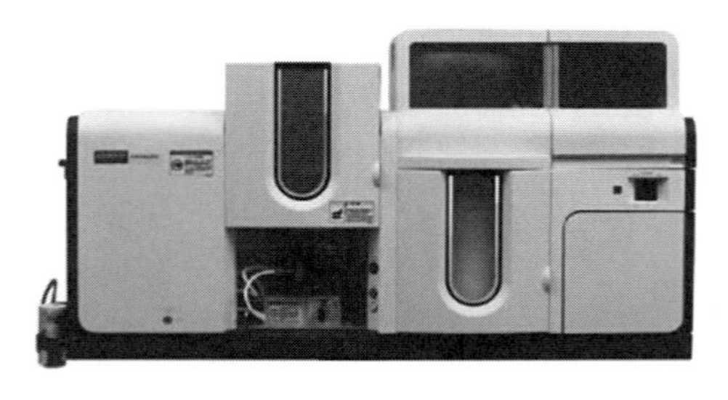

図5.14　原子吸光光度計（㈱日立ハイテクサイエンス ZA3000）

③　原子吸光光度計

原子吸光は、原子に光を照射した時に、元素固有の幅の狭い吸収スペクトルを示す現象をいう。原子吸光分析法（AAS：Atomic Absorption Spectrometry）は、液体試料に高い温度の熱（多くはアセチレン－空気の燃焼炎中や電気加熱した黒鉛炉中にて）を加えて原子化し、そこに光を照射して原子吸収スペクトルを測定することで、試料中の元素の定量を行うものである。本分析法は特定の元素に対して高い選択性を示すため、工場排水中有害金属元素規制値の測定など、多くの分野で無機元素分析の公定法として採用されている（図5.13および図5.14）。

AASのスペクトル幅は極めて狭いため、光源としては目的元素に特化した吸収波長の光を発するホローカソードランプを用いなければならない。したがって、特定の元素に対して高い選択性を示す一方で、測定したい元素の数だけランプを用意する必要がある。なお、１本のホローカソードランプで複数元素の吸収波長の光を発する複合ランプもある。

ランプの経時変化やサンプル中に混入する目的元素以外の共存物質の分光干渉を避ける手段として、バックグラウンド補正が利用される。

④　ICP 発光分光分析

ICP は誘導結合プラズマ（Inductively Coupled Plasma）の略称で、高周波の電磁場によって発生するプラズマである。その仕組みを概略すると次のようになる。図5.15に示す石英のプラズマトーチ管周囲の高周波コイルに高周波電流を流すと電磁誘導によってトーチ管内に高周波の電磁場が発生する。この磁場はトーチ管内に存在する電子の運動を高め、管内に導入したアルゴンガスはその活発化した電子と衝突してアルゴンイオンと電子に電離してプラズマを発生する。さらにアルゴンから電離した電子は、同様に別のアルゴンガスを電離するという連鎖を引き起こすため、トーチ管内の高温プラズマ発生状態が維持される。

発光分析の励起源光源となる ICP は、外周にコイルを巻いた三重管構造の石英ガラス管に流すアルゴンガスを、電離させることによって安定して点灯す

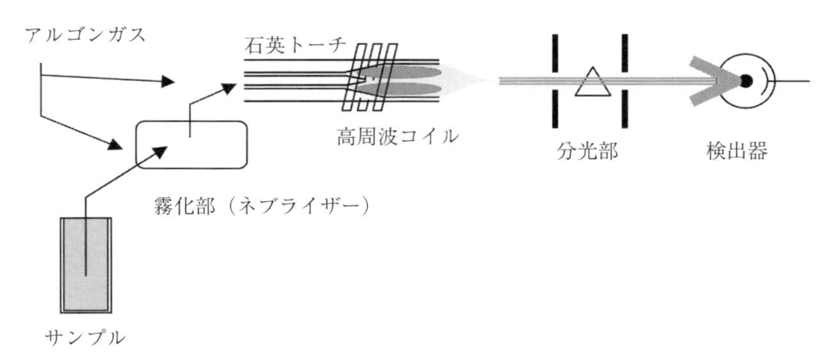

図5.15　ICP 発光分光分析装置の原理図

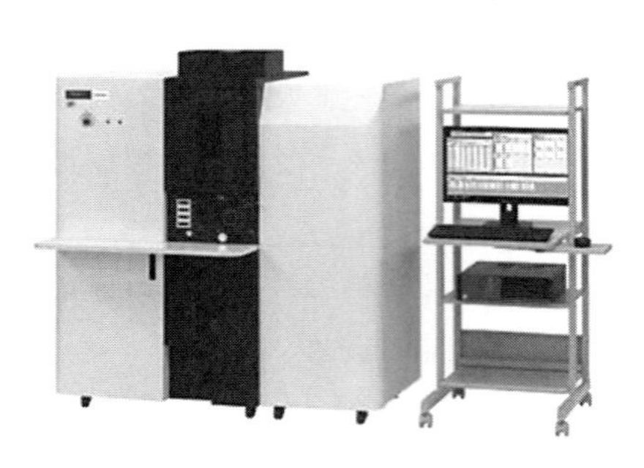

図5.16　ICP発光分光分析装置
(㈱日立ハイテクサイエンス PS3500DD II)

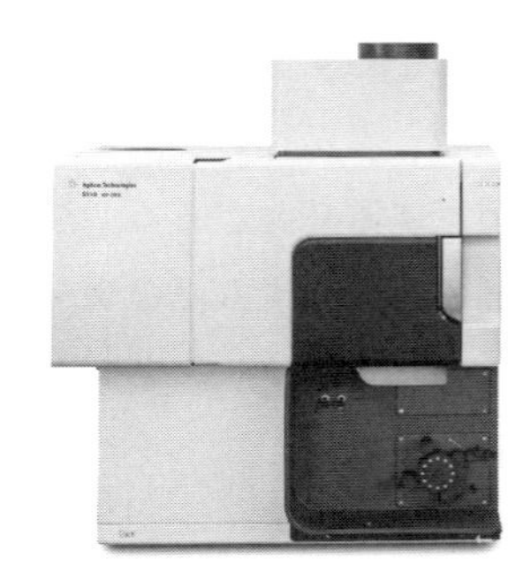

図5.17　ICP発光分光分析装置
(アジレント・テクノロジー㈱ Agilent 5110)

るドーナツ状高温プラズマ光源である。

ICP発光分光分析法（ICP-OES：ICP-Optical Emission Spectrometry）では、一般に溶液サンプルをポンプや自然吸引で吸い上げ、ネブライザーによって霧化してICPに導入する。導入されたサンプルは熱エネルギーを吸収して加熱分解し、ほとんどが原子化・励起・イオン化される。励起状態の原子やイオンの電子が基底状態などに戻る際に放出される光は、サンプルに含まれる元素からの固有の発光線であり、分光器部にて各波長に分けられ、検出器で検出される。

ICP発光分光分析法においては、サンプルに含まれる多くの元素が同時に原子化・励起され発光するため、原子吸光と異なり一度にあるいは連続的に何種類もの元素を分析することができ、定性分析が可能である。感度はファーネス法の原子吸光法より劣るが、広いダイナミックレンジを持ち定量分析でも活躍する（図5.16および図5.17）。

⑤　ICP質量分析装置

ICP質量分析法（ICP-MS：ICP - Mass Spectrometry）では、ICP発光分光分析法と同様に溶液サンプルをポンプや自然吸引で吸い上げ、ネブライザーによって霧化してICPに導入する。導入されたサンプルは熱エネルギーを吸収して加熱分解し、ほとんどが原子化・励起・イオン化される。大気圧下のプラ

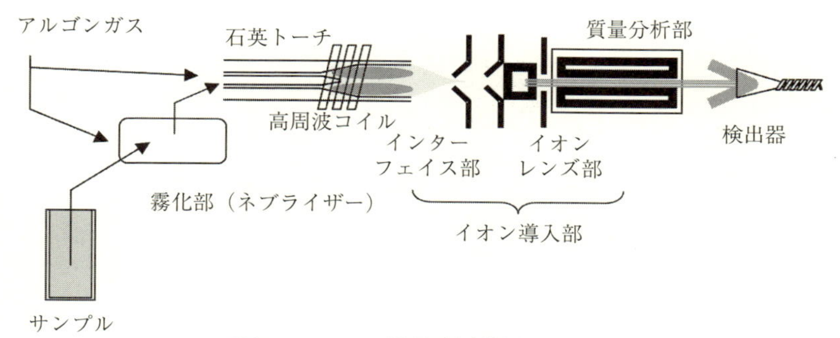

図5．18　ICP 質量分析装置の原理図

ズマ中で生成されたサンプルの元素イオンは、インターフェイスと呼ばれる細孔（通常サンプリングコーン、スキマコーンの２種類）を通って真空チャンバに導入される。イオンは真空領域でイオンレンズを用いて収束され、さらに質量分析部で分離後、検出器に入射する（図5．18）。

ICP 質量分析法の質量分析部には四重極型が多く用いられているが、高性能機として二重収束型も用いられる。二重収束型には高分解能タイプと多元素同時分析タイプがある。ICP 質量分析法は、一度に何種類もの元素を定性・定量分析することが可能で、これに加え、同位体分析ができるなど優れた特徴を有している。感度が非常に高く、原子吸光分析法（5. 1. 2 ③）項参照）や ICP 発光分光法（5. 1. 2 ④項参照）と比べて検出下限が２～３桁低く、超微量分析の分野で威力を発揮する（図5．19）。

⑥　分光光度計

分光光度計の測光原理を図5．20に示す。代表的な分光光度計においては、光源として紫外領域に重水素放電管、可視領域にハロゲンランプを用いる。それぞれのランプは使用する波長に応じて、切り替えて使用する。近年では、光源寿命の観点から、キセノンフラッシュランプを光源とする分光光度計が市販されている。キセノンフラッシュランプは、ハロゲンランプや重水素放電管に比べて寿命が長く、紫外領域から可視領域にかけて１つのランプで測定できる利点がある（図5．21）。

図５.19　ICP 質量分析装置
（アジレント・テクノロジー㈱ Agilent 7900）

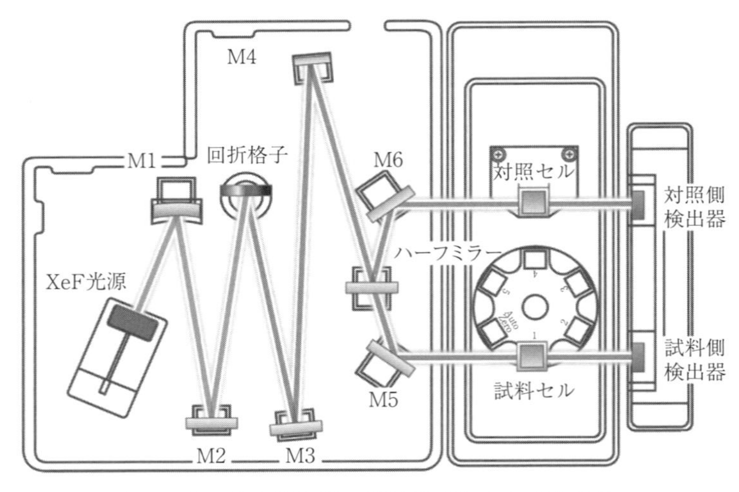

図５.20　分光光度計の装置概要とその測光原理

測定を行う際の基本原理は以下のようになる。光源から測定に用いる波長の光を回折格子によって単色光に分光し、試料に入射（試料への入射光強度：I_0）させる。試料はセルに入れて装置に設置する。試料を透過した光の強度(I)を光電子増倍管やシリコンフォトダイオード等の検出器で検出する。分光光度計ではこれを透過率もしくは、吸光度に演算し表示する機能を有している。一般

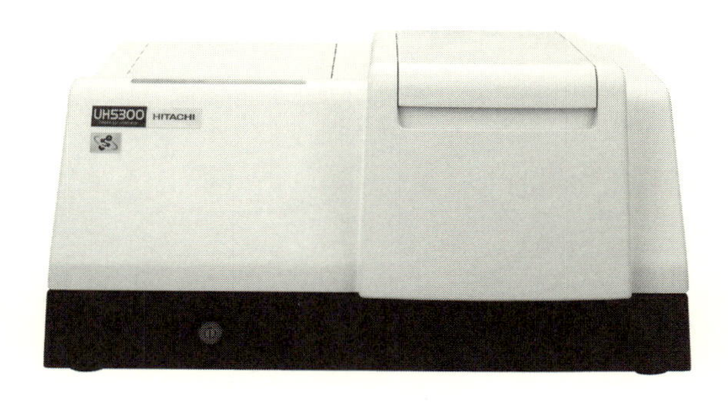

図5．21　分光光度計
（㈱日立ハイテクサイエンス UH5300）

には固体試料の測定時に透過率を、溶液試料の測定時に吸光度を使用する。透過率（% T）は I_0、I を用いて（式１）によって算出する。（式２）はブーゲの法則もしくはランバートの法則の名称として知られる式で、吸光度 A と試料濃度 c の関係が示されている。ε は吸光係数。

$$\% T = (I / I_0) \times 100 \quad \cdots（式１）$$

$$A = \log10 (I_0 / I) = \varepsilon \mathrm{cl} \quad \cdots（式２）$$

(2) 分析手順フロー

電気・電子機器中の規制物質の濃度を定量する分析手順フローを図５．22に示す。

試料形状、材質等で分析精度が大きく変動することを考慮し、分析対象試料ごとに調製および分析法を決める必要がある。

精密分析の概要については表５．１に示す。

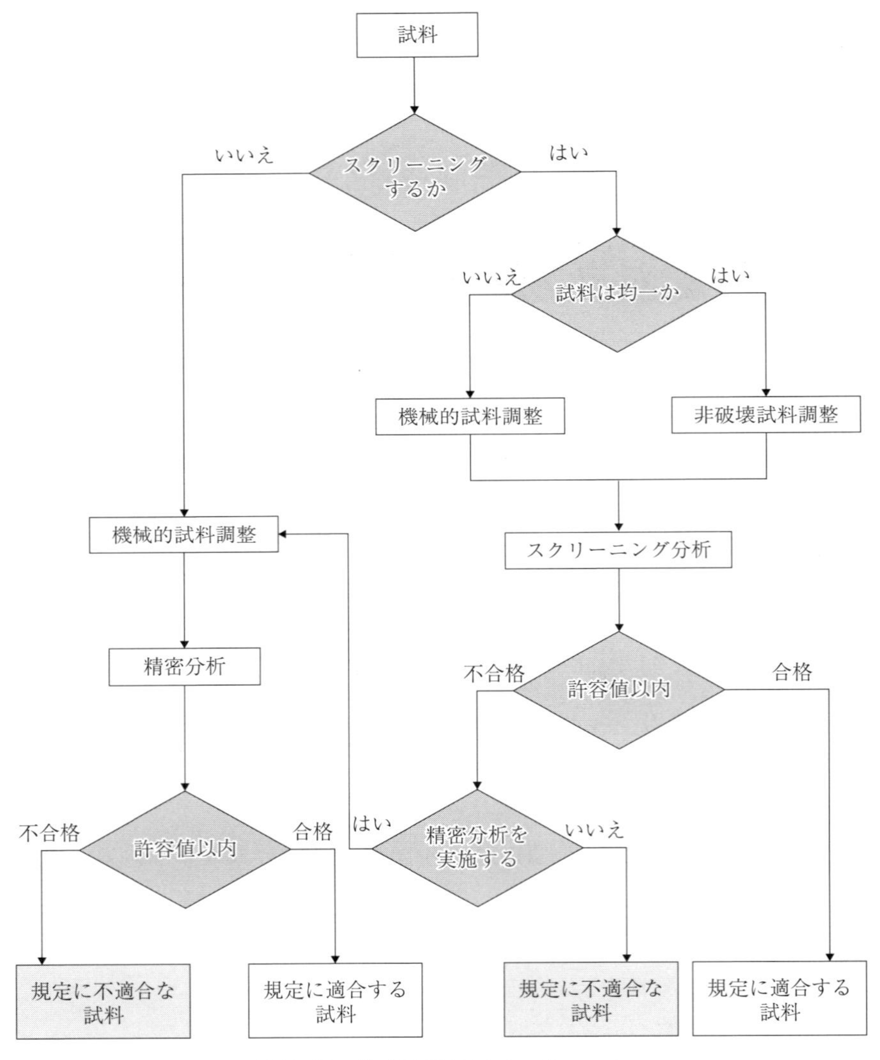

図5.22　分析手順のフローチャート

表5.1　精密分析手順の概要

工程	物質	ポリマー	金属	電子部品（PWB／構成部品）
機械的試料調製	−	粉砕	粉砕	粉砕
化学的試料調製	−	水・アルカリ抽出 酸分解 乾式灰化 溶媒抽出 燃焼抽出 金アマルガム	酸分解	水・アルカリ抽出 酸分解 溶媒抽出 燃焼抽出
精密分析法	PBB PBDE	GC-MS	適用外	GC-MS
	Cr（VI）	アルカリ抽出比色法	熱水抽出法	アルカリ抽出比色法
	Hg	CV-AAS、ICP-MS、ICP-OES、CV-AFS		
	Pb、Cd	AAS、ICP-OES、ICP-MS		

（IEC62321：2008／IEC162321-1：2013　参照）

5.1.3　分析方法

(1)　スクリーニング分析

①　蛍光X線分析法

蛍光X線分析法の定量分析には、主に次の２種類の方法が用いられる。

(i)検量線法…標準物質を用いて蛍光X線強度と濃度の関係を示す検量線を作成し、未知試料の蛍光X線強度を濃度に変換する方法。検量線の作成に用いる標準試料の母材は、未知試料に近い材料であることが必要

(ii)ファンダメンタル・パラメーター（FP）法…物理定数を用いた理論計算により、蛍光X線発生強度、試料内での自己吸収、共存元素の影響などを補正して濃度を求める方法

RoHS分析に対応した蛍光X線分析装置の場合、あらかじめ装置メーカーが測定対象の材料ごとに適切な測定条件、定量分析法を組み合わせた測定モードを設定していることが多い。このため、ユーザーが測定対象ごとに測定法を

検討する必要はなく、各装置の取扱説明書に従い適切な測定モードで測定を行うことで容易に測定を行うことが可能である。

測定試料は、基本的に非破壊での測定が可能であるが、定量値の正確さを保つためには以下の点に留意して試料を準備する必要がある。

・大きさ…１次Ｘ線の照射範囲を覆う大きさが必要
・厚さ…材質によって必要な厚さが異なる
・凹凸…できるだけ平らな面を選択
・隙間があるもの（スポンジ・粉体など）…圧縮（プレス）する
・不均質なもの（プリント基板・メッキ・塗膜など）…分離する

スクリーニングの判定基準に関して規格では、測定対象を高分子材料、金属、複合材料（電子部品）の３つに分類して、スクリーニングする考え方が提案されている（表５．２）。なお、蛍光Ｘ線分析法では六価クロム、ポリ臭素化ビフェニル（PBB）、ポリ臭素化ジフェニルエーテル（PBDE）を直接測定することはできないため、全クロム、全臭素として測定してスクリーニングを行う。

図５.23に判断基準を図式化した。ここで、安全率とは蛍光Ｘ線分析法の持

表５．２　スクリーニング許容値の例

単位：mg/kg（mass ppm）

元素	高分子材料	金属材料	複合材料
Cd	BL ≦（70－3σ）＜ X ＜（130＋3σ）≦ OL	BL ≦（70－3σ）＜ X ＜（130＋3σ）≦ OL	LOD ＜ X ＜（150＋3σ）≦ OL
Pb	BL ≦（700－3σ）＜ X ＜（1,300＋3σ）≦ OL	BL ≦（700－3σ）＜ X ＜（1,300＋3σ）≦ OL	BL ≦（500－3σ）＜ X ＜（1,500＋3σ）≦ OL
Hg	BL ≦（700－3σ）＜ X ＜（1,300＋3σ）≦ OL	BL ≦（700－3σ）＜ X ＜（1,300＋3σ）≦ OL	BL ≦（500－3σ）＜ X ＜（1,500＋3σ）≦ OL
Br	BL ≦（300－3σ）＜ X	—	BL ≦（250－3σ）＜ X
Cr	BL ≦（700－3σ）＜ X	BL ≦（700－3σ）＜ X	BL ≦（500－3σ）＜ X

BL：許容値未満、OL：許容値超過、X：さらに調査が必要になる範囲、σ：装置の標準偏差、LOD：装置の検出下限値
（注）Cd/Pb/Hg/Cr の許容値は、規制の最大許容値に対して、高分子材料および金属材料は30%、電子材料は50%の安全率を取っている。Br の許容値に関しては、PBB/PBDE の同族体として規制の最大許容値1,000 mg/kg を超えないように Br の化学量論比から計算している。3σは、管理濃度域における分析装置の繰り返し精度

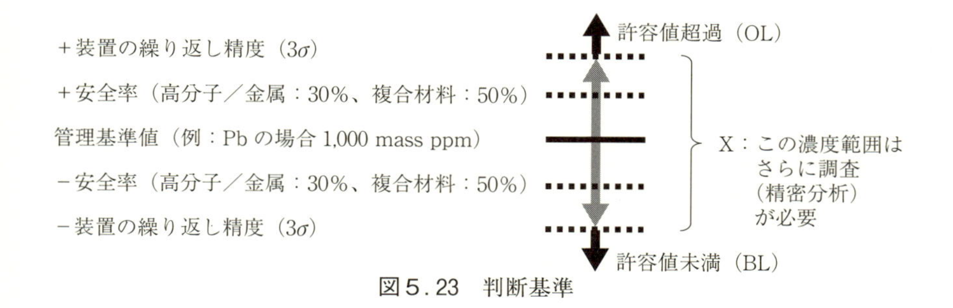

図5.23　判断基準

つ偶然誤差、測定に用いる装置ごとの系統誤差、スクリーニング分析のために試料の前処理を完全に施せない点などを考慮した範囲のことで、本規格策定時の共同試験を元に推奨値が定められた。

測定値が許容値未満（BL）の場合は蛍光X線分析だけで管理基準値を満足、許容値超過（OL）の場合は蛍光X線分析だけで管理基準値を超えている。その間（X）の場合は精密分析が必要と判断する。また、3σに関して規格には分析対象と同じ材質のブランク試料の少なくとも7回の繰り返し精度を用いると記載されているが、一般的には測定時に装置が表示する3σ（X線強度から理論的に計算で求めた推定値）が使用することが多い。

② 燃焼イオンクロマトグラフィー

特定臭素系化合物については全臭素量を燃焼イオンクロマトグラフィーでスクリーニング分析することができる。燃焼イオンクロマトグラフィーは試料中の臭素化合物を燃焼分解し、臭化物イオンとして吸収液に回収してイオンクロマトグラフで測定し、臭素量を測定する方法である。

装置は燃焼吸収部とイオンクロマトグラフから構成される。燃焼方法として、酸素フラスコや管状炉などを用いた方法がある。図5.24に管状炉を用いた燃焼イオンクロマトグラフの一例を示す。

試料を試料ボートにサンプリングし、装置にセットする。試料ボートを電気炉内部に移動し、試料の熱分解を行う。燃焼管は2重管になっており、試料をアルゴンガスが流れている内管で加熱分解する。分解ガスはアルゴンガスで運

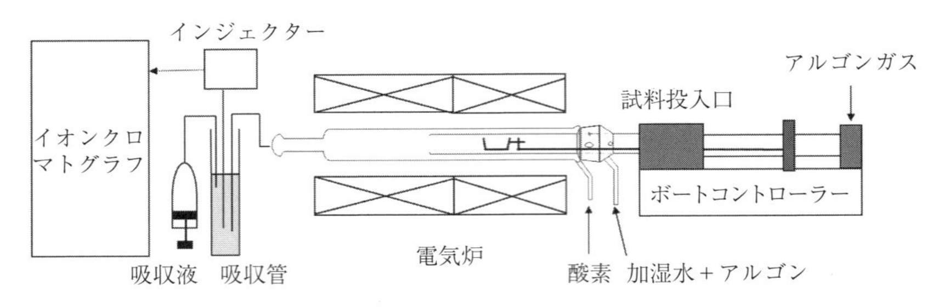

図5.24　燃焼イオンクロマトグラフ原理例

ばれ、電気炉の中で酸素と反応し燃焼する。アルゴンガス中で熱分解を行うため、燃焼性の高いポリマーなども着火せず、安定して熱分解することが可能である。燃焼分解した臭素化合物を吸収管で臭化物イオンとして回収し、イオンクロマトグラフで測定する。

イオンクロマトグラフは送液ポンプ、分離カラム、検出器から構成される分離分析装置である。水溶液中のイオン類の測定が可能であり、吸収液中の臭化物イオンを高感度で精度良く測定することができる。

管状炉を用いた燃焼装置では自動化されたものが市販されており、試料ボートにサンプルを乗せてセットするだけで、自動で試料ボートが移動し、燃焼分解が行われる。また、吸収管の洗浄、吸収液の注入、吸収液のイオンクロマトグラフによる測定などが自動で行われる。

酸素ボンブ法、酸素フラスコ法による燃焼分解は無機物や無機物を多く含むサンプルには不適である。特に銀などハロゲンと反応して難溶性の塩を生成する金属を含む場合は管状炉を用いた燃焼分解法を用いるべきである。

本法では、ポリマー、無機物、電子部品などの各種試料中の臭素系難燃剤の検出を行うことができる。また、塊や粉体など、いろいろな形状の試料の測定を直接行うことができる。

サンプリングする時は測定対象の部位を代表する部分を採取する。採取した試料を３mm×３mm以下のサイズに切断する。複数のサンプリングされた試料を粉砕機等で粉砕すれば、採取した試料の平均濃度を求めることができる。

表5.3 燃焼炉および吸収液条件

パラメーター	条件
燃焼炉温度	900℃～1,100℃
アルゴンガス流量	200 ml/min
酸素ガス流量	400 ml/min
加湿量	水0.01～0.04 ml/min、キャリヤーアルゴンガス100 ml/min
吸収液量	10～20 ml

サンプルを試料ボートに1mg～100 mgを0.1 mgの桁まで正確に測り取り、装置にセットし燃焼を行う。煤が出るような不完全燃焼が起きる場合は、よりゆっくりと燃焼する条件に変更する。金属成分や無機物が多いサンプルでは臭素の回収率を向上させるため、酸化タングステンなどの添加剤を試料ボートに一緒に加えて燃焼を行う。また、銀などハロゲンと反応し、難溶性の塩をつくる金属を含む場合には必ず酸化タングステンを使用する。吸収液には希過酸化水素溶液や希ヒドラジン溶液など臭素の還元剤を含む溶液を用いる（表5.3）。

分析の手順は以下のとおりである。

(i) あらかじめ臭化物イオンでイオンクロマトグラフの検量線を作成する。

(ii) 燃焼装置に試料をセットし、燃焼吸収—イオンクロマト分析を行う。

(iii) イオンクロマトグラフの測定結果より、試料中の臭素濃度を計算する。

(iv) 濃度に応じて燃焼する試料量や吸収液量を調整し、吸収液測定時の濃度が検量線の範囲から外れないように注意する。

おおむね15分程度で1試料を分析することができる。

(2) 精密分析

① カドミウム、鉛、クロムおよびその化合物

固体試料を溶液化するためには、目的元素および共存元素の化学的、物理的性質をよく理解して試料を完全に分解できる方法を選択する。目的元素であるCd、PbおよびCrに対して分解に用いる酸は、硫酸、硝酸および塩酸の併用が一般的であるが、硫酸によるPbの沈殿、塩酸が存在した場合のCrの塩化

クロミルの形態での揮散損失など、分解時に使用する酸との組み合わせによる元素の損失を理解しておくことも重要である。密閉雰囲気下で用いられるマイクロウェーブ分解では、目的元素の損失が防げて硝酸のみでも分解できる場合が多く多用されている。しかし試料量が多く取れないため、試料の代表性については注意を払う必要がある。試料を分解し目的元素を酸で溶解した後は、その溶解液をICP発光分光分析法（ICP-OES）、ICP質量分析法（ICP-MS）、原子吸光分析法（AAS）または原子蛍光分析法（AFS）のいずれかの方法を用いて、標準液にて作成した検量線により定量する。本項で扱うCrの分析は全クロム（T-Cr）を対象としており、六価クロムについては5.1.3③の項を参照されたい。

１）樹脂中のカドミウム、鉛、クロムおよびその化合物の前処理

樹脂試料の分解は、一般に乾式灰化法（硫酸灰化法）、開放系酸分解法、密閉系酸分解法が用いられる。それぞれの前処理法の特徴について以下に解説する。

乾式灰化法は、白金るつぼなどに試料を秤取り、硫酸を適宜加えて550℃程度で灰化処理を行い、マトリックスである高分子を除去後、残渣を塩酸などで溶解して試料溶液を調製する。乾式灰化法の一例を図５.25に示す。

乾式灰化法の手順（一例）

(i)　るつぼに高分子材料試料を精秤（0.5 g）する。

(ii)　硫酸（電子工業用）５ml を加える。

(iii)　ホットプレート上で穏やかに加熱分解する（図５.25左）。

(iv)　硫酸白煙を発生させ、硫酸を完全に飛ばす（図５.25左）。

(v)　マッフル炉に入れ550℃で10分間静置（図５.25右）。

(vi)　放冷後、希塩酸を0.5 ml 加え、残渣をホットプレート上で加熱分解

(vii)　ビーカーから溶液を100 ml 全量フラスコに移す。

開放系酸分解法は、硝酸や硫酸などを用いて有機物を分解する前処理法であるが、硫酸を用いる場合に硫酸鉛を生成するなど共存物質の影響により損失が生じるため、本法はCdとCrに適用される。また高分子材料中には添加剤と

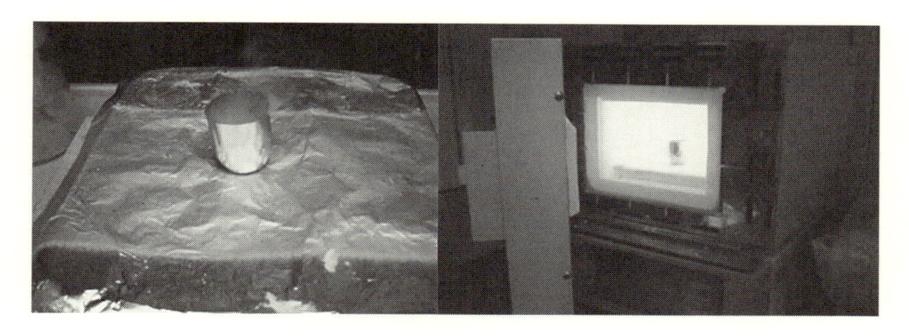

図5.25　乾式灰化法の一例

してSiやTiなどが含まれる場合も多く、フッ化水素酸を併用する場合も多い。

湿式酸分解法の手順（一例）

(i)　ビーカーに高分子材料試料を精秤（0.5 g）する。

(ii)　硫酸（電子工業用）5 mlおよび硝酸（電子工業用）1 mlを加える。

(iii)　ホットプレート上で穏やかに加熱分解する（図5.26左）。

(iv)　硫酸白煙を発生させ、試料を炭化する（図5.26左）。

(v)　放冷後、硝酸を少量加え再度ホットプレート上で加熱する（図5.26中）

(vi)　亜硝酸ガス（茶褐色のガス）の発生がなくなり、再び試料が炭化したら(v)の操作を繰り返す（図5.26中）。

(vii)　(iv)〜(vi)の操作を試料が透明になるまで繰り返す（図5.26右）。

(viii)　ビーカーから溶液を100 ml全量フラスコに移す。

密閉系酸分解法は、一般的にはマイクロ波分解装置を用いた分解法であり、硝酸やフッ化水素酸を用いて分解する（図5.27）。特殊フッ素樹脂製の分解容器に試料と硝酸などの酸を加えマイクロ波を照射して分解する。IEC 62321試験方法ではこの方法が多く採用されている。試料をフッ素樹脂製密閉容器に酸と一緒に入れて、マイクロ波で直接加熱することで、酸の沸点を上昇させ分解を行う。外部からの汚染が無く、揮散しやすい水銀なども回収できる。開放系酸分解法では分解が困難なポリエチレン等の試料も硝酸だけで分解可能である。

2）金属材料中のカドミウム、鉛、クロムおよびその化合物の前処理

図５.26　湿式酸分解法の一例

図５.27　マイクロ波分解装置（CEM 社 MARS6）

金属材料の前処理方法は、基本は硝酸や塩酸を用いた開放系酸分解法である。金属材料の場合は、高分子材料と比較して分解後の試料溶液中のマトリックス濃度が高くなるため分析装置での精確な測定を難しくする。そのため金属マトリックスをあらかじめ除去するか、マトリックスマッチング法をはじめとする各種補正法を併用し測定する。開放系酸分解法による銅試料の分解例を図５.28に示す。

開放系酸分解法の手順（一例）

(i)　金属試料（対象部分）を採取する。

(ii)　ビーカーに試料を精秤（0.5 g）する。

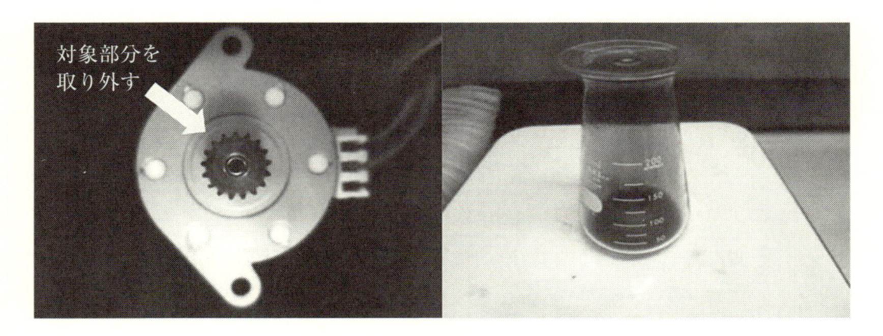

図 5．28　開放系酸分解法の一例

(iii)　塩酸10 ml、硝酸 3 ml、水10 ml 加える。

(iv)　試料を穏やかに加熱分解する。

(v)　完全分解を確認した後、放冷する。

(vi)　ビーカーから溶液を100 ml 全量フラスコに移す。

3）ガラス、セラミックス（電子機器）中のカドミウム、鉛、クロムおよびその化合物の前処理

難分解性試料であるガラスやセラミックスの分解は、一般に酸分解法またはアルカリ融解法を用いる。酸分解法では、単独の酸または複数の酸を組み合わせて用いるが、マイクロ波分解装置や密閉系加圧分解容器を用いると酸添加量および分解時間を低減できる。試料の分解のしやすさは組成および形態にもよるが、特に分解の難しいファインセラミックス試料については、粒子の大きさによっても強く影響を受けるため、可能な限り事前に微細化することが望ましい。

4）各分析装置による測定

試料分解後の測定は、ICP 発光分光分析法（ICP-OES）、ICP 質量分析法（ICP-MS）、原子吸光分析法（AAS）または原子蛍光分析法（AFS）のいずれかの方法を用いる。測定に際しては、共存マトリックスの影響を考慮して、検量線法、内標準法または標準添加法のいずれかを用いて検量線を作成し、試料溶液中の各元素の濃度を測定した後、固体試料中のそれぞれの濃度を算出する。

②　水銀およびその化合物

1）各試料の水銀およびその化合物の前処理

揮発性の高い水銀およびその化合物の前処理は、開放系による湿式分解法を使用することができない。試料分解時の水銀の揮散による損失を防ぐため還流冷却器付き分解フラスコを用いた湿式分解法やマイクロ波分解装置、加圧分解容器などを使用して密閉雰囲気下で試料を分解する。還流冷却器付き分解フラスコによる試料の分解例を図5.29に示した。

2）各分析装置による測定

水銀の測定法には、還元気化による原子吸光分析法または原子蛍光分析法、そして加熱気化－金アマルガム－原子吸光法が挙げられる。またICP発光分光分析法やICP質量分析法では分解後の溶液を直接測定することができる。

(i)　還元気化原子吸光分析法（AAS）および還元気化原子蛍光分析法（AFS）

還元気化原子吸光分析法は、試料を硫酸、硝酸、過マンガン酸カリウムなどで前処理した後、水素化ホウ素ナトリウムや塩化スズなどの還元剤を用いて水銀(Ⅱ)を還元し、発生した水銀蒸気の原子吸光を測定することで定量される。還元気化原子蛍光分析法の場合も同様に前処理を行い、水銀蒸気の原子蛍光を測定することで定量される。還元気化原子吸光分析装置の原理図を図5.30に示した。

図5.29　還流冷却器付き分解フラスコによる試料の分解例

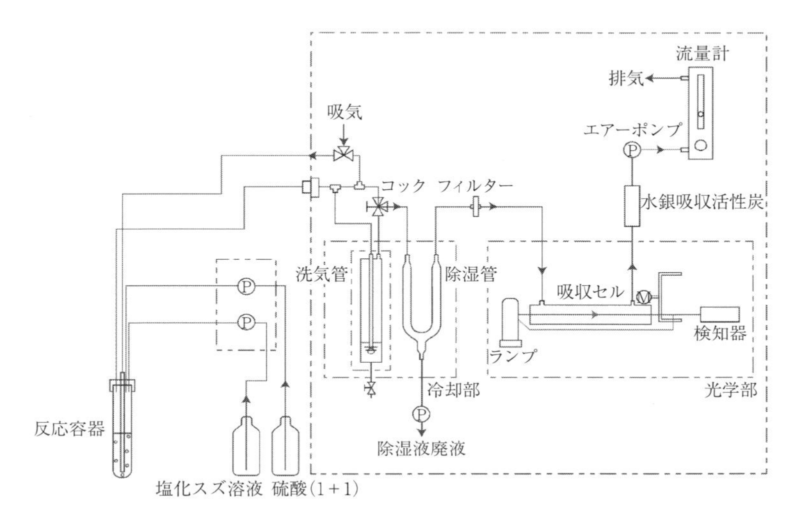

図5.30 還元気化原子吸光分析装置の原理図（一例）

(ii) 加熱気化－金アマルガム－原子吸光分析法（TD(G)-AAS）

加熱気化－金アマルガム－原子吸光分析法は、秤量した試料を直接サンプルボートにセットし、あらかじめ決められた加熱分解条件で試料から水銀を発生させる。気化した水銀は捕集管に金アマルガムとして捕集し妨害成分を除去後、捕集剤を再度加熱して水銀を気化させ、その原子吸光を測定することで定量される。

(iii) ICP 発光分光分析法（ICP-OES）および ICP 質量分析法（ICP-MS）

ICP 発光分光分析法および ICP 質量分析法では、試料溶液中の共存マトリックスの影響を考慮して、検量線法、内標準法または標準添加法のいずれかを用いて検量線を作成し、各元素の濃度を測定した後、固体試料中のそれぞれの濃度を算出する。近年では還元気化による前処法と ICP 発光分光分析法を組み合わせて測定することもあり、還元気化原子吸光法と同等の感度で測定可能である。

③ 六価クロムおよびその化合物

金属試料の六価クロムの確認試験についての測定例を紹介する。結果の評価については、質量濃度への換算が厳密には困難であるが、規格による評価を実施する。

１）前処理

試料表面の汚染、油膜、指紋などの汚れを、溶剤を湿らせた清浄で柔らかいワイプで拭き取るか、適切な溶剤を用いて洗浄して除去する。35℃以上で強制的に乾燥することやアルカリ処理は不可とする。また、高分子材料で塗装されている場合は、粒度800のサンドペーパーで防食皮膜を除去しないように研磨し、高分子材料層のみ除去する。

(i)　試験溶液の調製（沸騰水抽出法）

試料の表面積を50 ± 5 cm^2 とし 50 ml の沸騰水で10分間抽出する。

試料の表面積が50 ± 5 cm^2 に満たない場合には、複数個の試料で合計50 cm^2 としてもよいが、少なくとも表面積は 25 cm^2 以上とする（その際の抽出する沸騰水の液量は、 1 cm^2 当たり 1 ml とする）。

２）分析方法

他の特定有害物質と異なり、作成した検量線から試料溶液中の六価クロム濃度を測定するのではなく、一定濃度の試料中の吸光度（0.10 $\mu g/cm^2$ および 0.13 $\mu g/cm^2$ 相当）と比較し、**表５．４**にて六価クロムの有無を判定する。

(i)　ジフェニルカルバジド吸光光度法

発色させた試料溶液の吸光度を測定する。形状が複雑な試料の場合には、寸法と形状から表面積を推定する。平頭皿ねじの場合は、ねじ本体とねじ頭のそ

表５．４　六価クロム評価基準

吸光光度法による 六価クロム濃度	定性的な評価結果
＜0.10 $\mu g/cm^2$ 相当	非含有と見なす
0.10 $\mu g/cm^2$ ～0.13 $\mu g/cm^2$ 相当	判定保留のグレーゾーン 可能であれば、試料表面を再度３回測定し平均値にて評価する
0.13 $\mu g/cm^2$ ＜相当	含有と見なす

れぞれの推定表面積を合計する。

3）非含有を証明するための考え方

ここでは次の4つを紹介する。

(i) 全クロムが入っていないことを証明する。

(ii) 三価のクロムを利用した防食表面処理などとは別に、クロムを利用していない表面処理および無垢の金属材の場合は、蛍光X線分析などを使用し、全クロムが存在しないことを証明する。

(iii) クロム表面処理層の全クロム量を分母として評価する。

上記(ii)で、有が証明できない場合、クロムでの表面処理層を酸で溶解し、単位面積当たりの全クロム量を定量する。

暫定六価クロム濃度（質量%）＝単位面積からの六価クロム溶出量（g）/単位面積当たりの全クロム量（g）

この時、単位面積当たりの全クロム量（g）は、クロム処理層の質量よりも小さいことが予想される。したがって、ここでいう暫定六価クロム濃度（質量%）が、規制値よりも低ければ、十分規制値を担保することができる。

(iv) クロム表面処理層の膜厚と見かけ比重（設計値）から分母を算出し評価する。

④ 特定臭素系難燃剤（PBB, PBDE）

樹脂中の特定臭素系難燃剤を定性・定量するには、①溶媒抽出-GC-MS法、②熱脱着-GC-MS法および③蛍光X線分析法が用いられる。①は、抽出効率とその再現性が高い分析方法であるが、抽出操作に時間を要する。②は、測定の前処理は迅速簡便であるが、PBBやPBDEのような熱不安定物質の分析では注意が必要である。③は、臭素原子の有無を検出する方法で、PBBおよびPBDEとしての正確な定量は行えないが、臭素系化合物の有無を確認するスクリーニング分析には適している。ここでは、①について解説する。

1）溶媒抽出-GC-MS法による特定臭素系難燃剤の分析

溶媒抽出にはソックスレー抽出法もしくは、溶媒溶解分別法を用いる。ここでは溶媒抽出法としてソックスレー抽出法について記載する。

(i)　試薬および標準溶液

PBB および PBDE の標準試薬は、市販の検量線用標準液などを使用する。内部標準試薬には、^{13}C で標識された複数の PBB および PBDE 異性体標準混合試薬を用いることが望ましい。

(ii)　試料の前処理

測定試料は、ニッパー等のプライヤーを用いてはじめに5 mm 角程度に小片化し、さらに凍結粉砕機により、0.5 mm 程度以下の粉末状にする。次にその粉末試料を一定量秤量し、円筒ろ紙に入れ、さらにグラスウールを用いて円筒ろ紙を塞ぐ。丸底フラスコを装着したソックスレー抽出器は、光による熱分解を防ぐためにアルミホイルで覆う。数時間の抽出を行った後、抽出液をメスフラスコに移す。最後に、GC-MS 測定用試料バイアルに、上記の抽出液の一定量を入れ、さらに内部標準原液を添加したものを GC-MS 測定用試料溶液とする。

(iii)　分析条件

PBB および PBDE は、分離カラム内での熱分解や吸着が起こりやすく、揮発性が低いため、膜厚が0.1 μm以下で長さが15 m 以下の短い分離カラムが最も適する。また、注入口や GC-MS インターフェイスおよびイオン源等の温度は、吸着を防ぐために300℃程度の高温に設定する。MS による測定は、EI 法により、*m/z* 50～1,000までの範囲の SCAN 法を用いる。

2）分析法の解説

(i)　定性解析

図5.31に、PBDE の各同族体の SIM（選択イオン検出）クロマトグラム例を示す。PBB および PBDE の高臭素化体の質量スペクトルは、一般的なライブラリーデータベースである NIST（アメリカ国立標準技術研究所）等には登録されていない。したがってプライベートライブラリーがあると定性確認に便利である。

(ii)　検量線と装置検出下限（IDL）

0および0.1～10 ng/uL の濃度範囲で作成したデカブロモジフェニルエーテル（DeBDE）の絶対および相対検量線の例を図5.32にそれぞれ示す。一般的

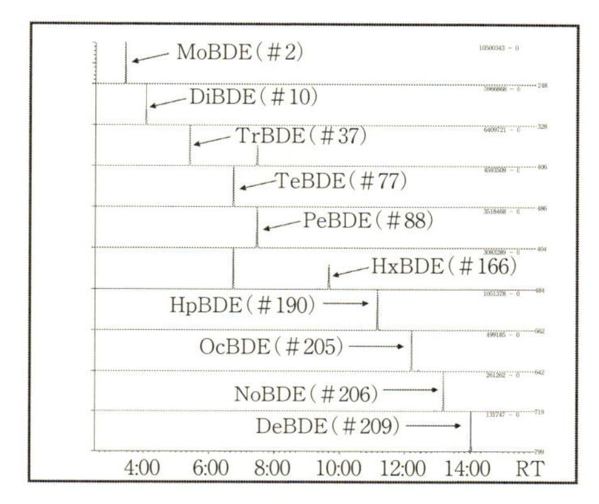

図５.31　PBDE 標準混合試薬の SIM クロマトグラム例

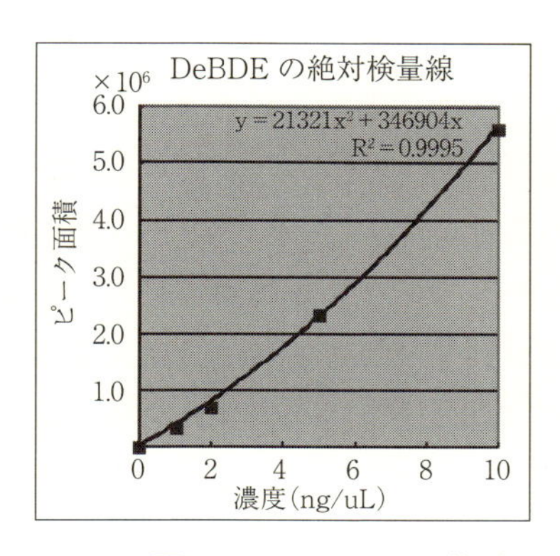

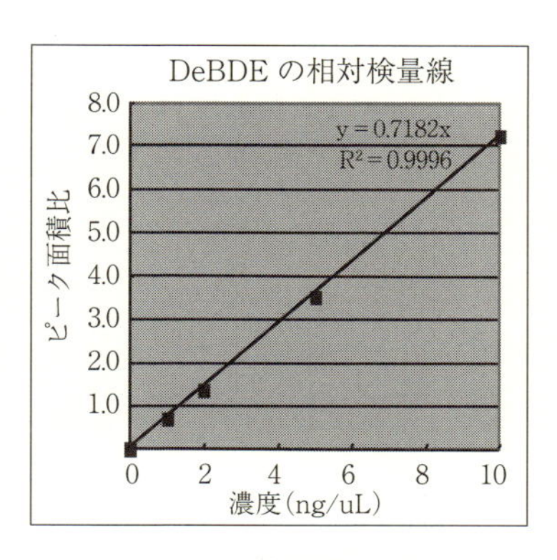

図５.32　DeBDE の絶対および DeBDE の相対検量線の例

に絶対検量線では２次曲線になる傾向にあるが、相対検量線では直線となる。また、装置の検出下限（IDL）は、おおよそ0.1 ng/uL 程度である。

⑤　フタル酸エステル類

1）はじめに

RoHS(II)指令により、2019年から４種類のフタル酸エステル、DIBP、DBP、BBP、DEHP の使用が最大で0.1％までに制限される。

これらの測定では、制限の対象となる４種類のフタル酸エステルを選択的かつ高感度に検出できる方法が求められる。例えば、電気・電子製品の部品やその原材料のポリマーは、制限対象外のフタル酸エステル類や代替フタル酸エステル類などの添加剤を含有するため、これらを制限対象のフタル酸エステルとして誤検出してはならない。また、一般的に、意図して添加したフタル酸エステル類の濃度は数％から数10％オーダーであるが、移行や汚染など非意図的な混入が起こった場合でも最大許容含有量である0.1％に近い濃度レベルに達することがある。そのため、0.1％オーダーの濃度レベルを確実に検出できる定量下限（例えば0.01％）が必要となる。

ガスクロマトグラフィー質量分析法GC-MSは優れた選択性と感度により、フタル酸エステル類の分析規格に採用されるなど、現在最も利用されている測定法である。GC-MSはガスクロマトグラフ（GC）で試料に含まれる成分を分離し、質量分析計（MS）で検出する方法である。成分ごとにGCから溶出する時間（保持時間）が異なり、また、MSで得られる質量スペクトルも成分ごとに特徴的なパターンを示す。これらの情報を用いることで、様々な添加剤の中から制限対象フタル酸エステルのみを選別できる。さらに、GC-MSは最大許容含有量である0.1％オーダーの濃度レベルであっても確実に定量できるため、制限対象フタル酸エステルの混入も見逃すことがない優れた測定方法である。しかし、ポリマーからフタル酸エステル類を抽出する作業が必要である。

検査では、まずスクリーニング・半定量法で分析し、その結果から適合、不適合または精密定量法による再分析かを判定する。判定基準は、最大許容濃度の前後、例えば±50％（最大許容濃度×150％から最大許容濃度×50％）、の範囲内をグレーゾンとし、グレーゾンの上限（最大許容濃度×150％）を超えた場合は不適合とし、グレーゾンの下限（最大許容濃度×50％）を下回った場合は適合とし、グレーゾンの場合は精密定量法で正確な濃度を求めることにする。グレーゾンの設定はスクリーニング・半定量法の信頼性によって決める。

以下では、ガスクロマトグラフ質量分析計（GC-MS）を用いたスクリーニング・半定量を中心に述べる。

２）フタル酸エステル類の精密定量法

フタル酸エステル類の精密定量法では、凍結粉砕等により粉末状にした試料をソックスレー抽出-GC-MS 法または再沈殿-GC-MS 法で分析する。

3）フタル酸エステルのスクリーニング・半定量法

前述の精密定量法は前処理に手間と時間を要するため、スクリーニング・半定量としては適していない。そのため、前処理に熱分解装置（Pyrolyzer；Py）を用いたPy-GC-MSがスクリーニング・半定量法として用いられる。図5.33に示すようにPyはポリマー試料を入れた試料カップを高温に保った熱分解炉に落下し、ポリマーを熱分解し、その生成物をGC-MSに導入するための装置である。この装置を使用し、炉の温度をポリマーの熱分解温度より低い温度に設定することで、ポリマーの分解を抑えながら、フタル酸エステル類などの添加剤を選択的にGC-MSに導入することができる（熱抽出法や熱脱着法ともいう）。

フタル酸エステル類の測定操作は、測定試料を削り取り、約0.5 mgをPyのサンプルカップに測り取ったら、試料飛散防止用のためグラスウールで軽く覆い、Py-GC-MSの自動サンプラーのトレイにセットし測定を開始する。半定量に用いる標準物質も同様の作業を行い測定する。複数の試料を自動サンプラーにまとめてセットしておけば、フタル酸エステル類の熱抽出、GC-MS測定、データ解析が全サンプルに対して自動で行われる。この方法は、1検体当たりの測定に約30分を要するが、前処理が簡便で、有機溶媒を使用しないで測定できるという特徴があり、スクリーニング・半定量に適している。特に、最大許

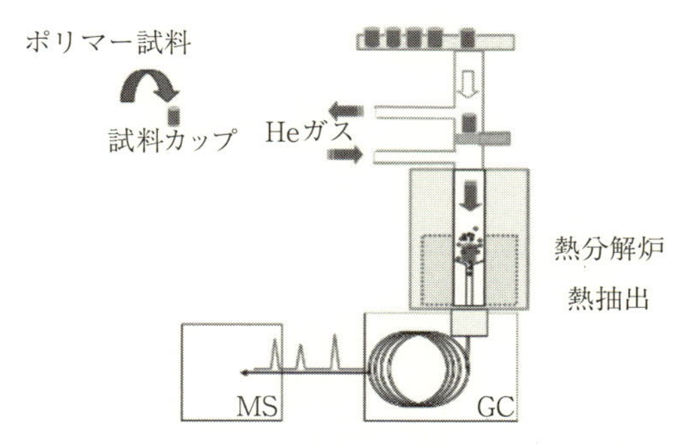

図5.33　熱分解-GC-MS（Py-GC-MS）の原理図

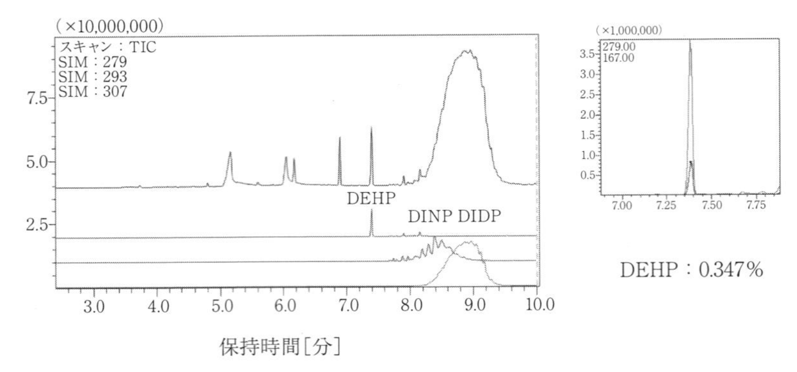

図５.34　ケーブル被膜（ポリ塩化ビニル）の測定結果

容含有量である0.1％オーダーにおけるスクリーニングや半定量に適している。

図５.34にPy-GC-MSでケーブル被膜を測定した結果の生データを示す。検出されたDEHPのピーク面積と標準物質を測定して得られたピーク面積を比較し、DEHPが0.347％の濃度で含有されていることがわかる。また、左の図ではDINPやDIDPなどの制限対象外のフタル酸エステルも含有していることがわかる。これらの処理は装置のソフトウェアが自動で行いその結果が自動的に出力される。

Py-GC-MSについてはフタル酸エステル類と臭素系難燃剤のPBBとPBDEとを同時に分析することも可能である。

5.2 簡易分析

5.2.1 赤外吸収分光法とラマン散乱分光法

簡易分析法として赤外吸収分光法とラマン散乱分光法について述べる。ポリマーや可塑剤（フタル酸エステルなど）の解析については報告例が多い。

(1) 赤外吸収分光法（IR）

有機物質の識別や同定に有効で、その中でも特別な前処理を必要としない全反射吸収（ATR）法（図5.35(A)）が広く用いられている。赤外結晶にバルク試料を圧着した状態で、圧着界面で赤外光が全反射する時に起こる試料の赤外吸収を測定する。IRスペクトルには各部分構造の振動モードに対応する吸収バンドが現れ、分子構造を反映した指紋として捉えることができる。図5.36(A)に消しゴム、およびそのポリマー成分をATR転写法により除去したスペクトルの比較を示す。可塑剤濃度が高い時は母材ポリマーの影響は比較的小さ

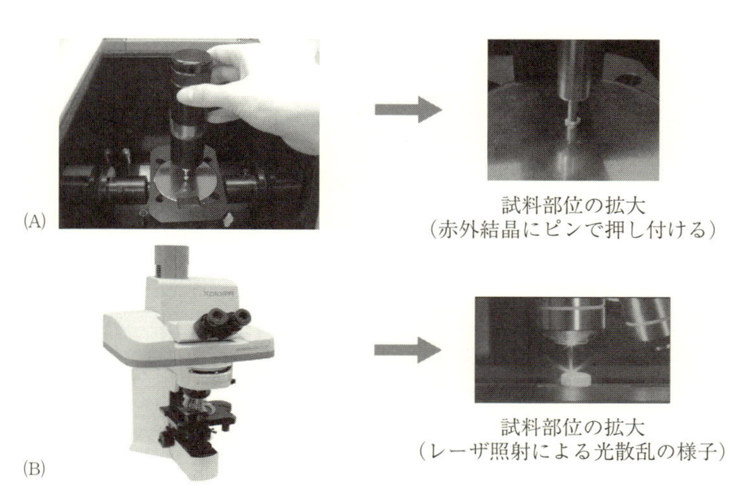

図5.35 (A) IR（ATR）測定法 (B) Raman 測定法
〔写真：㈱堀場製作所 ラマン顕微鏡 XploRA〕

い。濃度が低いときは、前処理として有機溶剤で抽出／濃縮して測定する。

(2)　ラマン散乱分光法（Raman）

光学顕微鏡を組み合わせた装置が一般的で、観察ステージ上に配置した試料に単色であるレーザ光を照射した時の散乱光を測定する（図5.35(B)）。レーザ光と異なる波長の散乱光は特にラマン散乱光と呼ばれる。このラマン散乱光のスペクトルには、分子の振動モードに対応するラマンバンドが現れ、赤外吸収と同様、有機物質の識別や同定に用いられる。図5.36(B)に消しゴム、および

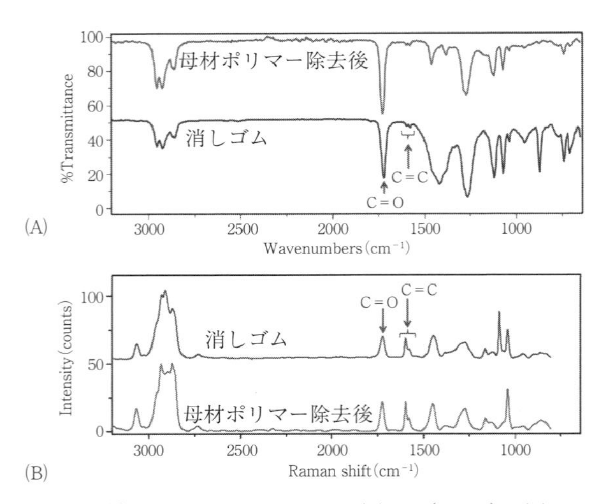

図5.36　消しゴムのスペクトル　(A) IR（ATR）　(B) Raman

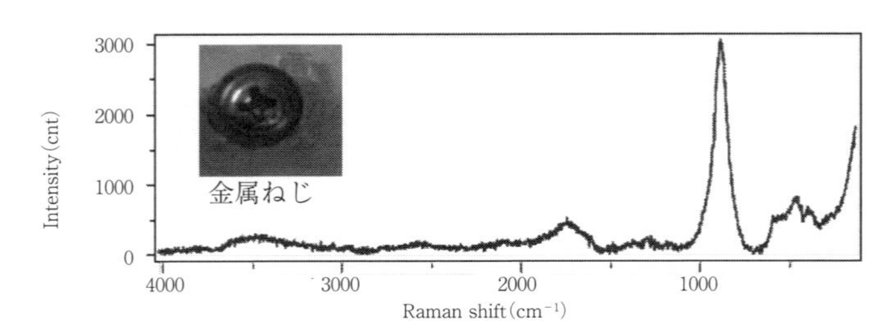

図5.37　金属ねじ表面（六価クロム）のラマンスペクトル

有機溶剤抽出により母材ポリマーの影響を除去したスペクトルを示す。同図(A) IR と比較してベンゼン環の二重結合の検出感度が高いことがわかる。

ラマン分光法は、赤外分光では難しい400 cm^{-1} 以下の領域まで測定できるため無機物質の測定にも有効であり、金属ねじ表面皮膜中の六価クロムを非破壊非接触で検出することができる（図5.37参照）。

5.2.2　DART-MS によるフタル酸エステルの迅速分析

DART（Direct Analysis in Real Time）は日本電子㈱の米国法人 JEOL USA, Inc. の質量分析応用研究室で2003年に発明された、世界最初のアンビエント（大気圧）質量分析技術である。従来からの質量分析装置と異なり、多種多様な試料を前処理無しで直接分析することができる。分析に要する時間は、1試料当たり数秒～数十秒と極めて迅速である（図5.38参照）。

DART におけるイオン化は励起状態の原子・分子が大気ガスおよび試料と相互作用することにより行われ、DART-MS はこのように大気圧下で生成したイオンを質量分析する。DART の詳細は http://www.jeol.co.jp/products/detail/DART.html にある。以下、応用例を示す。

図5.38　DART イオン源を装着した高分解能飛行時間質量分析計

(1) DEHPの使用実態調査

電線の絶縁被覆に用いられている塩化ビニル樹脂（PVC）中のDEHPを検出するには、被覆の切片、あるいは図５.39のように電線そのものをDARTイオン源にかざすだけで分析できる。DEHPが可塑剤として機能するには最低でも１％以上の濃度が必要であり、実際にDEHPを意図的に添加した樹脂中での濃度はそれよりも更に高く、DART-MSで極めて簡易かつ迅速に検出することができる。

(2) RoHS対応のフタル酸エステル分析

カテゴリー１～７、11については2019年７月22日より、カテゴリー８／９に関しては2021年７月22日より、DEHP、BBP、DBP、DIBPの４種のフタル酸エステルの0.1％を超える含有がRoHS指令により禁止される。

基本はIEC62321で定められる分析法に則り、適合宣言書の根拠とすべきであるが、適合をより確実なものとするための、リサイクル材由来の混入の検査を行う場合、熱抽出装置を併用するDART-MS分析が有効である。

使用実態調査とは異なり、含有量が0.1％以下かどうかを明確に判定する必要があり、試料を手でDARTイオン源にかざす方法では、再現性の不足が懸念される。㈱バイオクロマトが開発したDARTイオン源用昇温加熱装置

図５.39　ケーブル絶縁被覆の直接測定

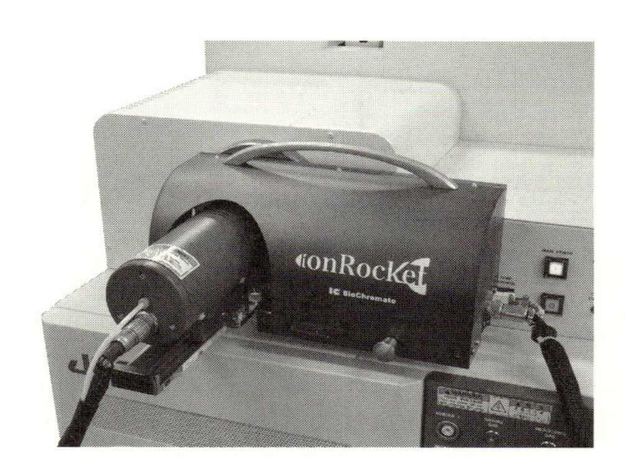

図5.40 DART イオン源と ionRocket を装着した高分解能飛行時間質量分析計

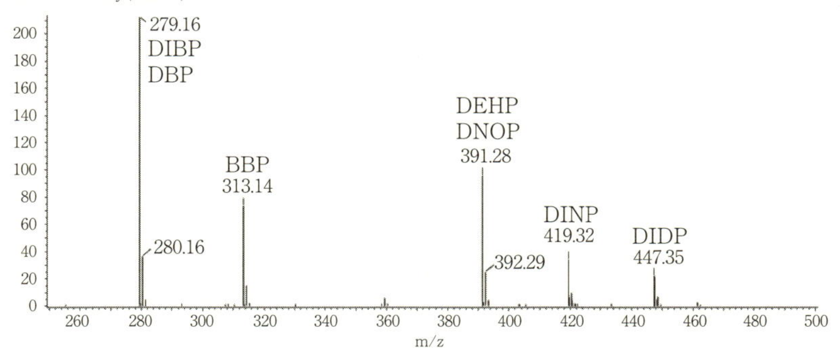

図5.41 RoHS 規制フタル酸エステル各1,000 ppm を含む標準ポリエチレンの DART マススペクトル

ionRocket と DART イオン源を組み合わせて使用し、また、目的フタレート由来のピークの強度を基準物質のピーク強度で規格化することにより（内部標準法)、フタレート類の含有が疑われる樹脂の小片を秤量し、そのまま測定するという簡単な手順で満足できるレベルの再現性のデータが得られる。この方法では1試料の測定に4～7分の時間が必要となるが、熱分解 GC-MS 法と比べればはるかに迅速であり、十分なメリットがある（図5.40および図5.41)。

5.3 REACH規則に関する測定

5.3.1 REACH規則登録に必要な試験項目

REACH規則では、化学物質の新規・既存に関わらず、欧州域内において化学物質を製造・輸入する事業者には市場に出すに当たって登録を義務づけている。REACH規則における登録の際に求められる試験項目については、第10条および第12条に記載されており、トン数帯により必要な試験の項目が異なるが、化学物質の登録は、年間1トンを越えて欧州域内で製造・輸入される全ての化学物質に対して要求されている。一般に、「技術一式文書」と「物質の物理化学的性状、ヒト健康への有害性および環境影響に関する情報」が登録の際に必要となる。化学物質の登録に必要な各トン数帯における物質の標準的な情報の要件については、附属書Ⅶ～Ⅹに定められている。このほかにも10トン以上の化学物質の登録には、化学品安全性報告書の提出が求められ、要求される試験データはトン数が大きくなるほど多くなる（表5．5）。

5.3.2 REACH規則第13条の要求

REACH規則の第13条では、「物質の固有の特性に関する情報の作成」について、①動物試験と代替法に関する内容、②要求される試験方法と信頼性に関する内容、③登録データの引用に関する内容の観点から、情報の作成に必要な一般的要件が記されている。なお、REACH規則については環境省等が原文の仮訳を公開しているので、原文と併せて確認いただきたい。

(1) 動物試験と代替法について

EUでは、科学目的に使用される動物の保護に関する指令（Directive 2010/63/EU）の中で試験動物の保護のため動物試験の「代替（in vitro試験等への代替）、削減（使用個体数の削減）、改善（苦痛の軽減）」の原則を指令の

表5.5　REACH 規則において要求されるデータの内容

トン数帯／年（以上～未満）	要求される試験　データ		
	物理化学的性状に関する情報	ヒト健康有害性（毒性学的情報）	環境影響（生態毒性学的情報）
	・融点／凝固点 ・沸点 ・相対密度 ・蒸気圧 ・表面張力 ・水溶解度 ・分配係数 ・引火点 他	①刺激性（皮膚、眼） ②感作性（皮膚） ③変異原性 ④急性毒性 ⑤反復投与毒性 ⑥生殖・発生毒性 ⑦トキシコキネティクス ⑧発がん性	a．水生生物毒性試験 b．生物的分解性 c．加水分解性 d．分解生成物の特定 e．環境中運命および挙動 f．陸生生物毒性試験 g．鳥類毒性試験
既存化学物質で1t以上～10t未満	附属書Ⅶに示された物理化学的性状に関する情報を提出	－	－
新規物質、およびCMRなどが予見される物質で1t以上～10t未満		附属書Ⅶに示された毒性学的情報（①～④）を提出	附属書Ⅶに示された生態毒性学的情報（a、b）を提出
10t以上～100t未満		附属書Ⅶ、Ⅷに示された毒性学的情報（①～⑦）を提出	附属書Ⅶ、Ⅷに示された生態毒性学的情報（a、b、c、e）を提出
100t以上～1000t未満	附属書Ⅷに示された物理化学的性状に関する情報を提出および付属書Ⅸに示された試験計画を提出	附属書Ⅶ、Ⅷに示された毒性学的情報（①～⑦）を提出および附属書Ⅸに示された試験計画を提出	附属書Ⅶ、Ⅷに示された生態毒性学的情報（a～f）を提出および附属書Ⅸに示された試験計画を提出
1000t以上		附属書Ⅶ、Ⅷに示された毒性学的情報（①～⑦）を提出および附属書Ⅸ、Ⅹに示された毒性学的情報（例えば⑧）を得るための試験計画を提出	附属書Ⅶ、Ⅷに示された生態毒性学的情報（a～f）を提出および附属書Ⅸ、Ⅹに示された生態毒性学的情報（例えばg）を得るための試験計画を提出

（参考：欧州の化学品規則（REACH/CLP）に関する解説書
http://www.meti.go.jp/policy/chemical_management/int/REACH_and_CLP_kaisetsusyo_honyakuban.pdf

中で明文化し、この原則に従った方法で動物試験を計画することが求められている。REACH 規則では、動物試験（この場合の「動物」とは脊椎動物を指す）を必要に応じて実施することを要求しており、動物試験を排除するものではないとしているが、一方では、13条2項の中で動物試験の代替法に関して、「脊椎動物の試験や利用される動物の数を減らす観点から、試験の方法は定期的に見直し改善する」とし、利害関係者と協議して試験方法について委員会規則を必要に応じて改正するとしている。また、13条1項では「附属書XI（標準的試験法の変更に関する一般的規則）」に定める条件を満たしている場合には、物質の固有の特性に関する情報の作成について、脊椎動物を用いた試験以外の方法で情報を作成するものとし、特にヒトの毒性については、「可能な限り脊椎動物を用いず、可能であれば代替法（例えばin vitro 試験法、定性的あるいは定量的構造活性相関モデル、または構造的に関係する物質からの情報（grouping（グループ分け）または read-across（読み取り法））を用いて作成してよい」としている。このように、REACH 規則の中で積極的に動物試験法からの代替を可能であれば進めていくことが伺える。

REACH 規則の附属書が修正された例としては、2015年に生殖毒性に関する情報要求を満たす試験である「二世代生殖毒性試験」の代替として、動物数を削減できる「拡張一世代生殖毒性試験（OECD TG443）」が導入され、附属書Ⅷ、Ⅸ、Ⅹが修正された（委員会規則（EU）2015/282）。また、2016年には皮膚腐食性／刺激性、眼に対する重篤な損傷性／眼刺激性および急性毒性に関して、代替となるいくつかの試験法がOECD テストガイドラインに採択される等、科学的な進歩を反映させるために、附属書Ⅶおよび Ⅷにおける要求事項が見直された（委員会規則（EU）2016/863）。

生態影響試験においても、従来の試験法の代替法の開発が行われている。魚類胚期急性毒性試験（OECD TG236）は、EU の科学目的に使用される動物の保護に関する指令（2010/63/EU）の対象とはならない試験法（餌を与えても自力で取得しない発生段階の個体を生物試料として用いるため）として、OECD テストガイドラインに採択されたことから「魚類急性毒性試験

(TG203)」の代替となるかを含め REACH の要件を満たすかどうかの検証作業が行われた。結果として、データ数が少ない等の理由により現時点では REACH の要件を十分満たす試験法とは言えないとされたが、「証拠の重み」の中で利用される可能性も考えられている（参照：Analysis of the relevance and adequateness of using Fish Embryo Acute Toxicity（FET）Test Guidance（OECD 236）to fulfil the information requirements and addressing concerns under REACH）。動物試験の代替法に関しては今後も開発が進んでいくと思われ、代替法への置き換えも進むことが予想される。

(2)　要求される試験方法と信頼性

REACH 規則では、附属書 XI「附属書Ⅷ～Ⅹで規定する試験制度の適合化に関する一般的規則」の中で、科学的に試験の実施が不要とみられる場合の基準を設けている。例えば、単一の情報のみでは不十分であるが、いくつかの独立した情報を基に、その物質が有害な性質を持つかどうかを仮定もしくは結論とすることができ、現時点で国際的な試験法に含められていない試験データであっても十分な「証拠の重み」が得られている場合は、その性質に関するそれ以上の試験を省略することができるとしている。ただし、「証拠の重み」を用いる場合は、適切かつ信頼できる証拠書類を提出しなければならない。また、(Q)SAR については、科学的に有効性が確立している「（定量的）構造活性相関（(Q)SAR)」モデルから結果が得られている、対象物質が(Q)SAR モデルの適用範囲にある、適用された手法が適切で信頼性がある、ということが文章化されていることを証拠書類として提出しなければならない。「証拠の重み」や「(Q)SAR」が利用されている場合の適切性を判断するための基準については手引書（Guidance on information requirements and chemical safety assessment Chapter R.6: QSARs and grouping of chemicals ）に記載されている。

登録情報の作成に試験を実施する必要がある場合は、REACH に準拠する試験方法を定めた委員会規則「No.440/2008」（技術的な進歩に伴い「No.761/2009」として一部修正され、OECD テストガイドラインの変更や追加等がなされている）に含まれた試験方針あるいは欧州委員会やECHAによって認定された国際的な試験ガイドラインに従って実施しなければならない(13条第3項)。ただし、前述の附属書XIに定める条件を満たしている場合には、その他の試験方法により試験を実施してもよいとされ、REACHの試験法に準拠しない試験で得られた既存データを使用する場合でも、適切な試験手順により試験条件がカバーされ、信頼できる証拠書類を提出すればREACH規則の要件を満たした試験と同等とみなされる。

REACH規則の要件は、基本的にはOECDテストガイドラインとして採択された試験法であれば十分満たされるが、GLPまたはOECDテストガイドラインに準拠しない試験法については、試験が適切であるかどうかを個々に評価する必要があり、手引書（Guidance on Information Requirements and Chemical Safety Assessment Chapter R.7b）には試験データを評価するためのチェックポイントが記載されている。

REACH規則における生態毒性試験および毒性試験の試験および分析は、GLP（優良試験所基準で通常OECDのGLPを指す）の原則の適用および化学物質の試験の適用の検証に係る法律、規則および行政規定の調和に係る欧州議会および理事会指令「Directive 2004/10/EC」に定めるGLP規範、またはそれらと同等であることを欧州委員会またはECHAが認める国際的な規準に従うことが求められる（13条第4項)。ただしGLP施設で行った試験データについては、OECD加盟国間で相互承認されており、日本のGLP施設の試験データもREACH規則の登録において使用できる。

(3)　登録データの引用

新たに登録しようとしている物質が既に登録されている場合、既に登録されている物質と同一の物であり、先の登録者(A)が新たな登録者(B)に対して登録のために完全調査報告書を引用する許可を与えていることを示すことができるとき、BはAが提出した同じ物質に関する調査要約書またはロバスト調査要約書を引用する権利が与えられる（13条第5項)。仮に脊椎動物を利用した試験が必要である場合、先の登録情報が引用できれば試験費用の削減となるが、会社間でのやり取りであるため、引用の許可が与えられるかどうかはわからない。

また、REACH 規則の登録においてどのトン数帯においても要求される物理化学的性質に関する項目については、一般的な物質であれば測定・試験データが文献やインターネット上から入手ができるが、得られた情報の信頼性をどのように保証するのか、また著作権の有無についてはどうか等の問題があるため単純に引用するのは避けるべきである。FAQ（Frequently Asked Questions about REACH Version 2.5）の10.5項にもあるように、専門家の判断を受けることが必要である。

5.4 分析試験所の事例

5.4.1 ISO/IEC 17025とは

(1) ISO/IEC 17025の概要

ISO/IEC 17025とは、国際規格「ISO/IEC 17025（試験及び校正を行う試験所の能力に関する一般要求事項）」のことで、試験結果の信頼性を保証する試験所を認定するための国際的な規格である。大きく分けて「試験」と「校正」の２種類があり、それぞれに多種多様な認定分野が設けられている。「試験」には、本書第５章１節で解説しているような分析に関わる化学試験をはじめ、放射能試験、電気試験、機械・物理試験、食品試験が該当し、「校正」では電磁気量、幾何学量、力学量、熱力学量を対象としており、各々にはより詳細な分類が認定申請範囲として定められている。

試験所・校正機関（以下、試験所）は各々の認定範囲において、実施する試験・校正（以下、試験）を申請し、これに対して正確な測定・校正結果（以下、測定結果）を提供する技術的能力があることを、第三者認定機関※1が認定する。ISO/IEC 17025はその際に使用される規格であるため“試験所認定”と呼ばれている。

※１　第三者認定機関は日本認定機関協議会のホームページ
(http://www.accreditation.jp/information/index.html) で確認できる。

試験所が試験所認定を取得するに当たり、ISO/IEC 17025の要求事項に沿った「マネジメントシステムの構築（管理上の要求事項）」と「試験所が請け負う試験の種類に応じた技術能力に関する要求事項（技術的要求事項）」の２つを満たす必要がある。認定範囲および要求事項などの概要については、公益財団法人日本適合性認定協会（JAB）、独立行政法人製品評価技術基盤機構認定センター（IA Japan）等のホームページにて確認できる。

JAB（https://www.jab.or.jp/service/laboratory/）

IAJapan（http://www.nite.go.jp/iajapan/aboutus/ippan/iso17025.html）

日本工業規格（JIS）としては、「JIS Q 17025試験所及び校正機関の能力に関する一般要求事項」として2000年に制定されており、現時点での最新版は2005年版である。

管理上の要求事項は、主に品質マネジメントシステム（ISO 9001）をベースとした要求事項を取り入れて構成されており、技術的要求事項は、ISO/IEC 17025の前身の規格に当たるISO/IEC Guide25の要求事項を取り入れて構成されている。さらに、不確かさを推定するために必要な環境条件、妥当性の確認などについては、GUM（日本では“TS Z 0033測定における不確かさの表現のガイド”）の要求を取り入れて構成されている。

したがって、ISO/IEC 17025へ適合することによって、品質マネジメントシステム（ISO 9001）の要求事項を全て満たし、適合性が保証されるとともに、なおかつ試験所の技術的能力に関する適合性についても、妥当な結果を出す技術的能力を有していることが対外的に保証されることになる。

(2)　なぜISO/IEC 17025が必要か（企業の発展に寄与するメリットとは）

近年、国内外を問わず多くの産業活動において、試験における信頼性向上への要求はますます高まっている。特にアジアメーカーとの事業機会が多い川中・川下メーカーにとっては、SDS（化学物質等安全データシート）等の品質表示や有害物質の非含有証明書、各社独自のミルシート、試験報告書・校正証明書（以下、試験報告書）を製品に添付することが強く求められている。

そのような中、世界中に何万とある試験所の内、ある1社の試験報告書が製品に添付されていた時、「その結果は正しいのか？その試験所は正しい数値を出す能力が本当にあるのか？」といった疑問が生じるかもしれない。そのような時にこそ、結果が妥当か否かを証明できる根拠が必要不可欠となる。

そこで、近年川中・川下メーカーより試験所に対して、提供される試験報告書の信頼性を判断するための基準となる、国際規格ISO/IEC 17025試験所認定取得の要求が求められるようになったのである。

さらに、国際的なモノの流通において、世界貿易機関（WTO）はグローバル化に伴い、貿易の技術的障害に関する協定（TBT 協定）に基づく相互承認を推奨しており、全ての加盟国に対し、規格制度や適合性評価手続きに関して、国際規格への整合化を義務づけているのである。

また、第三者認定機関が ILAC（国際試験所認定協力機構）、APLAC（アジア・太平洋試験所認定機構）との間で MRA（国際相互承認協定）を締結していれば、２国間で基準や手続が異なる場合でも、輸入国内で実施した適合性評価と同等の保証が与えられることになるので、この第三者認定機関で認定を受けた試験所の試験報告書は、世界的に通用することになると言えるのである。なお、ILAC、APLAC には日本の試験所認定機関としては、JAB、IA Japan および㈱電磁環境試験所認定センター（VLAC）がメンバーとなっている。

また、認定を受けた試験所は、試験報告書へ認定シンボルを付加することができるので、国際的に認められたものなのかが一目で判断できる。

この制度はアジア、欧州、米国等主要国をはじめ、世界58を超える経済地域にまで及ぶので、認定を取得している試験所に依頼すれば、輸出先の国の試験所に依頼しなくても、国や制度の違いを越えて国際的に通用することになる。

このワンストップテスティングこそが、労力面・コスト面、時間的な経営資源の効率化、および貿易の促進につながり、また JIS マーク制度で指定された製品以外の JIS 製品の規格適合性について、認定試験所のデータを用いることで、安心して自己適合宣言できるというのも企業にとっての大きなメリットの１つである。

5.4.2　分析試験所の事例－内藤環境管理株式会社

試験所名	内藤環境管理株式会社
代表者名	代表取締役　内藤　岳
URL	http://www.knights.co.jp
認定規格 （資格・登録）	・環境計量証明事業所（濃度）埼玉県知事登録 ・水道法第20条に基づく水質検査機関　厚生労働大臣登録 ・土壌汚染対策法に基づく指定調査機関　環境大臣指定 ・ISO/IEC 17025認定試験所（放射能・放射性試験、化学試験、食品・医薬品試験）（公財）日本適合性認定協会 ・水道GLP（水道水質検査優良試験所規範）認定水質検査機関：（公社）日本水道協会　等

(1)　試験所紹介

内藤環境管理株式会社は、昭和47年９月、「快適環境創造業」を掲げ、基本コンセプトである「正確・迅速・親切」を具現化し、「生きるデータ」と「役に立つ科学技術」を提供することで、人類社会に貢献することを使命と考え、小回りの効く、気軽に利用できる化学分析専門会社として、浦和市（現：さいたま市）に設立した。

金属分析や生活環境項目と言われるBOD・COD等、滴定法をはじめとした手分析が主流であった頃から、装置はメーカーとの共同開発により、様々な分析項目において測定の自動化に取り組み、現在も自動化を推進している。

また近年、ますます国際化が進み、分析技術のみならず関係法令の遵守、データの信頼性、高度な社内管理システムの構築、機密情報の保持等、多様化する顧客ニーズに対応するため、国際規格にも対応した社内インフラの充実、ラボラトリー情報管理システム（LIMS）の導入、技術力の向上に努め、多検体を短期間で正確に調査・測定・化学分析ができる評価システムを構築してきた。

そのような中、1997年にISO 9002（現：ISO 9001）を取得、さらに2007年には、ISO/IEC 17025を取得し、顧客の更なる満足度向上を目指し、環境に配慮した積極的な事業展開へ生かせるデータを提供するため、日々その維持と改善、向上を図っている（図５.42および図5.43）。

(2)　試験業務紹介

計量証明事業所としては、環境管理に伴う調査・測定・化学分析として、河川水質調査・分析、事業場排水分析、土壌分析、臭気測定、大気測定、排ガス測定、騒音・振動測定等を行い、計量証明書を発行している。

その他、放射性物質、揮発性有機塩素化合物、建築物衛生法による飲料水水質検査および空気環境測定、アスベスト、絶縁油中のPCB、水道法第20条に基づく水質検査、作業環境測定、RoHS（Ⅱ）指令等のEU規制、容器・玩具等の安全性に関わる試験、食物中の残留農薬検査等を行い、試験報告書を発行している。

所有する分析機器は、原子吸光光度計、分光光度計、ICP-OES、ICP-MS、GC、GC/MS、HPLC、IC、TOC計、pH計、蛍光X線分析装置、X線回折装置、CN-F自動蒸留分析装置、BOD・CODおよび上水自動測定システム、ゲルマニウム半導体検出器、NaI（Tl）およびCsI（Tl）シンチレーションスペクトロメーター等である。

図５.42　本社屋

図５.43　実験室の風景

(3)　分析データ

川上・川中メーカーにとって、分析を外部に委託した時、製品（サンプル）がどのような工程を経て前処理され、分析データが出て、試験報告書が発行されるのかは、試験の目的に関わる法律や整合する規格が入り組んでいること、分析方法が煩雑であること、化学の専門的知識が必要であること、分析ノウハウなどの機密事項等により全ての情報が公開されないこと等の理由で、そのほとんどがブラックボックス化している状況であろう。

そこで、RoHS指令に関連した電気電子機器の製品／材料を例に、サンプルの受け入れから報告書の作成について、同社の事例を紹介する。

①前処理

1）　サンプリング

IEC 62321に基づき、サンプルの構成や材質等を把握し、適切な前処理方法を検討する。複数の材質で構成された“複合材料”の場合は、IEC/PAS 62596（電気・電子製品-規制物質の濃度定量-サンプリング手順-指針）を参照し、測定対象部位だけをほかから分離して“均質材料“のみにする。

均質材料とは「ねじの取り外し、切断、押しつぶし、研磨または接着工程等の機械的作用によって、別の材料に分離できないもの」を意味する。この時、測定対象部位の判断は、依頼者まで遡り意図を確認することもある。

留意することは例えば、測定対象部位が金属の場合でも、RoHS指令含有禁止6物質全ての分析が必要だと解釈している依頼者に対し、IEC/PAS 62596の序文に「難燃剤は決して金属には使用されることはない」という記述があるにも関わらず、臭素系難燃剤の分析が本当に必要なのかを確認することである。

六価クロム分析は、測定対象部位の材質が金属か否かで、前処理方法が異なることを説明しておく。メッキ製品は、基材とメッキの組成と膜厚を確認しておき、分離方法を検討する。

2）　試料調製

各分析項目に必要な試料を分取する。分析項目により必要な試料量、粉砕等の条件はIEC 62321に規定されている。IEC 62321-2（電気電子製品における特定の物質の定量－第２部：分解、分離および機械的な試料調製）で明示され、工具やせん断器のほか、冷凍粉砕機等を用いて段階的に細かくし、最終的には250 μm ～１mm 程度にまでする。５g あれば分析に十分な量が確保できる。

３）溶液化

前処理の最終工程で、金属項目（カドミウムや鉛および水銀）では、湿式加熱酸分解法、乾式灰化法、燃焼法、マイクロウェーブ分解法、アルカリ融解法がある（詳細は本書5.1を参照)。試料の主成分となる材質により、適切な方法を選択することが完全溶解の実施につながる。残渣が出た場合、IEC 62321-5では蛍光Ｘ線分析で目的物質の非含有を確認するとあるが、国内のセットメーカーのグリーン調達基準書では完全溶解を要求しているため、残渣が出ることは許容されない。

②　精密分析とスクリーニング分析

ICP-OES や GC-MS 等による精密分析を主に行っており、ご要望によりスクリーニング分析を行うこともあるが、精密分析に比べ感度が悪く定量下限値は高い。そのため、セットメーカー等がグリーン調達基準書で要求している報告下限値を満たせない場合が多いため、測定が無駄にならないようあらかじめ説明しておく。詳細は本書5.1を参照されたい。

③　データ解析

各種装置にて測定し得られたデータは、試料分取量や定容量、希釈倍率等の情報を基に、分析項目の含有量を算出する。例として、ICP-OES によるカドミウムと鉛を対象とした測定結果の一欄を示す（表５．６)。

なお、分析値の計算は、(測定値－ブランク）×希釈倍率×定容量÷試料分取量　にて求めた。

④　試験報告書

IEC 62321の規定を満たした上で、顧客と取り決めた内容に従い、試験所独自の書式にて発行する。要望があれば、分析フローやサンプル写真、英文表記の試験報告書なども添付する。時に、特定の試験所名で発行された報告書しか受け付けられないと勘違いされているケースがあるが、第三者認定機関が認定

表5．6　ICP-OESによるカドミウムと鉛の測定結果（ICPデータ）

受注日　2017/1/5　分析日　1月10日　依頼者名　○○化学様
分析開始　2017/1/6　検体番号　○○○○○○○

分析項目	試料分取量(g)	定容量(mL)	測定値(mg/L)	ブランク	希釈倍率	分析値(mg/kg)	平均値	報告値(mg/kg)	前処理	EDX
Cd	0.2092	25	0.00123	0.000	1	0.1470	0.1392	<5	硝酸－フッ酸によるマイクロウェーブ分解	0.9
	0.2115	25	0.00111	0.000	1	0.1315				
Pb	0.2092	25	0.03244	0.000	1	3.8767	3.7959	<10		2.9
	0.2115	25	0.03143	0.000	1	3.7151				

した試験所の試験報告書は、いずれもISO/IEC 17025に基づき同様に保証されている。

⑤　データの信頼性

データの信頼性は、依頼者にとって起こり得る様々なリスクを回避する重要な要素であり、試験所を選択するポイントの1つである。これはISO/IEC 17025に則り、妥当性確認、精度管理を実施することで客観的に担保することができる。

1）　妥当性確認

初めて行う試験は、サンプルの主成分や夾雑物の影響等の情報を得た上で、試験の真度（回収率）や精度（RSD）を把握する「方法の妥当性確認」を行う。内容は、検出限界および定量下限、選択性、検量線と直線性、繰り返し性、再現性、そして測定の不確かさの算出である。方法は、ISO/IEC 17025　5技術的要求事項の5.4「試験・構成の方法および方法の妥当性確認」およびJAB NOTE10 試験における測定の不確かさ評価実践ガイドライン

（https://www.jab.or.jp/files/items/2206/File/RL510V1.pdf）

等が参考になる。

2）　精度管理

社内で行う内部精度管理と各種機関が実施する技能試験等に参加する外部精度管理がある。

内部精度管理は、分析担当者が標準作業手順書（SOP）に従って、適正に試

験が実施されていること等について、品質管理責任者が社内規定に従い実施し、必要であれば是正処置・予防処置を講じる。

外部精度管理としては、官公庁および日本分析化学会等の関連団体が主催する様々な規格、媒体、対象項目がある。参加の利点は、多数の試験所が同一試料を分析し、主催機関が全データを統計解析することで、自社の結果を客観的に評価できることにある。

(4)　分析依頼者（顧客）の特徴（主要顧客の業界、製品や要求内容等）

最も多い顧客は川中メーカーである。業種は、化学工業（粘着テープ、樹脂、塗料、薬品、接着剤等）が最も多く、他は金属製品、ゴム製品、電子部品、印刷業、めっき工業、ガラス製造等である。

川上メーカーからの依頼は少数で、川下メーカーからの依頼の大半は国内のセットメーカーである。ただし最終製品ではなく、自社でスクリーニング分析した結果において、検出した部分の精密分析が主体である。またRoHS（Ⅱ）で追加されたフタル酸4物質の依頼も増えている。

アジアのセットメーカーの中には、報告下限値を下げるような要求も増えている。特に最近では、閾値を十分に下回った結果でも、検出したデータを好まず、試験報告書にN.D.（不検出）という表記がないと拒絶される恐れもあるようなので、注意が必要である。ただし、試験報告書には必ず検出限界値、もしくは定量下限値を記載している。

(5)　ケムシェルパ等による情報伝達への期待

川上・川中メーカーは、複数のミルシート等での情報伝達を強いられ、過大な負担を強いられている。今後、さらに国際競争が激化していく中で、メーカーの負担の軽減に貢献できるケムシェルパについては、単に日本標準ではなく、ISO/IEC化など国際標準を目指し得るスキームとなることを期待している。

5.4.3 分析試験場の事例－地方独立行政法人東京都立産業技術研究センター

試験場名	地方独立行政法人東京都立産業技術研究センター
代表者名	理事長　奥村次徳
URL	http://www.iri-tokyo.jp/
事業内容	公的な立場での産業技術に関する技術支援により中小企業の競争力強化を図る。

(1) 試験場紹介

地方独立行政法人東京都立産業技術研究センター（都産技研）は、東京都の中小企業に対する技術支援を行う公設試験研究機関である。大正10年10月に設立された東京商工奨励館を始まりとし、幾多の変遷を経て、平成18年４月に地方独立行政法人化した。現在、都産技研の技術支援拠点は、海外を含め６カ所あり、地域のものづくりに合わせた様々なサポートを実施している（図5.44）。

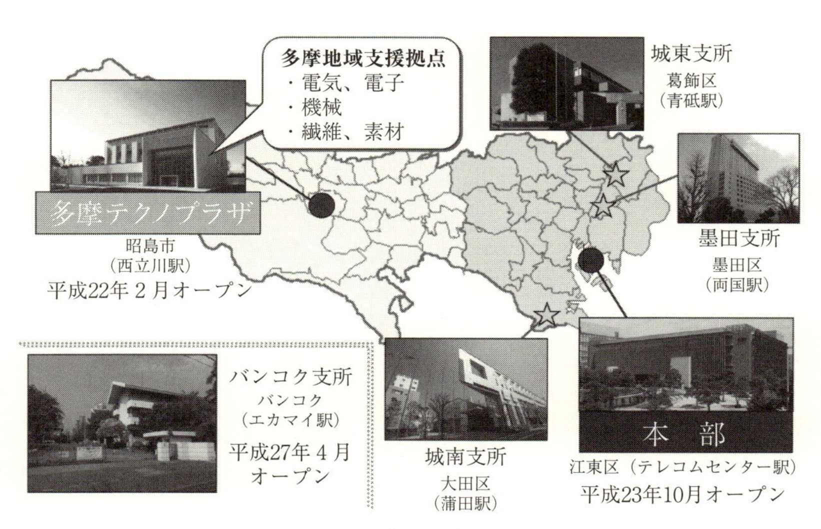

図5.44　都産技研の技術支援拠点

(2)　試験業務紹介

都産技研は、ニーズに応じた依頼試験サービスの提供や、機器利用による製品開発支援の実施、産業育成に直結する研究開発、幅広い分野の技術相談などを行っている。また、都内中小企業の海外展開支援を拡大するため、平成24年10月に広域首都圏輸出製品技術支援センター（MTEP：エムテップ）を立ち上げた。MTEP の主な支援事業を以下に示す。

・化学、電気、機械など様々な分野の海外規格に精通した専門相談員による技術相談を実施している。

・ISO、IEC、ASTM などの国際規格や海外規格に準拠した適合性評価試験サービスを提供している。IEC 62321に準拠した RoHS 分析を例に挙げると、機器利用では蛍光 X 線分析装置（図5.45）を用いたスクリーニング分析、依頼試験では紫外可視分光光度計（図5.46）を用いた金属皮膜中六価クロムの熱水抽出-ジフェニルカルバジド法による定量分析がそれぞれ対応可能である。

・海外規格や国際規制に関する技術セミナーを多数開催している。RoHS 指令を例に挙げると、初めて取り組む担当者向けのセミナーを２カ月ごとに開催しているほか、RoHS(II) 指令が求める技術文書作成方法など実務担当者向けの実践セミナーも開催している。

・RoHS(II) 指令に関して頻度の高い問い合わせ内容を編集し、海外規格のよくある質問（Q&A）として都産技研ホームページに掲載している。

図5.45　蛍光 X 線分析装置

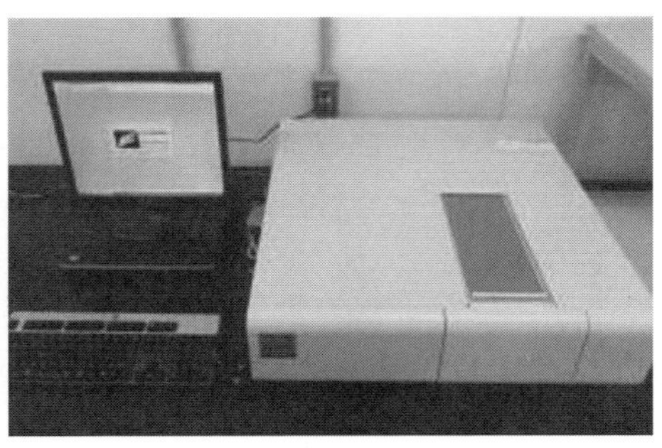

図5.46　紫外可視分光光度計

(3) 分析依頼者（顧客）の特徴

MTEP を利用される企業の多くは、欧州輸出時に必須となる CE マーキングへの対応や化学物質規制に対する関心が高く、相談件数では全体の約５割を占めている。最近では、外部認証機関や独立行政法人日本貿易振興機構（JETRO）などからの紹介による相談も多くなってきており、相談内容はより具体化の傾向がある。

MTEP で開催している技術セミナーでは、化学物質規制セミナーを受講される企業が多く、受講者数は全体の約4割を占めている。化学物質規制セミナーは座学だけでなく、勉強会、個別相談付きなど、様々な形式で開催している（図5.47）。製品の海外輸出を達成させた中小企業も増えてきており、活用企業からの声を一部紹介する。

・欧州の化学物質規制対応の中で材料情報の開示についての問題が出てきたが、対応方法を検討しながら都度相談させてもらい、自社の事業戦略に合った方法で進めることができた。

・CE マーキングを貼付したことで製品輸出が可能となり、海外からの引き合いが増えた。後継機種の試験実施にも役立っている。

・公開されている各国法規制等は、記載内容から明確な対応判断ができないケースも多く見られ、MTEP 専門相談員からの適切なアドバイスを受けて過剰

図5.47　セミナー風景

な対応にならないように進めることができ、大変助かった。

(4)　ケムシェルパなどによる情報伝達へのアドバイス、その他アドバイス

化学物質規制で不明な点や、海外規格を取得したいなどの困り事があれば、MTEP での相談対応が可能である。申し込み方法を以下に記す。

① インターネットで「MTEP」と検索し、都産技研ホームページの相談予約フォーム（図5.48）に対象製品や輸出先など具体的な相談内容を記入の上、申し込む。

② 相談内容に応じた最適な専門相談員との来所相談日について、MTEP 事務局から案内がある。

③ MTEP 事務局から日程確定のメールが届くので、必要に応じて対象製品のカタログや仕様のわかる資料を送付する。

【問い合わせ先】
地方独立行政法人東京都立産業技術研究センター
国際化推進室輸出製品技術支援センター
TEL：03-5530-2126
MAIL：mtep@iri-tokyo.jp
URL：http://www.iri-tokyo.jp/site/mtep/

図5.48　都産技研 MTEP ホームページ

第6章

EU輸出企業の対応事例

6.1 日本電子株式会社

企業名	日本電子株式会社
代表者名	栗原 権右衛門
URL	http://www.jeol.co.jp/
事業内容	理科学計測機器、半導体関連機器、産業機器、医用機器の製造・販売・開発研究　等

(1) 会社・製品紹介

当社は、戦後間もない1949年に電子顕微鏡の開発・製造会社として設立され、その後、分析機器・医用機器・半導体機器などにも事業を拡大し現在に至っている。当社製品の中では、電子顕微鏡、分析機器がRoHS(II)指令のカテゴリー9製品（監視・制御機器）に、生化学分析装置に該当する医用機器はカテゴリー8製品の特にインビトロ診断装置（IVD）に分類される。

当社製品には、最先端の技術が用いられており、キーコンポーネントとして、ライフサイクルが長く、多品種少量製品が使われていることからRoHS適合の代替品選定には慎重な評価が必要である。特にIVDは、厳格なトレーサビリティの保証・維持管理が必要であり、動作に高度な信頼性が要求される。

① サプライヤーおよび顧客の特徴

主要顧客は、国内外の大学・公的研究機関や企業の研究部門、病院・検査機関、半導体製造メーカー等多岐にわたり、ノーベル賞受賞者をはじめとする世界の学者の研究を支えている。産業のマザーツールとしての役割を果たすため、当社の装置には世界最高の性能が要求され、ことにIVDに分類される医用機器はヒトの健康を支えるための高い信頼性が要求されている。前述のとおり、当社製品を構成するコンポーネントには、特殊かつ多品種少量生産品が多く含まれており、それらのサプライヤーには、特殊、多品種、少量の品目を長期間安定して供給して頂く必要がある。

② 遵法情報の入手

遵法情報の入手は、１次取引先発行の保証書（自社様式）を基本としており、遵法情報の信頼性を担保するために必要に応じて後述するような社内分析を実施している。

③ 遵法管理の取り組み

既に2015年版ISO9001/14001の認証を取得し、これらを統合したマネジメントシステムであるJGMS（JEOL Group Management System）に遵法管理の仕組みを作り込み、遵法管理の取り組みの維持改善を図っている。

以下、当社が製品含有物質規制に対応するために実施している自主検査について紹介する。

(2) 蛍光X線分析の実施状況

RoHS(II)指令の整合規格であるEN50581に対応するため、以下の３つの目的で社内検査を実施している。

① 個別部品のRoHS適合のエビデンスとするための検査

整合規格で示されているとおり、調達品のRoHS適合のエビデンスとして必要な場合は、当該調達品を直接蛍光X線分析装置で分析している。

② 取引先評価のための検査

当社からはカテゴリー８/９製品の特質から有害物質を含む物品を調達する場合もあり、RoHS適合品の納入は当社からの求めに応じて行う旨の取り決めを取引先と取り交わしている。

これが確実に行われることを確認するため取引先の評価を実施し、必要に応じて納入品の蛍光X線分析による抜き取り検査を実施している。取引先に対しては繰り返しRoHS適合の素材使用と製造工程とを要請しているが、手違いや思い違いに起因するRoHS不適合事例がいまだに発見される。中には、上市した場合、違法となることを承知しているとしか考えられない事例も存在し、残念ながらこの目的での蛍光X線分析がいまだに威力を発揮している。

特にリスクの高い素材や工程を用いる取引先には、当社から出向いてハンドヘルドの蛍光X線分析装置により、規制物質を含まない素材の使用、分別状況の確認等を定期的に実施している。

③　製品完成段階での再検査

製品が完成後、出荷直前の段階で過去にRoHS規制対象物質が含まれている可能性が高いと思われるコンポーネントについては、再度蛍光X線分析装置により検査を行い、対応漏れを未然に防止している。

(3)　REACH対応のためDEHPの意図的添加の判別

REACH規則第33条(1)では製造者が製品を供給する際に、認可対象候補物質が0.1重量比%を超える濃度で含有する場合、この情報を提供することを義務づけており、第33条(2)に基づき製造者は消費者からの依頼を受け取ってから45日以内に無料でこの情報を伝達しなければならない。当社としては2008年の時点で、迅速な対応ができるよう欧州現地法人と情報共有し、第5章2節で紹介したDART-MSによるフタレートの迅速分析により、ケーブルにおけるDEHPの使用実態調査を実施した。

6.2 タイガー魔法瓶株式会社

企業名	タイガー魔法瓶株式会社
代表者名	菊池　嘉聡
URL	https://www.tiger.jp/
事業内容	魔法瓶、炊飯ジャーなどの生活用品の製造・販売

(1) 会社紹介

当社は1923年の創業より、ガラス製魔法瓶に始まり、電子ジャー、炊飯ジャー、電気ポット、調理器具など、暮らしに身近な製品をお届けしている。

以来、真空断熱技術を強みに、お客様の本質的なニーズを先取りした、独創的な製品を通して、様々な暮らしのシーンに快適さと便利さを提供し続けている。2012年には新たな「企業理念」を制定し、「温もりあるアイデアで、食卓に新たな常識をつくり続ける」ことを使命とし、100年・200年と成長を続ける企業を目指している。

グローバル化が進む中、上海、香港、台湾、米国に販売拠点を設置し、2012年には、生産拠点として日本、上海に加えてベトナムにも工場を開設した（図

図6．1　本社屋

図6．2　ベトナム工場

６．１および図６．２）。製造拠点として急拡大するアジア市場はもちろん、今後の更なるグローバル展開への大きな礎となる。

販売網はアジア、米国のみならず、ヨーロッパや中東にまで広がっており、世界約60カ国で当社製品は販売されている。「世界中に幸せな団らんを広める」という目標に向かい、グローバルネットワークの強化に取り組んでいる。

(2)　製品紹介

魔法瓶や炊飯ジャーのパイオニアとして、長年研究し研磨された“真空断熱技術”と“熱コントロール技術”をベースに、様々なアイデアを駆使して「新たな常識をつくる」製品をつくり続けている。これらの技術がお客様の満足につながり、独自の差別化を実現している。

“真空断熱技術”は、魔法瓶や電気ポット、ステンレスボトルなどの製品に使用しており、内容器と外容器を二重にして、その間を真空にすることで保温・保冷効果を生み出している。そして“熱コントロール技術”は、おいしいご飯を炊くための炊飯プログラムや、ホームベーカリーの温度コントロールなど、素材の味を最大限に生かすことを可能にした。

炊飯ジャーでは「感動のおいしさ」を求め、本物の土から手間と時間をかけてつくり上げた土鍋釜を採用し、五感で味わえる風味豊かな土鍋ごはんを実現

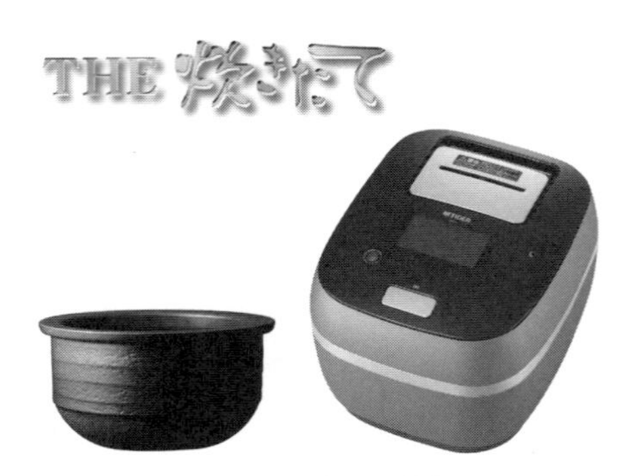

図６．３　土鍋圧力 IH 炊飯ジャー「THE 炊きたて」

図６．４　蒸気レス VE 電気魔法瓶「とく子さん」

した。電気ポットでは蒸気でのやけどに着目し、ふた内部に蒸気キャッチャー構造を採用。業界初の蒸気レスを実現し、蒸気でのやけどを無くすことはもちろん、置き場所の選択肢の拡大にも成功した（図6．3および図6．4）。

世界の国や地域により異なる食文化の特性やニーズに合わせ、顧客の潜在的要求の「安全・安心」と多様な規制への「遵法」に応える商品開発も行っている。長粒米などのお米の特性に合わせた炊き方やオートミールコースを搭載した炊飯ジャーをはじめ、火鍋など2種類の鍋を楽しめる仕切り鍋を搭載したグリルなべなど、高付加価値な製品開発を積極的に行っている。

(3)　サプライヤーおよび顧客の特徴

当社はアセンブリメーカーであるため、部品調達先は様々である。主要サプライヤーとしては、コンデンサーやICなどの電子部品メーカーやPPやABSなどの樹脂メーカー、シリコーンゴムなどのゴムメーカーやアルミニウム材、ステンレス材などの鉄鋼メーカー等がある。各サプライヤーには当社製品の販売国法規に適合した製品の納品や適合情報の開示を要求している。

(4)　遵法管理の取り組み

当社では2006年のRoHS(II)指令施行を契機とし、本格的な環境規制対応を開始した。昨今は世界中で新たな環境規制が次々に施行されており、また、当社販売網のグローバル化が急速に進んでいることも相まって、当社が遵法必須な法規制は増加傾向にある。販売国全ての法規制情報を収集することには非常に苦労しているが、業界団体に参加するなどして、新規制定や法改正情報をより早くより正確に洩れなく収集するよう努めている。

当社製品は調理機器および調理器具であり、また子供向け製品も販売しているため、電気電子機器関連の法規制と合わせ、食品接触材や子供用製品に対する法規制も適用対象となる。食品接触材や子供用製品に対する要求は非常に厳しく、食品接触材ではEUのプラスチック施行規則（約900物質とその組み合わせ規制）米国のFDA（Food and Drug Administration）が定める基準（テロ対応Food Defense）のように、ポジティブリストを採用しているものが多い。最終部品の含有分析試験や移行試験だけでは適合が確認できず、材料メーカーへ組成データ開示の要求を行うことで適合確認をしている。

当社製品は調理機器および調理器具であり、法規制の変更情報や留意点をサプライヤーに理解していただく取り組みを重点的に行っている。

当社は、中国とベトナムに生産拠点があり、生産材を現地で調達しているが、現地の慣習が日本と異なる点が多々あり、この対応も苦慮している。

海外生産拠点の現場リーダークラスの社員を、本社工場で生産実習をさせて、日本式遵法生産方式のOJTを行っている。

このように、生産網と販売網の急速なグローバル化に伴い、当社が遵法必須な法規制は年々増加している。そこで今後も変わらず世界中のお客様に安心・安全な適合製品をお届けできるよう、遵法管理システムのより一層の最適化を目的として、弊社独自の遵法管理システムの見直しを開始した。

RoHS(II)指令をはじめとする各国の環境規制や食品接触材基準の原文から要求を分解し、その対応を個々に具体化する。そしてより厳しい社内基準に落とし込むことでシステムの再評価・再構築を行っている。

(5)　ケムシェルパへの期待

現在は自社独自の様式で遵法確認を行っているため、各サプライヤーには手間を取らせているのが現状である。ケムシェルパにより、アジア諸国でも川上企業から川下企業の全てが、容易に正確な情報伝達が可能になることを期待する。

6.3 三木プーリ株式会社

企業名	三木プーリ株式会社
代表者名	三木 康治
URL	http://www.mikipulley.co.jp
事業内容	伝動機器の開発・製造・販売

(1) 会社紹介

当社は、伝動機器の開発・製造・販売をしている伝動機器メーカーである。当社では環境と調和する「ものづくり」に着目し、製品の開発・改良などにおいて「GREEN&QUALITY」を環境理念に掲げ、環境に配慮したものづくりに取り組んできた。

そして現在、環境保全に関連する世界各国の法規制への対応に取り組み、世界30カ国をカバーする販売ネットワークを構築し、グローバルに事業を展開している。

(2) 製品紹介

速度を変える（変速機・減速機）、位置を決める（電磁クラッチ・ブレーキ）、回転を伝える（カップリング・摩擦式締結具）、この３つをコンセプトとし、伝動・制御機器をトータルで提供させて頂いている。半導体製造装置から建設機械など幅広い業界で採用されている（図６．５）。

摩擦式締結具

電磁クラッチ・ブレーキ

カップリング

図６．５　製品群

(3) サプライヤーおよび顧客の特徴

当社は、サプライチェーンでは川中に位置している中小企業である。

主要サプライヤーの業界は、鉄鋼、樹脂、ゴム、表面処理（めっき、塗装etc）、電気電子などで、サプライヤーの規模は、中小小規模企業から大企業と幅広い。

主要顧客の業界は、電気電子、建機、船舶、工作機械、ロボットなどで、国内海外を合わせて約5,000社の顧客に製品を提供させて頂いている。

顧客からの化学物質の調査要求は、EU RoHS(II)指令やEU REACH規則をはじめ顧客の業界や輸出国により様々である。調査は、法規制、業界基準、顧客グリーン調達基準、独自様式で要求される。顧客グリーン調達基準は、様々な法規制が盛り込まれている。法規制より厳しい管理基準、法規制と異なる管理基準が設けてある場合もある。同一化学物質でも顧客ごとに管理閾値や管理対象は異なっている。法規制外の業界規制物質の調査要求もあり、幅広く複雑である（図６．６）。

(4) 遵法情報（特定化学物質情報）の入手の手段

当社は部品調達時、自社様式（グリーン調達基準）で調査をしている。そのほかにも顧客からの化学物質調査要求により追加調査をしている。

顧客の要求内容（グリーン調達基準）を確認し、自社グリーン調達基準で管

顧客

・電気電子業界
・自動車業界
・建機業界
・船舶業界
・工作機械業界
・食品機械業界
・ロボット業界
・医療機器業界
etc

調査要求内容

化学物質法規制

・EU RoHS 指令	・中国 RoHS	・紛争鉱物開示規制
・EU REACH 規則	・化審法	・包装材規制（EU、US）
・EU WEEE 指令	・安衛法	・カナダ環境保護法
・EU CLP 規則	・毒劇法	・ドイツ化学品禁止規則
・POP's 条約	・オゾン層保護法	・シップリサイクル条約 etc

その他の化学物質調査

・IEC62474・GADSL・赤リン・シロキサン・銅イオン・レアメタル etc

図６．６　顧客の業界と調査要求内容

理していない化学物質がある場合は、自社製品に含有する可能性があるか判断する。含有する可能性がある場合は①～⑤の最適な書式で追加調査をしている。顧客にJAMP AISやJAMAシートで報告が必要な場合は、部品表構成や材料情報など詳細情報が必要なため、サプライヤーに①または②を要求している。

化学物質の含有有無のみの情報が必要な場合は、自社様式で調査をしている。法規制外の業界規制物質の調査も、調査理由や禁止用途などの説明が必要なため自社様式で調査をしている。

① JAMP AIS／MSDSplus
② JAMAシート
③ 材料宣言書（MD）、供給者適合宣言（SDoC）
④ メーカーHPからダウンロード
⑤ 自社様式（グリーン調達基準／その他）

(5)　遵法情報（特定化学物質情報）の提供の手段

当社は顧客要求の報告形態で情報提供をしている（図6．7）。報告形態は①～⑥で、約7割が独自様式である。独自様式は顧客ごとに独自の入力ルールがある。独自ウェブの場合、入力前の事前準備としてPCの動作環境を満たす準備やパスワード管理などが必要となっている。化学物質の情報提供と同時に、不使用保証書、化学物質の管理体制、サプライヤー情報、アンケートなど提出が必要な書類は様々である。

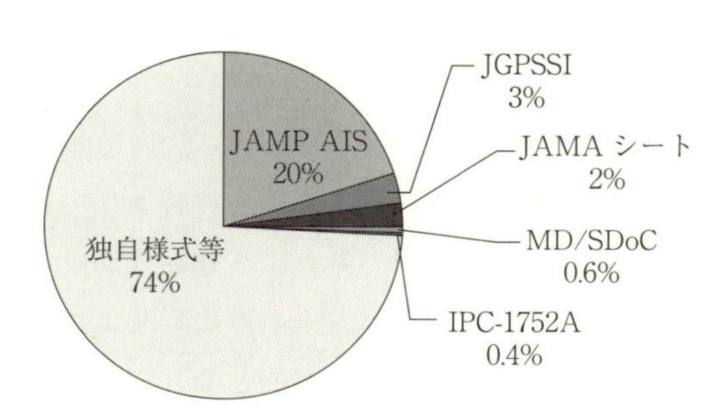

図6．7　顧客の情報伝達様式

(6) 遵法管理の取り組み

化学物質管理はISO9001およびISO14001に取り込み運用している。情報伝達が必要な化学物質については、“化学物質の調査基準”を設けている。

顧客要求に、初めての化学物質や法規制がある場合は、法規制の内容を確認し、自社の“化学物質の調査基準”に追加している。基準を設けた理由は、年々増加する化学物質の情報伝達を、担当者の経験値・知識レベルによらず同一基準で対応するためである。現在までに約1,300物質の情報伝達要求が来ており、今後も増加していくことが予想される。中小企業では、法規制／業界／顧客で規制される化学物質の情報伝達を数人で対応しなければならない。専門的な知識がないと対応できないため、専門家に相談できる環境が必要である。RoHS(II)指令、REACH規則などの法改正の対策としては、社外セミナーを受講し、法改正の動向を確認し、社内勉強会を行い情報共有をしている。

(7) ケムシェルパへの期待

JAMP/JGPSSIからケムシェルパへの移行時、成分情報／遵法判断情報の両方の情報入力が必要なケースでは、一時的に工数が増えることが予想される。また、現状ケムシェルパ-AIのIEC62474エリアでカバーできるのは、顧客要求の約2割である。今後ケムシェルパ-AIの遵法判断エリアが増え、約7割ある独自様式が削減され、情報伝達の負荷がサプライチェーン全体で軽減されることを期待する。

(8) その他

EU RoHS(II)指令、EU REACH規則は、当社顧客の中でも最も要求の多い法規制である。ケムシェルパ-AIの遵法判断エリアに上記法規制の追加を提案する（表6.1）。上記法規制の調査は共通様式がないため、独自様式で情報伝達がされている。ケムシェルパ-AIの遵法判断エリアに追加されることでケムシェルパでの責任ある情報伝達が可能となり幅広い業界に普及することを期待できるのではないかと思う。

表6．1　ケムシェルパ管理対象基準IDと法規制

管理対象基準ID	対象とする法規制および業界基準（並び順は制定年順）
LR04	EU RoHS指令 2011/65/EU ANNEX II
LR06	EU REACH規則（EC）No 1907/2006 Candidate List of SVHC for Authorisation（認可対象候補物質） および ANNEX XIV（認可対象物質）
LR07	EU REACH規則（EC）No 1907/2006 ANNEX XVII（制限対象物質）

みずほ情報総研ケムシェルパ報伝達スキーム概要説明資料からの抜粋

6.4 ニシハラ理工株式会社

企業名	ニシハラ理工株式会社
代表者名	西原　敬一
URL	http://www.nishihararikoh.co.jp/
事業内容	半導体・電子部品のめっき加工

(1) 会社紹介

当社は半導体の草創期からめっきメーカーとして開発に関わり、その発展とともに機能を支える技術をつくり上げてきた。時代の変化に対応して部品も著しく進化し、特性を活かす技術がめっきにも求められてきた。超小型化、高レベルでの生産性の向上、環境への配慮などを同時に実現するため、基礎技術の開発をはじめとして生産設備の設計・製作から生産管理システムに至るまで、めっきに関連する基盤を独自に構築してきた（図６．８）。

近年、車載、IT、エネルギー関連分野では金属から樹脂に展開が広がるなど、素材の多様化、軽量化に向けたアルミニウム材の活用等、目的や用途に合わせためっき技術の開発が急速に進んでいる。当社ではお客様の製造プロセスをサ

図６．８

ポートする技術とサービスを「Process Support Engineering」として製品の企画から開発、製造、組み立てに至るまで、高付加価値を実現できる提案をさせていただいている。

(2)　製品紹介

当社独自のめっき加工技術に基づく表面処理装置でめっき加工された材料は、あらゆる分野の電子部品に採用され成果を上げている。近年では新たなめっき加工技術として、業界では初となるアルミニウムのロール材に連続めっきをする技術を確立し、自動車業界をはじめとした世の中の軽量化のニーズに応えている（図6.9）。

また、規制物質の管理やめっき皮膜の長期信頼性の維持・向上を目的に、自社にて多くの解析・分析機器を保有し、めっき液の分析・めっき皮膜の特性の解析、改善を行っている。

図6.9

このような環境で製造された製品は、地球環境保全を目的とした、軽量化・ECO・資源の有効活用に、価値ある技術と安心・安全を提供し貢献している。

近年、最も採用が多く進んでいるのが車載部品への表面処理技術で、バスバー、センサー、スイッチ等様々な部品にめっき処理が求められている。当社は、それらに対し「難素材へのめっき処理」「高精度の部分めっき」「必要な箇所に必要な金属めっきを施す複合めっき」等をご提案し、用途に応じた最適な特性・品質を実現している。

また、技術革新には価格も重要な要素になる。当社はアルミニウムをはじめとした難素材のめっきに対しても、電気めっきで処理をすることにより、高効率化・低価格を実現している。

(3)　サプライヤーおよび顧客の特徴

・電子部品業界…提供製品：コンデンサー、コイル、スイッチ、コネクターへの表面処理品

（要求特性）はんだぬれ性、密着強度、耐ウィスカー性、経時変色防止、接触抵抗

・半導体業界…提供製品：IC関連、LEDへの表面処理品

（要求特性）ボンディング特性、輝度、耐硫化特性

・自動車業界…スイッチ、コネクター、バスバーへの表面処理品

（要求特性）接触抵抗、硬度、はんだぬれ性、密着強度等を含めた長期信頼特性

(4)　遵法情報（特定化学物質含有情報）の入手の手段

表面処理およびめっき加工業を主要業務としている関係上、遵守すべき法令は、毒物劇物取締法、PRTR法、労働安全衛生法、消防法、水質汚濁防止法など非常に多岐にわたっている。

それらの規制化学物質は月に1回の法令調査を実施し、新たな規制対象物質がないか？また確実に取り組みが遵守されているか？の確認を実施している。

変更があった際は　各工場に設置された安全衛生委員会で協議され周知・対応を決定している。

そのほかに社内で使用している化学物質に関しては、製造メーカーに対し１年に１回のSDSの提供・レビューを行い、内容成分の変更点や適用法令の変更の有無を確認し管理している。

(5)　遵法情報（特定化学物質含有情報）の提供の手段

お客様よりRoHS(II)指令制限物質の非含有をはじめ、毒物劇物取締法・PRTR法などの含有禁止物質や生産にて使用する禁止物質・制限物質・管理物質等を対象とした報告が求められている。その提供の方法は様々であるが、基本的には「ユーザー様の定型用紙に記載された薬品リストに該当する薬品をチェックし報告する」方法。また「社内の様式にて、取引製品の内容成分の開示・不使用証明書」などを提出している場合がほとんどである。

(6)　遵法管理の取り組み

遵守管理の取り組みにおいては、社内で使用している化学物資はISOの要求事項に基づき全物質が一覧化されており、また対象となる法規制がその様式の中で確認できる内容となっている。現在その様式は18版まで改版され、社内での使用物質も750物質が登録されている。その中で特に個別の取扱い方法・廃棄方法等が必要な35物質に関しては、「規制物質の取扱い基準」として、取扱い方法・廃棄方法・応急処置等を明確にし、より詳細な内容を従業員に周知させている。

新規購入品に対しは、メーカーからの不使用証明書・SDSの提供、さらに社内分析により結果の整合が取れた購入品に対して、生産工場での使用が許可される仕組みを構築している。また、製品および生産で日々使用しているめっき液・皮膜についても定期的に自社で分析を行い、規制物質が含まれていないことを確認している。

(7) ケムシェルパへの期待

現状、ケムシェルパの具体的な導入時期に関しては、社内で明確化されていない。ただし、化学物質の情報提供がユーザー様それぞれの対応となっている現状を考えると、川下ユーザーにケムシェルパが普及し、これに基づき対応ができると業務の効率化が図れることから早期の普及・導入に期待している。

(8) その他

当社は「信頼される技術と誠意」を理念に、「人」をつくり「技」を磨きながらお客様のニーズに役立つことを願っている。

6.5 有限会社　小柳塗工所

企業名	有限会社　小柳塗工所
代表者名	代表取締役　小柳拓央
URL	www.koya-x.com
事業内容	金属製品の工場内塗装

(1) 会社紹介

当社は、昭和34年の創業以来、東京都墨田区において金属製品の焼付塗装を専業としている企業である。特徴は、都内にあってコンパクトな生産ライン（溶剤塗装、カチオン電着塗装、前処理）を所有していることであり、顧客の要望に応じて塗装方法を多種多様に駆使していることである。

従業員は6名と小規模工場の部類に入るものの、社長自らが技術士（金属部門）と技能士一級（金属塗装）の資格を有しており、ものづくりに関する周辺技術に対して前向きな姿勢を持つ会社である。

(2) サプライヤーおよび顧客の特徴

① 主要サプライヤーの業種や要求内容など

サプライヤーは、塗装という業種柄、塗料と表面処理剤のメーカーである。

塗料に関して、取り扱うメーカーは10社程度であり、これらは3社の塗料販売店を通じて仕入れを行っている。表面処理剤メーカーは2社であり、直販により仕入れを行っている。

塗料メーカーに対して塗料を手配する際の要求は、以下の3通り存在する。

(i) 顧客から、特定の塗料メーカーの塗料を指定される場合（そのまま購入）。

この場合、顧客は既に他社での使用実績もあり、製品性能を把握している。

(ii) 顧客が色のみ指定、当社が用途に応じて樹脂タイプを選定し提案する場合。

(iii) 当社が使用実績のある塗料を当社標準塗料として顧客に提案する場合。

(i)に関しては、顧客自身が既に遵法情報・性能を把握しており、遵法の準拠や情報提供の要求は特にない。(ii)と(iii)に関しては、当社から塗料販売店にRoHS 規制など環境対策塗料を指定し、準拠したメーカーの塗料を採用、さらに実績を積んだものは、当社標準塗料としている。

②　主要顧客の業界、製品や要求内容など

顧客は、中小の部品メーカー・金属加工業者など約50件ある。

主な取扱い製品は、弱電部品、産業機器部品、筐体、建築金物、車両部品、照明器具、自動車部品、官公庁向け部品、雑貨など、多種多様に扱っている。その中で、主要顧客に筐体・ラック・パネルメーカーの T 社がある。

T 社の製品の特徴は、中間製品で種類とサイズが多種多様であることである。これらは、分析機器や通信機器、映像機器など、精密機器のメーカーの筐体に多く採用されている。T 社製品を組み込んだ製品のエンドユーザーは、国内外を問わず件数が多く、含有化学物質の管理に関しても、問い合わせが多い。

T 社の要求品質は、材料となる塗料に対して RoHS、REACH 規制に準拠した塗料を指定している。その上で、塗装に対して主に屋内で使用する相応の防錆性能、および手に取るものであるため、外観品質に力を入れている（図６.10）。

図６.10　T 社が扱う筐体製品

⑶ 遵法情報（特定化学物質含有情報）の入手の手段

顧客から遵法情報の依頼があった際、必要に応じ塗料販売店を通じて塗料メーカーに要求された内容で調査を依頼している。これまで取り扱った遵法情報と入手・提供手段を表6．2に示す。

なお、表中の「エクセルシートにデータ入力」は、顧客からメールで添付されてきたエクセルシートに、調査の化学物質の一覧が記載されており、調査結果をデータ入力して返信するものである。ただし、当社から塗料メーカーに調査依頼するに当たり「費用がかからない方法で」と文言を付け加えている。

これは、実際の塗料を“分析”すると、別途分析費用が発生するからである。

顧客も高額な費用負担をしてまで調査を望んでいない。そのため、塗料メーカーも、上市する際のメーカー標準品の塗料における化学物質含有調査結果を基に調査・算出している。

さらに、塗料メーカーの回答には「記載以外の特定の化学物質は、“意図的に混入させていない”」旨の文言を入れてもらい、遵法情報と合わせて書面回答してもらっている。これは、エンドユーザーに対するリスク管理の一環である。

表6．2 取り扱った遵法情報と入手・提供手段

No	遵法情報	入手・提供手段	備考
1	SDS	紙媒体・メール添付	以前は郵送で入手
2	MSDSplus	メール添付	
3	REACH、SVHC 情報	エクセルシートにデータ入力、メール添付	
4	CMRT	エクセルシートにデータ入力、メール添付	
5	某自動車メーカー向け要申告物質	エクセルシートにデータ入力、メール添付	IMDS を含む
6	RoHS 規制に対応証明	メール添付	
7	ナフタレン含有証明書	メール添付	

(4)　遵法情報（特定化学物質含有情報）の提供の手段

顧客が要求した内容および方式で、塗料メーカーに依頼し、塗料メーカーの報告結果の回答を基にメールにて返信している。遵法情報の入手・提供の経路を図6.11に示す。

(5)　遵法管理の取り組み

当社の遵法管理体制として、従業員人数も少ないため、実情は社長自らが対応している。また、遵法管理を容易にするため、使用塗料は固定化している。

情報の入手経路は、次のものが挙げられる。

①　所属の業界団体、（東京工業塗装協同組合）および関連団体からの情報
②　行政からの通知（労働基準局から有機溶剤、環境局から VOC 対応など）
③　塗装に関係する図書・新聞
④　顧客

また、大手の塗料メーカーが先行して遵法情報への対応を把握していることが多い。そのため、顧客からの問い合わせで不明なものは、取り扱う塗料メーカーに直接問い合わせて解決してしまうケースも多い。

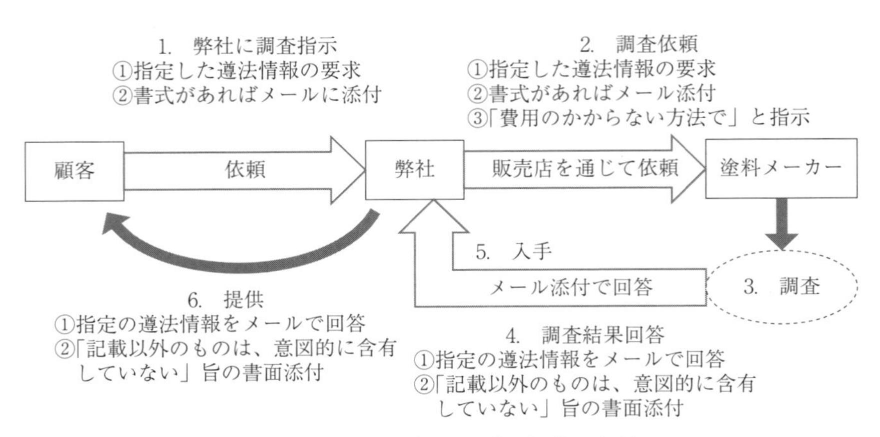

図6.11　遵法情報の入手・提供の経路

(6) ケムシェルパへの期待

総務省統計（2008年）で全国の金属塗装の会社（1,863社）規模は、20人以下の小規模企業が大半である。そのうち工業塗装の業界団体に属するのは、全国で1割強程度の200社程度である。

工業塗装協同組合では、広報誌で遵法情報を提供しているものの、業界団体に属さない企業は、どのように情報を入手し、どの程度の知見で対応しているのか普段から疑問を感じている（個人的には、遅れていると感じている）。

工業塗装業界でのケムシェルパの普及課題は、いかにわかりやすく、扱いやすいシステムにするか、と同時に導入するメリットを実感できるものとすることにあると考える。

問題点は、①欧州と国内の遵法、法令遵守で実際に対応に差異があること、②特定化学物質の項目・名称が、あまりに細かく難しく、“塗装”という塗る技能を生業としている人達には、なかなか理解できない、の2点が挙げられる。

現状、塗装組合の同業者と情報交換していても、塗装業者は顧客からの遵法情報の問い合わせに対して、塗料メーカーにほぼ丸投げである。

ケムシェルパへの期待は、わかりやすく扱いやすいシステムであること、もしくは含有化学物質の中身を理解せずとも、日々の業務で自然と対応できるような仕組みとなることである。

提案として、扱う塗料のラベルにQRコード等を掲載して、SDS程度であれば容易に扱う含有化学物質の情報を入手できる仕組みを構築していただきたい。少なくとも、塗料メーカーの標準品（シンナー、原色塗料）は現行の技術で対応可能である。情報管理の課題はあるものの、問い合わせの煩わしさも減少するものと考える。

6.6 ペルノックス株式会社

企業名	ペルノックス株式会社
代表者名	水家 次朗
URL	http://www.pelnox.co.jp/
事業内容	エポキシ、シリコーンおよびポリウレタン等の配合品並びに導電性材料の開発、製造および販売

(1) 会社紹介

当社は、1970年の設立以来、樹脂のフォーミュレーター（配合メーカー）としてその技術を培い、各種樹脂などに様々な機能を付加した製品の開発、製造、販売を行っている。当社製品は、電気・電子部品、自動車用部品をはじめとした多岐にわたる分野での販売実績があり、また導電性材料など先進的な分野での応用展開も図っている。販売先は日本国内のみならず、欧州、中国、東南アジアなどグローバル展開を積極的に行っている。

(2) 製品紹介

当社は、エポキシ樹脂、シリコーン樹脂、ポリウレタン樹脂などをベースとし、顧客ニーズにきめ細かく対応した少量多品種の配合品をラインナップしている。当社は、これらの配合された樹脂や塗料、ペーストを製品として顧客に

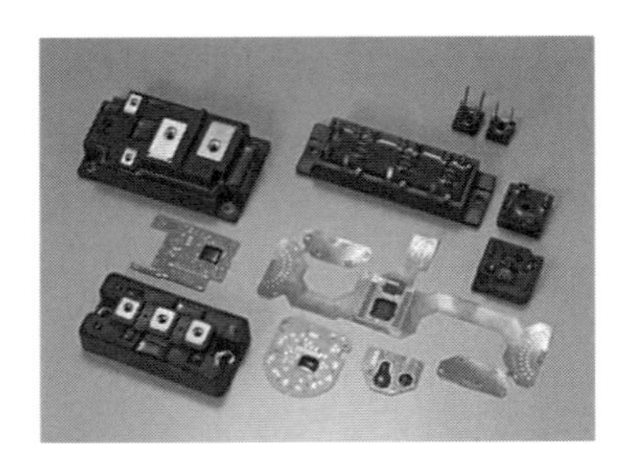

図6.12　電子部品用封止樹脂

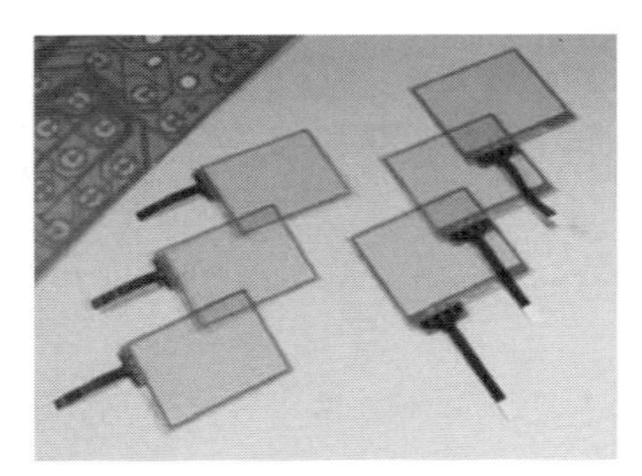

図6.13　導電ペースト

供給し、顧客はそれを部材の一部として使用し、部品をつくり上げている（図6.12および図6.13）。

(3)　サプライヤーおよび顧客の特徴

主要顧客は国内外の電気・電子部品メーカーで、当社製品はコンデンサー、バリスター、抵抗器などの電子部品や、LED素子、センサー、タッチパネルなどに使用されている。これらの部品は家電製品、車載部品、スマートフォン、タブレットなどに組み込まれるため、高特性、高品質はいうまでもなく、ほとんどの顧客から化学物質含有状況やその管理体制を問われ、とりわけRoHSやREACHなど最終製品に関わる遵守要求が多い状況である。

一方、主要サプライヤーは国内大手化学メーカーで、基礎化学品、ポリマーおよび各種機能発揮のための添加剤など多岐にわたる性質の原料を購入している。

全てのサプライヤーに対して、SDSの要求と化学物質含有状況の確認を行い、例えばポリマーでは、モノマー等の残留や合成時に発生する副生成物等の含有に注意している。また、有機化学品だけでなく多くの種類の無機化学品も購入していることから、天然物などに含まれる不純物に関する情報提供を要求し、得られた情報を管理している。

(4)　遵法情報（特定化学物質含有情報）の入手の手段

化学物質関連の法遵守に当たって、国内法令では化審法、労働安全衛生法、毒物劇物取締法、化学物質排出把握管理促進法（化管法）など、貿易関連法令では船舶安全法、航空法、輸出貿易管理令など、海外法令では各国RoHS、EU REACH、中国 危険化学品安全管理条例、韓国 化学物質登録および評価等に関する法律（化評法）、台湾 毒性化学物質管理法などを対象とした管理を行っている。

各種法令に関する情報の入手は、主にインターネットによる公式な情報、業界団体が発信する情報等をよりどころとし、主要顧客からの要求を考慮した管理対象物質による自社調達基準を設けている。また、馴染みのない調査要求があった場合は、どのような背景や状況であるか確認することにより新たな情報を得ている。

⑸　遵法情報（特定化学物質含有情報）の提供の手段

化学物質関連の当社遵法対応は主に３通りある。

１つは、末端顧客からサプライチェーンを遡ってくる RoHS、REACH 等への遵法情報提供である。あらかじめサプライヤーから化学物質含有情報を入手し、顧客からの個別要求に都度文書で回答している。顧客要求のフォーマットは、個社様式が約８割、JAMP 等の業界様式が約２割となっている。

２つ目は、当社に直接義務が発生する日本国内法への遵法である。これには労働安全衛生法や毒物劇物取締法などが該当し、ラベルや SDS により有害物質の含有情報、危険性や有害性情報を情報伝達している。

３つ目は、当社が直接輸出している製品に対する海外法令遵法である。これには主に新規／既存化学物質の登録等が関係する。輸出しようとする製品中の物質に対して、相手国での登録状況を確認し、問題があれば輸出前に登録等を行いその問題を解決している。また、中国、韓国、台湾は輸出頻度が多いため、主要な法令内容を把握し、トラブルを回避するよう現地輸入者等とコミュニケーションを図っている。

⑹　遵法管理の取り組み

継続した法遵守対応を実現させるために、ISO9001および ISO14001の仕組みの中に化学物質管理を取り入れている。具体的には、設計・開発および工程管理は ISO9001による管理とし、原料情報、顧客対応および法遵守チェックは ISO14001による管理としている。さらに、製品および原料中の含有物質情報は不純物も含め「ExESS（エクセス）」という化学物質管理システムにて行い、顧客からの調査要求時に迅速かつ正確に調査、回答できる体制としている。

社内では、各部門向けに定期的に勉強会や連絡会などを実施し、関連法令や化学物質管理に関する最新情報を社内展開するとともに、その理解度を深める活動を行っている。社外では、他社化学物質管理者やコンサルティングへの相談などを積極的に行い、情報収集や情報交換をすることにより問題解決を図っている。

(7)　ケムシェルパへの期待

これまで、グリーン調達調査共通化協議会のJGPSSI、アーティクルマネジメント推進協議会のJAMPなどにより、製品中の含有化学物質の情報伝達システムが進歩してきた。しかし、やや専門的な知識を要するツールであるため、中小企業が十分理解できない、中国語対応など海外展開を図ったものの浸透したとは言えない、などの反省点があったものと考える。

一方、ケムシェルパは、国際規格IEC62474を取り入れたことにより国際的な対応がよりスムーズになる仕組みとし、さらに画面を見やすくするなどの工夫がなされ、国内外での普及に発展する要素を持っている。川上から川下まで100社以上の企業がケムシェルパに賛同している状況であり、当社でもケムシェルパを積極的に採用する予定としているが、運用に際しての希望が２点ある。

１つは海外での普及、とりわけアジア圏での普及である。グローバル社会の中で、海外での普及なくして発展的、継続的な利用は見込めないと考えるからである。

もう１つは、個社独自基準／書式による調査を減少させることである。ケムシェルパを採用したものの、個社独自基準／書式による調査が並行して行われれば、手間が増えむしろマイナス要因となる。この点は非常に重要と考えるため、運営関係者には最大限配慮していただきたいところである。

(8)　最後に

十数年前まで、化学物質管理と言えば、毒物や劇物の管理、SDS/ラベル作成等にとどまっており、それ以外に関してはそれほど専門的な知識を要することはなかった。また、含有化学物質に関して、顧客から干渉されるケースは少なく、成形品中に含まれる化学物質含有状況の調査は皆無であった。しかし、RoHS 施行後は、化学物質管理を取り巻く状況は一変し、成形品メーカーなどの川下企業を含む多くの企業がその管理や対応に過大な負荷を強いられている。

この状況は程度の差こそあれ今後も継続すると考えられるが、各企業での負荷を軽減させるためには、製品含有化学物質の情報伝達に関する基準と書式の統一化が必至である。ケムシェルパにはその“任務”を果たしていただき、業界全体が秩序に基づいた情報伝達を行い、それが継続的に運用されることを願っている。

第7章

マネジメントシステムの統合

7.1 製品含有化学物質管理のマネジメントシステム化

7.1.1 マネジメントシステム化とその統合について

EU で生まれた RoHS(II)指令や REACH 規則は、中国、台湾、タイ、ベトナムなどのアジアや UAE、トルコなどの EU 周辺国のひな型法的に波及している。これらは企業のリスクマネジメントに関わるものであり、製造などの一部門が取り組めばいいものではない。管理部門も含め全社一丸となって取り組む必要がある。

製品含有化学物質管理のマネジメントシステムを構築することで、多くの顧客から受ける RoHS(II)指令や REACH 規則などの要求に仕組みとして対応することができるので、信頼される対応となり、同時に負担軽減ができる。

製品含有化学物質管理マネジメントシステムを構築する指針として JIS Z 7201-2012（製品含有化学物質管理 - 原則及び指針）がある。

JIS Z 7201は、解説によれば「製品含有化学物質管理に関する指針を規格で示し、具体的な要求事項は、各産業団体等で制定し運用する（要約記述)」としている。これを受けて、全国中小企業団体中央会が「中小企業のための製品含有化学物質管理実践マニュアル（入門編)」を作成して公開している。

JIS Z 7201では、4 項（製品含有化学物質管理に関する指針）で、製品含有化学物質管理に関連する実施項目が記載されている。この 4 項と ISO9001（2008）および ISO14001（2004）の関連が附属書 A に整理されている。

JIS Z 7201の 4 項、附属書 A と「中小企業のための製品含有化学物質管理実践マニュアル」を参考にして、自社の ISO9001品質マネジメントシステム（MS）や既存の管理規定、QC 工程表などに JIS Z 7201が求める製品含有化学物質管理の手順を組み込むことが望まれる。

ISO9001と聞くと、文書をたくさんつくって、重たいシステムになるイメージがあるかもしれない。しかし、最新版の ISO9001：2015では、「MS の適用範囲」「品質方針」「品質目標」などの文書化を求められている項目のほかは、

「手順書」などについては必ず文書を作成しなければならないという要求事項は無くなり、企業の有り様に見合った分量の文書体系でよいということになった。小規模事業でも、規模に見合ったMSの構築が可能である。

自社のMSを構築する際には、企業が顧客からの要求や法律面の要求を整理し、ISO9001やJIS Z 7201の内容をよく理解することである。企業の有り様に見合った、PDCAを回しやすいシステムとすることである。

7.1.2　JIS Z 7201

(1)　JIS Z 7201とは

JIS Z 7201は、製品含有化学物質管理に取り組むための原則と指針が示されている。指針に従ってシステムをつくれば、製品含有化学物質管理のMSが構築されるという内容になっている。しかし、あくまでも対象を製品含有化学物質管理に絞っている。

①　規格化の経緯

各事業者が自社製品の製品含有化学物質を管理するには、扱う製品や業態、仕向先に違いがあり、必要な対応が異なる。しかし、各社各様の方法で取り組んでいては、管理方針や管理レベルがまちまちになる。サプライチェーン全体で有効となる製品含有化学物質の共通的な管理体系を規格化することで、管理の普及・効率化が求められようになった。

JIS Z 7201の解説の中で、「我が国においては、アジア諸国との結び付きが強いため、アジア圏内で共通の考え方や情報伝達のルールが共有されることは必須である」としている。

②　期待される効果

・アジアを中心に国際的に広がるサプライチェーンにおける管理の普及にもプラスである。

・様々な分野の事業者に活用され共通の認識となることで、管理の知見やノウハウが蓄積され、管理のポイントなどの共通化が図れる。

・自社の事業や製品と化学物質との関わりを把握することが前提であり、化学物質のライフサイクル管理の基礎となり得る。

③　JIS Z 7201の構成

JIS Z 7201の構成は、次のとおりである。

１．適用範囲

２．用語および定義

３．製品含有化学物質管理の原則

４．製品含有化学物質管理の指針

構成は、ISO9001に似ている。「１．適用範囲」から「３．製品含有化学物質管理の原則」までが前段で、「４．製品含有化学物質管理の指針」がメインの要求事項である。「４．製品含有化学物質管理の指針」に従ってシステムを構築すれば、製品含有化学物質管理のMSが構築でき、RoHS(II)指令やREACH規制の要求に対応していくことができる。

(2)　JIS Z 7201の原則と指針

JIS Z 7201の指針（要求事項）を「中小企業のための製品含有化学物質管理実践マニュアル（入門編）」の解説を参考にして具体化する。

「１．適用範囲」では次のことが示されている。

・この規格が適用される範囲

①製品含有化学物質管理に取り組む全ての組織（規模、種類、成熟度を問わない）に適用される。

②サプライチェーン全体で共有されるべき、設計・開発、購買、製造、引渡しの各段階に適用される。

・この規格は審査登録を意図していない。

この規格には、組織が、製品含有化学物質管理のMSを構築しやすくすることを目的としている。

「２．用語および定義」では、製品含有化学物質管理にとって重要な、18の用語が定義されている。

「3．製品含有化学物質管理の原則」では、組織が製品含有化学物質管理を行う際に理解するべき7つの原則が記載されている。この内、「3．6製品含有化学物質に関するマネジメントシステムの評価」については、企業がJIS Z 7201を規定要求事項として適合性評価や適合宣言をする場合を想定して原則に加えられた。各産業が構成する団体は、製品含有化学物質管理を実施する組織が適合性評価および宣言を行うことができるよう、製品含有化学物質に関するMSの要求事項を文書としてとりまとめができるとしている。

これを受けて、アーティクルマネジメント推進協議会（JAMP）が、製品含有化学物質管理MSを構築していることを自己宣言する際のガイドラインとして「製品含有化学物質管理ガイドライン（第3．0版）」を制定している。

「4．製品含有化学物質管理の指針」は、組織が製品含有化学物質管理を実行する際の指針、いわゆる「要求事項」と称される部分である。以下にポイントを示す。なお、箇条書きにしている内容にはIEC/TR62476:2010「電気電子機器における物質の使用制限に対する製品の評価のためのガイダンス（仮訳）」から引用している部分がある。

「4.3.1製品含有化学物質管理基準の明確化」には、法規制や業界基準に基づいて、製品に含有させてはいけない化学物質、および含有を把握しなければならない化学物質を明確にして製品含有化学物質管理基準を定める。この管理基準は、製品含有化学物質ごとに管理する項目・内容を明確にするため、最も重要なステップである。

特に注意すべきことは、製品含有化学物質に関する法律は頻繁に改正されるので、常に最新の情報を収集し反映しなければならないことである。

「4.4.2設計・開発における製品含有化学物質管理」では、設計・開発段階で、購買、製造、引渡しの各段階における製品含有化学物質に関わる管理基準を明確にし、文書化することを要求している。

具体的な取り組みを、次に挙げる。

・自社製品が製品含有化学物質の管理基準を満たせるように、調達条件、受入確認の方法、製造工程・製造条件、出荷時の確認方法などを検討する。

・製造条件には、誤使用・混入汚染防止および反応工程の適切な管理を含む。
・検討結果を仕様書、図面、製造指示書、基準書等として具体的に文書化し、社内に伝達する。

なお、製品含有化学物質管理のために、特に設計・開発段階で製造工程に関する化学的な知見が必要になる場合がある。サプライヤーや顧客と情報をやりとりしながら具体的な製造条件などを確認していく必要がある。

「4.4.3購買における製品含有化学物質管理」での要求事項は、次のとおりである。

・サプライヤーに購買管理基準を提示し、製品含有化学物質情報を入手する。
・サプライヤー選定の際、製品含有化学物質の管理状況を確認し、記録する。取引を継続する場合も、必要に応じ管理状況を再確認し、記録する。
・受入時に、購買製品が購買管理基準を満たしているか確認し、記録する。

製品含有化学物質情報を入手するに当たり、川中企業にとっては、調達先の川上企業は大企業が多く、情報が得にくいという難点がある。個々の川中企業が個別に情報収集しても限界がある場合がある。その場合は管理基準を満たさない可能性があり、製品の出荷ができなくなる恐れがある。コンプライアンスの面から法規の遵守は当然のことであるが、さらに自分たちで決めた管理基準に達成したもの以外は出荷しないのが原則である。

サプライヤーから入手することを検討すべき文書の種類は、RoHS指令の整合規格のEN50581が求める次のサプライヤーからの文書などでよい。

・製品、部品、半組立品中での指定規制物質の含有量に関するサプライヤーからの適合宣言書または適合証明書
・材料宣言データシート（特定の物質の含有についての情報を提供する）
・分析試験結果
・材料、部品または半組立品の規制物質の含有量を指定する署名された契約書
・サプライヤー監査および／または評価報告書

「4.4.4製造工程における製品含有化学物質管理」での要求事項は、次のとお

りである。

・製造工程における製品含有化学物質に関わる管理基準に基づいて、製造工程を管理し、結果を記録する。

・管理基準で対象とした化学物質の誤使用・混入汚染防止策を実施する。

実際の製造工程の管理に当たり、従来からの製造工程の管理システムに、製品含有化学物質管理の観点も加え、管理基準を満たす製品を製造する。

「4.4.8顧客との情報交換」での要求項目は、

a）顧客が遵守する必要がある法規制および業界標準

b）製品含有化学物質情報

c）製品含有化学物質管理に関する情報

などであり、顧客との情報交換を図る効果的な方法を明確にし、実施し、記録することである。

製品含有化学物質情報に変化がある場合には、事前にその情報を顧客に提供する必要がある。しかし、顧客から要求される情報提供の様式は様々であり川中企業にとっては負担になっている。共通化された書式やツールが存在すると負担の低減が可能となる。

「4.4.9変更管理」に関しては、4M（Man, Machine, Material, Method）等の変更は、変更後も自社製品が引き続き製品含有化学物質の管理基準を満たせることをあらかじめ確認してから行う。管理基準を満たすまで出荷することができない。

物質の使用制限に関し、規制物質の使用に影響を与える可能性がある次のような変更が発生する場合には、生産者はあらかじめ決められた変更管理の手順に従い製品を再評価し、その記録を残す必要がある。顧客には事前に変更情報を伝達することが望ましい。

・供給者の変更

・材料、部品、半組立品等購買品の変更

・製造・組立作業の変更

(3) ケムシェルパの有効活用

川中企業にとっては、調達先の川上企業の情報が得にくいという難点や、顧客から要求される様式が様々であり負担になっている点がある。これらの問題点を改善すると期待されているのがケムシェルパである。ケムシェルパという共通な枠組みでサプライチェーン全体が統一されれば、川中企業にとっては川上企業からのデータを得やすくなり、川下企業からの情報提供依頼にも対応しやすくなるというメリットがある。

7.1.3 ISO9001：2015

(1) ISO9001の概要

ISO9001は、個々の製品に対する取り組みよりも、工程の安定を最優先の取り組みとしている。ISO9001には、安定した工程からは、製品仕様が安定した製品が生産され、顧客はその安定した製品を使用して顧客満足を継続する、という考えが根本にある。工程の安定が損なわれた場合は、不適合品の発生確率が高くなり、顧客でのクレーム発生の可能性が高まる。ISO9001では、工程の安定が損なわれたら不適合状態と判断し、速やかな是正処置が取られる。ISO9001は、日本の得意とする「品質は工程でつくり込む」を実現させるMSであると言える。図７．１に品質MSのイメージを示す。

製品含有化学物質管理について考えた場合、化学物質は製品に含まれ、製品の仕様の一部と考えることができる。例えば、ある化学物質の製品含有濃度が1,000 ppm以下を要求されているところ100,000 ppmの製品を顧客に引き渡した場合、仕様が満たされていないために顧客満足を損なうことになる。製品含有化学物質の濃度は、一般的に全数検査することは困難である。製品含有化学物質管理をISO9001に統合させ、ISO9001の中で「品質のつくり込み」を行っていけば、そのまま製品含有化学物質管理が実行でき、効果が出て実効が上がる。

JIS Z 7201はISO9001と整合した製品含有化学物質の管理項目を示しており、

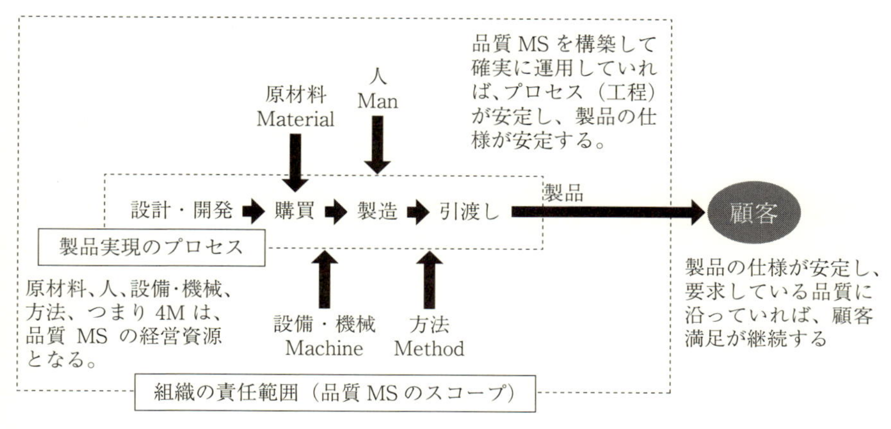

図7.1　品質 MS のイメージ

ISO9001に組み込んで、その MS の中で製品含有化学物質管理を実行していくことを想定している。ISO9001で構築した品質 MS に JIS Z 7201の要求事項を組み込んでいけば、別に新しい MS を構築する必要が無く、従来の ISO9001の MS の中で製品含有化学物質管理ができることになる。具体的には、JIS Z 7201の各条項に対応する ISO9001の条項があるので、そこを組み込み先とすればよい。これが最も推奨される MS である。

(2)　ISO9001の2015年版（ISO9001：2015）

2015年９月23日に ISO9001　2015年版が発行された。旧版から ISO9001の意義は引き継がれている。要求事項の項番が大きく変更されたが、個々の要求事項が求めるものはほぼ同様であると考えてよい。2015年版に移行すると言って、システムを大きく変える必要はない。

変更点で、着目するべき点は、「リスクおよび機会への取組み」という要求事項が新たに加わり、リスクの概念が明確に導入されたことである。企業のリスクを明確にして、優先順位づけを行い、それに対する確実な対応が求められるようになった。製品含有化学物質もリスクの一要因と考え、同じシステムの中で管理することが合理的である。７．１．１の「マネジメントシステム化とその統合について」でも述べたように、ISO9001：2015はどのような規模の企業でも、規模に見合ったMSの構築が可能である。ケムシェルパは手順が明確でありMSに馴染みやすく、ISO9001を導入している場合であれば一層有効なツールとなる。

なお、JIS Z 7201も2017年３月時点で改定作業が進められている。ISO9001の2015年版との調和がなされていると思われる。

7.2 EUにおける製品含有化学物質管理マネジメントシステム化の動向

7.2.1 CAS (Compliance Assurance System)

(1) CASとは

CAS (Compliance Assurance System = コンプライアンス保証システム) は、RoHS Enforcement Guidance Document (Version 1 - issued May 2006) で構築が求められているシステムである。製品がRoHS(II)指令の対象である場合、製造者はRoHS(II)指令に適合することを保証するシステムを構築しなければならないが、そのシステムをCASという。CASの要求事項は次のようになる。

① 企業内とサプライヤーの両方がRoHS(II)指令に対して適合であることを保証するシステムであること

② 組織の品質マネジメントシステムと統合されていること

③ 実施事項を示した技術文書類がそろっていること

要点はCASを独自のシステムとして構築をするのではなく、既存の品質マネジメントシステムに統合して、サプライヤーの管理を含めて日常的に遂行していくことである。

(2) CASによるサプライヤー評価

日常的に行っているサプライヤー評価システムを利用することになるが、RoHS(II)指令の特定有害化学物質の非含有やREACH規則のCL物質含有情報の提供要求などを組み込む必要がある。

手順としては、取引開始に当たり、取引契約書、図面や要求仕様書に特定有害化学物質の非含有の要求（用途の除外を明記）を明確にする。

次に取引開始時およびその後の評価ではISO9001で構築されているサプライヤー評価手順に、調達する部品や材料の特定有害化学物質の含有の可能性評価とサプライヤーのCASの評価を組み込む。

例えば、評価をランクづけなどで行う場合には、そのランクの基準をほかのQCD評価項目に準じて決める。サプライヤーのCAS評価は、ISO9001の第二者監査に相当するが、調達する部品や材料に関連する事項を中心にする。

(3) RoHS(II)指令の適合性評価におけるCAS

RoHS(II)指令の適合性を評価する際の手順として、RoHS Enforcement Guidance Documentにフローチャートが示されている。適合性を評価する機関は、RoHS(II)指令に適合したシステムの有効性を判断するためにCASのシステムを示す文書の提出を求める。

RoHS(II)指令の適合性評価の手順を示すフローチャートの一部を図7．2に示す。

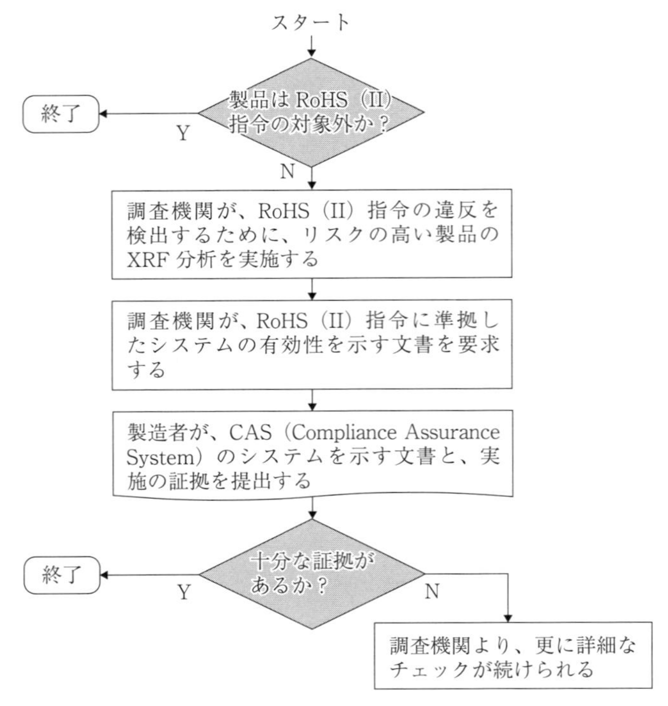

図7．2　RoHS(II)指令適合性評価のフローチャート

7.2.2 デューディリジェンス（Due Diligence）

(1) デューディリジェンスとは

デューディリジェンスとは「ある行為者の行為結果責任をその行為者が法的に負うべきか負うべきでないかを決定する際に、その行為者がその行為に先んじて払ってしかるべき正当な注意義務および努力のこと」〔引用：ウィキペディア「デューディリジェンス」、2017年1月10日〕である。

EUでの遵法活動と遵法証明は、デューディリジェンス（Due diligence）の考え方が浸透している。デューディリジェンスを主張するためのガイド“Due diligence defense guidance notes”があり、その中では下記の2項が示されている。

① 相当な注意を払ってあらゆる適正措置を取る。

② 当然実施すべき活動を遂行する。

リスク管理に関する事柄について、デューディリジェンスを主張できる内容になっていることが必要となる。イギリス当局のRoHSガイダンス（Guidance to RoHS Directive 2011/65/EU　National Measurement and Regulation Office）では、サプライヤーと材料・部品の信頼性などのデューディリジェンスの主張するべき事項を例示している。

(2) 製品含有化学物質管理のデューディリジェンス

デューディリジェンスを実証するために、製造者は、生産管理と資材供給をチェックするための一連の適切で効果的なプロセスを導入し、それらのチェックが確実に実施されていることを示せなければならない。システムを構築しても実行されていない場合は、適切なデューディリジェンスが実施できていないことになる。

システムは、コンプライアンスに影響を与える可能性のある全ての活動を考慮する必要がある。例えば：

① サプライヤーの信頼性と原材料と部品の選択

② 監視下においている製品の管理方法
③ 生産工程の汚染されやすさの確認
④ プロセスをサポートするために収集する証拠と文書
⑤ 保管庫の管理（原材料／完成品の管理しやすいもの、管理しにくいものを含めて）
⑥ スタッフのトレーニングと経験

などである。

デューディリジェンスは難しい、つかみどころのない感じであるが、その基本は「お客様満足」のために何をするかということであり、多くの企業は現状の取り組みで説明できるものである。ただし、心しなければならないのが、「有言実行」であり、取り組みを事前に宣言し、その言葉どおりに実行している記録を示せなければならないことである。これらをマネジメントシステムの中で取り組むことで、実行につなげることができ、遵法活動を行っているという遵法証明が得られやすくなる。

ここで、マネジメントシステムとして最もふさわしいものはISO9001である。国際的に最も認められ普及しているマネジメントシステムである。システムの中に、内部監査やマネジメントレビューという動機づけとなる仕掛けが組み込まれている。また、第三者監査を意図している。これらにより、ISO9001は高いモチベーションでPDCAが継続的に回る仕組みとなっており、ISO9001の着実な実行が、デューディリジェンスにつながる。

さらに、第7章1節で述べたように、RoHS(II)指令やREACH規則に対応するための製品含有化学物質管理のマネジメントシステムであるJIS Z 7201をISO9001に統合させたシステムが奨められる。そのシステムに、REACH規則やCEマーキングの必要項目を盛り込んでいくことで、製品含有化学物質管理の主要な法規則を取り込んだシステムとなる。このシステムを継続的に回すことで遵法活動をしているという遵法証明が得られ、EUのデューディリジェンスの考え方に沿った形となる。

7.3 中国：RoHS(II)管理規則に要求される管理能力

EU RoHS(Ⅱ)指令は、決定768/2008/ECの附属書Ⅱのモジュール A の内部生産管理手順により、技術文書を作成し、適合性の確認を求めている。

同様に、中国RoHS(II)管理規則においても、化学物質管理システムの構築・実行の際に必要となる管理能力レベルの要求である「自発的認証制度」と管理体系の規範となる「電子電気製品における使用制限物質の管理体系　要求事項」(GB/T31274) がある。

7.3.1 自発的認証制度

実施規則では、製造者に対して、社内で構築すべき製品含有化学物質管理体制（マネジメントシステム）の具体的な要求として、自発的認証方式のタイプや認証の基本手順、基本要求および認証証書に関することを定めている。その中で製造者の品質保証能力に関する検査は、「生産者汚染制御管理要求」（附属書Ⅱ）に基づくとされているので、附属書Ⅱの具体的な要求事項を整理する。

(1) 認証方式

本規則の認証方式は４種類あり、タイプ１からタイプ４の４方式に区分される。

・タイプ１：型式試験

・タイプ２：附属書Ⅰに収載された部品類

・タイプ３：完成品および組立製品（複雑製品）

・タイプ４：全ての製品

タイプ１からタイプ３は、申請すると書類審査があり、その後サンプル試験が実施される。タイプ４は書類審査、サンプル試験後に初回工場審査がある。

タイプ１からタイプ３の書類審査の内容は、第4.2項（書類審査）の３に以下のように示されている。

初回工場審査の無い認証モデルは、認証委託人が提供する製造者汚染制御管理システムに関する管理書類の内容および各種システム認証証書（ある場合のみ）を確認することにより、製造者汚染制御管理システムが認証条件を満たすかどうかを確認する。このことは、ISO9001の品質マニュアルと認証書（第三者認証を得ていれば）が要求されていることを意味する。

(2)　初回工場審査（タイプ４のみ適用）

タイプ４の初回工場審査については第４．４項に内容が示されている。

・審査内容

　工場審査の目的は製造者が汚染物質を制御し、管理する能力の有無の検査である。

・製造者の品質保証能力に関する検査

　認証機構が審査員を派遣し、「生産者管理能力要求」（附属書Ⅱ）に従い製造者を審査する。

工場審査は化学物質管理システムの能力を検査するもので、求められる管理能力の要求事項が附属書Ⅱに示されている。

7.3.2　「生産者汚染制御（RoHS）管理能力の要求」（附属書Ⅱ）の概要

「生産者管理能力要求」は、生産者汚染制御管理の能力要求で、「製造者が設計、調達、生産、製品変更の過程で、使用制限のある物質に対する管理能力を維持するため、本実施規則の汚染制御管理要求を満たすものとする」としている。

具体的には製造者の汚染制御管理の能力要求事項として次の10項目を挙げている。

　１．全般要求

　　１．１責任

　　1.2汚染制御の管理リスクの判別、確定および対策

　　1.3資源

2.　書類および記録

3.　設計および変更

4.　汚染制御部品・材料の調達、納品検査・確認

5.　生産過程の制御・検査

6.　出荷検査

7.　マークの追跡

8.　汚染制御の不合格品の処置

9.　監視・測定装置

　　9.1校正および検定

　　9.2機能検査

10.　包装、運輸、保管およびサービス

附属書Ⅱの基本要求事項はISO9001であるが、汚染制御要求事項が付加されている。つまり、ISO9001に化学物質管理の要求事項が加えられているので、いくつかの項目について付加される要求内容を整理する。

(1)　責任者への要求

製造者は、汚染制御活動に関わる関係者の責任とその役割を明確にし、管理層の中から、1人の責任者を置き、同責任者に以下の責任と権限を持たせる。

a.　汚染制御を満たす管理システムを構築し、持続的な実施と維持を図る。

b.　最高管理者に社内の汚染制御管理の効果およびその他必要条件につき報告・提言し、汚染制御に関する全てにつき社内の理解と共有を徹底する。

c.　認証マークを貼付する製品は認証標準を満たすことを確認する。

d.　仕入先が関連する汚染制御の要求および責任について理解する。

ISO9001の管理責任者の義務に汚染制御の要求が付加されている。中国RoHS(II)管理規則の適用範囲は製品だけでなく、部品材料まで入っていて、サプライチェーンの上流まで管理（グリーンサプライチェーンを構築）するこ

ととしているので、サプライチェーンの管理は重要である。管理責任者の義務としている。

(2) 汚染制御（RoHS）の管理リスクの判別、確定および対策

製造者が製品の中に存在し得る有害物質の種類および状態を判別する。有害物質混入を起こす可能性が高い重点管理プロセスを判別・想定し、重点管理プロセスにおけるリスクの程度を評価し確定する。

また、このリスクの程度に応じて、有効な対策を行い、変化に応じて情報を更新する。重点管理プロセスの判別とは、原材料の選択、設計、調達、生産、包装、保管、運輸、サービス等出荷までの全ての生産プロセスに関して判別する必要がある。

重点管理プロセスの判別は、製品・部品に含有するリスクの度合いを考えて決定する必要がある。そのためには食品関連で運用されているHACCP（Hazard Analysis Critical Control Point）が有効と考えられ、CCP（Critical Control Point）が重点管理プロセスに相当する。

(3) 資　源

汚染制御（RoHS）管理のリスクを判別し、対策を行うために自社で汚染制御（RoHS）管理システムの実行、維持、継続的改善に必要なリソース（人的資源、設備、作業環境を含む）を確保し、投入する。

製造者は必要な人的資源を確保し、配置する。汚染制御に影響する可能性のある人員には教育により管理能力を備えさせる。必要な生産設備および検査設備を配備し、認証標準要求を満たす製品を安定的に生産する。製品の検査試験や保管等に適した生産環境を整備・維持する。

自社あるいはサプライチェーン管理で要求事項を徹底するのに、限られた経営資源をどこに投入するのかを決定するためには、重点管理プロセスの考え方が重要となる。

(4)　文書と記録の付加事項

①　汚染制御（RoHS）管理の書類と記録に関する要求は、品質管理システムの一部であるGB/T19001の関連要求を適用する。

注）GB/T19001（品質管理体系要求）：ISO9001（2008）の中国国家基準

②　製造者が判別・確定した有害物質混入の可能性のある重点管理プロセスとその管理に必要な文書と記録を保管する。

・認証製品と有害物質管理のリスト。

・使用制限のある物質に関し、削減・廃止の管理計画（目標や実施のスケジュール）。

記録保管期間は通常で２年だが、サンプル検査報告およびサンプル抽出検査報告など特定記録は証書の有効期間と同じである。

(5)　設計と変更の付加事項

認証製品の設計書類について、汚染制御の要求（法律、条例、標準、顧客の要求）を十分に考慮し、製造する前に、汚染制御の関係責任者に許可を得るものとする。

設計変更前に汚染制御に関する適切な審査や検証および確認を得る必要がある。実施前に汚染制御の関係責任者に許可を得るものとする。

要求を満足するためにはデザインレビューの仕組みを活用することが有効であり、変更管理は、有害物質に関する部品・材料、サプライヤー、製造条件および法規制の変更などを考慮する必要がある。

(6)　汚染制御部品および材料の仕入れ、納品、検査および確認の付加事項

①　製造者が部品および材料を仕入れる際、有害物質の含量を把握し、規制を満たすことを確認する。

②　サプライヤーと調達する部品・材料の汚染制御の管理の程度は、最終製品に影響するリスク度によって決める。

③　製造者は、サプライヤーの評価・選定に関する基準を定め、その基準に基づいてサプライヤーを評価・選定し、合格サプライヤー・製品のリストを構築・整備する。

④　製造者は、サプライヤーの製品有害物質含有量変化をもたらし得る変更行為を適切に管理する。

⑤　製造者は、サプライヤーが提供するRoHS特性に影響する部品・材料の検査・確認の文書を体系的に管理するプロセスを構築・整備する。

⑥　国家推奨汚染制御認証を取得した部品・材料は、認証取得を確認すればよい。認証を取得していない部品・材料に対する検査手順には、検査項目、方法、頻度、判定基準等を含めるものとする。これにより部品・材料が認証規定の要求を満たすことを保証する。

⑦　製造者は、汚染制御部品の検査・確認記録を保存するものとする。

ISO9001の購買要求にかなり踏み込んで具体的要求をしている。中国RoHS(II)管理規則はサプライチェーン管理を重視していることを表している。

(7)　生産過程での管理・検査の付加事項

製造者は重点管理プロセスの管理方法を計画する。重点管理プロセス（生産および検査を含む）を確認し、重点管理プロセスの作業指導書を作成し、作業員の管理能力育成を行い、生産プロセスをコントロールする。

ここでは、重点管理プロセスへの経営資源の投入、プロセス管理の徹底が求められており、汚染制御（RoHS）のパフォーマンス管理が要求されている。

(8)　出荷検査の付加事項

基本はISO9001の製品の検査および分析であるが、重点管理プロセスの検査計画やロットの生産量によるサンプル抽出の頻度を決め、最終製品の使用制限物質を検査することなどの具体的な要求がある。

(9)　マークの追跡の付加事項

製造者は追跡可能なトレースシステムをつくり、汚染制御（RoHS）に影響のある部品、材料、製品等について表示し、受入検査、生産工程、出荷検査、保管、サービス等のステップを管理・検査し、適切な工程で不合格品を回収できるようにトレースできるトレーサビリティの要求である。

以上の主要な項目のほか、「８汚染制御（RoHS）の不合格品の処置」、「９検査・測定装置」および「10包装、運輸、保管およびサービス」は、ほぼISO9001の要求の抜粋である。

以上、生産者管理能力要求（附属書Ⅱ）の概要を見てきたが、管理能力要求は認証申請時だけでなく、RoHS管理の維持・継続することが要求されている。中国自発的認証制度は中国独自のものではなく、EU CEマーキング制度の応用と見ることができる。すなわち、中国自発的認証制度とEU RoHS(II)が要求するCEマーキングの基本要求は、ISO9001をベースとしたマネジメントシステムに統合された製品含有化学物質管理である。

その中で注目したいのは、リスク管理が強調されていることである。全てを同一に管理するのではなく、制限物質が製品に含有するリスクの種類と度合いに応じ、重点管理するもの（重点管理プロセス）と一般管理するもの（プロセス）を区別したメリハリのある管理が求められている。

また、自社の製品含有化学物質管理と材料、部品の調達先のサプライチェーン管理の仕組みが一体化した自律的マネジメントが望まれる。

7.3.3　GB/T31274（電子電気製品における使用制限物質の管理体系要求事項）

(1)　概　要

この基準は2014年10月10日に発行され、2015年４月16日に施行された。

組織における使用制限物質プロセス管理の規範化を図るための管理標準であ

る。ISO9001-2008の国家標準であるGB/T19001-2008（品質管理体系要求）の枠組みとの整合性を保ち使用制限物質について特定の要求を定めた初めての国家標準である。

電子電気製品を製造する組織に適用し、組織が使用制限物質管理体系の構築、実施、維持および改善の要求を満たすことによって、その使用制限物質の管理能力を高め、使用制限物質の使用を減らし、あるいは無くすことを目指すものである。GB/T19001-2008は広く適用されるが、GB/T31274は電子電気業界の特定の使用制限物質管理に適用されるものである。

①　序文

GB/T19001-2008をベースとして、電子電気業界における使用制限物質管理に関わる特別な要求および実施経験を踏まえて制定する。

②　適用

製品に適用される法規制、顧客の要求、組織の内部要求を含む使用制限物質の関連要求を組織が満たしているかを、内部および外部関係者が評価する場合に適用する。

管理規則の要求事項への適合性を確保するための化学物質管理システムのレベルを決定・評価するために、ISO9001をベースとしたマネジメントシステムを構築することが求められ、各組織の管理レベル向上を図るものである。

表７．１は、GB/T31274-2014とGB/T19001-2008の項目を比較したものである。GB/T19001の５．３項の「品質方針」が、GB/T31274では「使用制限物質の管理方針」となっているが、要求項目の体系は同様な構成となっている。

(2)　リスク評価

この規格でもリスク評価を随所に要求している。例えば、調達プロセスにおける要求は次のとおりである。

①　調達およびサプライチェーンへの効果的な管理を通じて、調達製品における使用制限物質の制限が満たされることを保証する。

②　供給側および調達製品に対する管理方法と度合いは、調達製品が最終製品

表7．1　GB/T31274-2014・GB/T19001-2008　対比表（部分表示）

GB/T19001-2008		GB/T31274	
1～3	省略	1～3	省略
4	品質管理体系	4	全体要求
4．1	全体要求	4．1	総則
4．2	文書要求	4．2	文書
4．2．1	総則	4．2．1	文書要求
4．2．2	品質マニュアル		
4．2．3	文書管理	4．2．2	文書管理
4．2．4	記録管理	4．2．3	記録管理
5	管理の職責	5	管理の職責
5．1	管理コミットメント	5．1	管理コミットメント
5．2	顧客を中心に	5．2	顧客を中心に
5．3	品質方針	5．3	使用制限物質の管理方針
5．4	計画	5．4	計画
5．4．1	品質目標	5．4．1	使用制限物質の管理目標
5．4．2	品質管理体系の計画	5．4．2	使用制限物質管理体系の計画
5．5	職責、権限およびコミュニケーション	5．5	職責、権限およびコミュニケーション
以下省略			

における使用制限物質の適合性に影響を与えるリスクの大きさ、および供給側の使用制限物質への管理能力のレベルによって決める。

注：リスクの大きさに影響を与える要素は、供給側の使用する材料、プロセス、規模、管理システム、業績および検証システムなどである。

・リスクの大きさの評価は、供給側が組織の要求に従い、製品を供給する能力に基づき行うべきである。

・選定、評価および再評価の基準を定めること。

・供給者の評価の結果および必要な対応の結果の記録を保存する。

・評価結果による合格製品リストおよび合格供給先リストを整備する。

・制限含有物質に影響する変更に関する管理を確実にする。

自発的認証実施規則（附属書Ⅱ）および GB/T31274-2014は、改正された中国RoHS(II)管理規則とともに必須基準となるものである。両規則ともISO9001との統合（あるいはベースとして）による製品含有化学物質管理システムを要求している。

したがって、既にISO9001を構築・運用している企業は、別個となる新たな化学物質管理システムを構築するのではなく、自社の既存の製品品質保証の仕組みに化学物質管理の仕組みを組み入れていくことがよい。すなわち自社に合った仕組みづくりの工夫が肝要である。

また、両基準ともリスク評価の観点から有効なシステムづくりの重要性が強調されている。そこで化学物質規制のリスクを、特定化学物質の含有あるいは法規制への不適合とする場合と、化学物質含有ではなく品質・性能の不適合とする場合では、自ずと違いがある。前者では分析測定などが考えられコストがかかる。後者の品質・性能を構成する一部であるという考え方に立てば、日本企業の伝統的な品質製造力である「品質は工程でつくり込む」の考え方が生きてくるので、日本企業の体質に合っている。

さらに、自社内だけでなく、材料や構成部品の提供を受けているサプライチェーンの信頼性も重要な要素であり、そのためのサプライチェーンの管理も重要である。自社の法令や顧客や社会の信頼へ応えることへのマネジメントが、正しく運用されているかのチェック体制を整備し、法令適合性を確実にすることは当然企業の責任である。自社製品の化学物質規制への適合性を確保するためには、リスク管理を徹底し、やるべきことをやるという「デューデリジェンス」が重要になると思われる。

7.4 中小企業向けエコステージ

7.4.1 製品含有化学物質管理システムとISO

製品含有化学物質管理システムとして、新たな個別の管理システムを構築するのではなく、製品品質や環境品質の確保のために運用されている、既存のISOの品質マネジメントシステム（ISO 9001）または環境マネジメントシステム（ISO 14001）に製品含有化学物質管理システムを統合することで、化学物質管理を自社での実効性ある自律的マネジメントとして運用できる。

JIS Z 7201（製品含有化学物質管理 - 原則および指針）でも、附属書A（参考）に、品質および環境マネジメントシステムのいずれかを運用している組織が、製品含有化学物質管理体制を新たに構築したり、体制の有効性を確認する場合に参考情報を提供するとして、要求事項の対応表を示している。

すなわち、製品含有化学物質管理を品質管理システムまたは環境管理システムのどちらのシステムにも統合でき、運用することができる。

7.4.2 中小企業向け環境マネジメントシステム

代表的な環境マネジメントシステム（Environmental Management System：EMS）として国際規格のISO14001が知られているが、中小企業にとっては費用や工数などの負担が重いものとなっている。そこで、中小企業でも導入しやすい、国内の環境マネジメント規格として生まれたのがエコステージ、エコアクション21およびKES・環境マネジメントシステム・スタンダード（Kyoto Environmental Management System Standard：KES）などである。

以下に、３つの中小企業向け環境マネジメントシステムの特徴を示す。

出所：「中小企業向け　環境視点による環境改善テクニック集」
経済産業省　関東経済産業局　平成24年３月

エコステージ―民間企業が中心となって開発・推進 一般社団法人　エコステージ協会
「エコステージ」（Eco Stage）は、ISO14001の意図を踏まえつつ、それを補完し発展させることで、「経営とリンクした環境マネジメントシステム」の構築はもちろん、それを段階的に成長させることで、更に高度な経営管理システムの実現をも可能にするものです。すなわち、従来の経営管理システムを基盤として、そこに「環境」という視点を導入することで、「環境経営システム（＝経営とリンクした環境マネジメントシステム）」へと進化させようとするものです。さらに段階的にステージアップしていくことで、品質、労働安全衛生、財務などの他のマネジメントシステムとの融合や、CSRの実現をも視野に入れた経営改善の支援ツールなのです。また、中小規模の組織に対しては、環境経営システムの基本骨格のみを導入するステージも用意され、環境経営への取組を容易にする工夫もなされています。

エコアクション21―環境省が推進するEMS 一般財団法人　持続性推進機構
エコアクション21は、全ての事業者が、環境への取組を効果的に行うことを目的に、環境に取り組む仕組みを作り、取り組みを行い、それらを継続的に改善し、その結果を社会に公表するための方法について、環境省が策定したガイドラインです。 エコアクション21ガイドラインに基づき、取り組みを行う事業者を、審査し、認証・登録する制度がエコアクション21認証・登録制度です。

KES・環境マネジメントシステム・スタンダード―地域版もあり
Kyoto Environmental Management System Standard。京都議定書の発祥地、京都から発信された環境マネジメントシステムの規格。

「地球環境問題は人類最大の課題」と、経営の在り方が問われる21世紀の幕開けに、KESは、中小企業をはじめ、あらゆる事業者を対象に「環境改善活動に参画していただく」ことを目的に策定されました。「シンプル」で「低コスト」なKESは、取り組み易い環境マネジメントシステムとして、現在は3800を超える事業者が登録しています。また、各地域とも連携し、全国規模で活動しています。そのため『KES』の名称も冒頭に示した頭文字をとった略号から、現在では固有名詞『KES』として使用しています。

7.4.3　エコステージ

エコステージは、一般社団法人エコステージ協会が運営する環境マネジメントシステム認証であるが、組織が環境経営を切り口として経営革新・改善を行い組織の持続可能性を支援するものである。資源・エネルギー・廃棄物などの環境配慮だけでなく、収益向上を目指す経営革新・改善の方向性を示し、企業の体質強化、事業構造の改革などを図る仕組みを構築するものである。

そのために環境品質だけでなく製品品質や顧客満足にも軸足を置いているので、国際規格ISO9001との親和性が高いものとなっている。

RoHS(II)指令、REACH規則をはじめとする各国製品含有化学物質管理規制が要求する管理能力レベルは、ISO9001に準拠するシステムを要求しているので、その適合性および有効性に対してもエコステージは十分応えられるシステムとなっている。

以下にエコステージの特徴とメリットにつき紹介する（出所：エコステージ協会ホームページより)。

(1)　評価員がコンサルティングを行い、経営強化を図る

エコステージの評価員が３ム（ムリ、ムダ、ムラ）の視点から業務の効率化や環境改善・品質改善のコンサルティングを行うとともに、PDCAサイクルを着実に浸透させ業務の見える化を図る。仕組みの構築状況を見極めて認証評

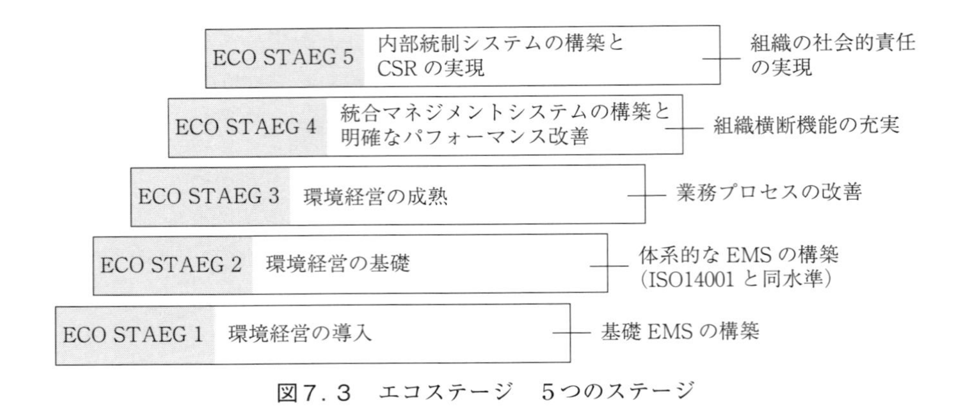

図７．３　エコステージ　５つのステージ

価が行われる。

(2)　５つのステージから、レベルに合わせてチャレンジできる

エコステージでは、「環境経営システム」導入〈エコステージ１〉から、CSR 実現〈エコステージ５〉まで、５段階のステージを備えている（図７．３）。

企業の体力や目的に合ったステージからチャレンジでき、PDCA サイクルを着実に浸透させ、段階的にレベルアップも図れる。目安としては、「エコステージ２」で ISO14001とほぼ同水準に達し、ISO と整合性が高いのも特徴。

エコステージは「環境経営システム」導入から、CSR 導入までどのステージからでもチャレンジできる仕組みで取り組みやすい。

(3)　最新動向や個別ニーズにも対応し幅広いメニューが選べる

エコステージは、基本的な環境経営システムに加え世界の動向や市場の動きを反映したツールをいち早く開発するとともに、企業が抱える個別ニーズに合わせた多彩なメニューも用意されている（一部のみ表示）。

①　CSR（企業の社会的責任）経営認証

　主に CSR 調達に対する要求に対し、段階的に評価し、認定する。ソーシャルステージ１～３の３段階のステージを備え、「関係性マネジメント」

を導入し、企業の社会的信頼性の向上を図っていく。

② 化学物質管理システム認証

広範囲な化学物質を対象に、企業として必要とされる管理の枠組みと具体的な管理手法を提供する支援システム。REACH 規則や RoHS 指令への対応にも効果的である。

(4) 組織イメージの向上に貢献

環境経営への取り組みに対して一定の評価を得て、組織イメージの向上が図れる。企業のグリーン調達基準にエコステージ取得が取り入れられているので取引先からのニーズに応えることができる。

エコステージの特徴は以上のとおりであるが、(3)の化学物質管理システム認証を具体的に述べる。

① 化学物質管理システムは、EU RoHS(II)指令、REACH 規則をはじめ、アジア各国など世界の化学物質規制への適合性を確保するための、広範囲な化学物質を管理するために必要とされる管理の仕組みと具体的な手法を提供している。

② エコステージ１および２では、EMS と化学物質管理システムの間で重複するシステムを整理し、EMS の統合版として作成されているので、化学物質管理の仕組みをそのまま組織内に構築・実行できる。

③ 化学物質を適切に管理するためのシステムは、よく知られている EMS や QMS には基本的にはない考え方である。したがって、化学物質管理システムと環境管理システムとを併せて取得することは効率的であるが、第三者認証の EMS 取得の有無に関わらず、エコステージの化学物質管理システム認証を単独で取得することも可能である。

④ この化学物質管理では、必要となる調達先から得られる含有情報を基礎として含有確認を行うことが前提であり、組織自身が自主的に分析することは前提となっていない。

⑤ 化学物質管理システムの構築には、組織内外の速やかな情報伝達が重要な

要素であるので、エコステージ1の段階においても外部コミュニケーションは必須項目に挙げられる。ケムシェルパの活用が広がると思われる。

⑥　定量的な評価を行い、認証取得後にその内容を高度化することにより段階的に取り組みを拡大できる。

エコステージの化学物質管理システム認証メニューの特徴は、EMSと化学物質管理システムの間で重複するシステムを整理し、EMSとの統合版として作成されていることである。これはまさしくEU RoHS(II)指令や中国RoHS(II)管理規則などが要求している化学物質管理システムそのものであると言える。

7.4.4　ケムシェルパと中小企業の化学物質管理

化学物質管理の重要な要素に、サプライチェーン間での製品含有化学物質の情報伝達がある。しかし、情報伝達では、サプライチェーンにおける組織の立つポジションによって大きな違いがある。

原材料メーカーの川上企業、部品メーカーなどの川中企業およびセットメーカーの川下企業があるが、川上および川下企業は相対的に中・大企業であり、川中企業は圧倒的に中小・小規模企業が多い。川中企業の情報伝達の実態は、川下企業からは管理対象物質、伝達すべき項目、データフォーマットなど、企業あるいは業界ごとに各種各様の情報伝達が要求されている。人的資源に限りがある中小・零細企業では、情報伝達に大変なエネルギーを使っているので、情報伝達の負荷を削減したいと願っている。

ケムシェルパはサプライチェーン全体で利用可能な情報伝達の仕組みを提供してくれる。川上から川下までサプライチェーンに関係する事業者の利用を考慮したものになっているので、川中企業にとっても使い勝手のよいものである。今後全業界で統一された運用を期待したい。

日本は「恥の文化」、米国は「罪の文化」と「菊と刀（ルース・ベネディクト)」で日本文化の型が欧米との対比で論じられている。この文化論は大きな反響を呼び、かつては教科書にも収載されていた。ただ、論理展開は深く、日本と欧米では考え方や行動が違うこと程度しか理解できないのが一般的な読者の感想である。

日本企業は「法規制対応（遵法)」が基本的な考え方で、法規制以外は遵守しなくても「恥」にはならないと思っている。欧米では、「含有化学物質管理は企業の責任」であって、国は「企業対応が不十分な場合に制限する」という考え方で規制する。企業の「罪」の意識が基本である。

自社製品の中に、顧客に悪い影響を与える化学物質を含有させないのは企業の当然の取り組みである。半年ごとに追加される物質調査（CL 物質）に追われるのは、法律に振り回された対応で、ムダも多く発生させている。法規制の真の目的が「お客様の安全安心」と気づけば、改正されるたびの対応から逃れることができる。

真のグローバル企業は、言われたから行うのではなく、企業として何をすべきかを考え行動を起こす、自律的なマネジメントが求められていると言える。これは、日本では釈迦如来の説法「自灯明　法灯明」あるいは論語の「七十而従心所欲、不踰矩」に通じる考え方である。

本書が、RoHS(II)指令、REACH 規則や EU 以外の類似法への企業対応の仕組みづくりを、企業が知恵を出し、遵法の仕組みを自前で構築する参考になれば幸いである。

▶資料：引用・参考文献および出典

引用・参考資料名	出典
第1章	
1.1　REACH 規則　和訳	http://www.env.go.jp/chemi/reach/reach.html
RoHS(II)指令　和訳	http://ecoken.eco.coocan.jp/photo/15/RoHStranslation201604.pdf
Guide to Using BOMcheck and EN 50581 to Comply with RoHS2 Technical Documentation Requirements	https://www.bomcheck.net/assets/docs/Guide%20to%20Using%20BOMcheck%20and%20EN%20505081%20to%20Comply%20with%20RoHS2%20Technical%20Documentation%20Requirements.pdf
1.2　リスクアセスメントのパンフレット（厚生労働省）	http://www.mhlw.go.jp/file/06-Seisakujouhou-11300000-Roudoukijunkyokuanzeneiseibu/0000099625.pdf
改正労働安全衛生法の概要とリスクアセスメント	テクノヒル株式会社（備考：平成27年度厚生労働省「ラベル・SDS 活用促進事業」セミナー資料）
第2章	
2.1　なし	
2.2　「平成23年度環境対応技術開発等」（製品含有化学物質の情報伝達の実態に関する調査）報告書　経済産業省	http://www.meti.go.jp/policy/chemical_management/reports/H23%20SC%20jittaityousa.pdf
「平成24年度環境対応技術開発等」（製品含有化学物質の情報伝達の実証調査）報告書　経済産業省	http://www.meti.go.jp/policy/chemical_management/reports/H24_sc_tyousa.pdf
「平成25年度化学物質安全対策」（中小企業における製品含有化学物質の情報伝達の効率化に関する調査）報告書　経済産業省	http://www.meti.go.jp/policy/chemical_management/reports/H25_sc_tyousa.pdf

「平成26年度化学物質安全対策」（製品含有化学物質における調達基準の実態調査）報告書　経済産業省	http://www.meti.go.jp/policy/chemical_management/reports/H26_sc_tyousa2.pdf
「平成27年度化学物質安全対策」（製品含有化学物質の情報伝達スキームの普及に関する調査）報告書　経済産業省	http://www.meti.go.jp/meti_lib/report/2016fy/000129.pdf
「経済産業ジャーナル　2014年６・７月号」経済産業省	http://www.meti.go.jp/publication/data/2014_06.html
製品含有化学物質の情報伝達スキームの在り方について　経済産業省	http://www.meti.go.jp/committee/kenkyukai/seisan/kisei/report_002.html
「IEC TC111 VT62474 Japan National Committee ホームページ」国内 VT62474	http://www.vt62474.
IEC 62474 データベース	http://http://std.iec.ch/iec62474
chemSHERPA 入門セミナー資料［160823版］スライド13・14・18・22・23・27－33	chemSHERPA 入門セミナー資料［160823版］：chemSHERPA 事務局
chemSHERPA 成形品データ作成支援ツール操作マニュアル1.2版 10・11-14・20-22・25－28ページ	chemSHERPA 事務局
2.3　なし	
2.4　なし	
第３章	
3.1　１）Guidance in a Nutshell Chemical Safety Assessment	https://echa.europa.eu/documents/10162/13632/nutshell_guidance_csa_en.pdf
２）Court of Justice of the	http://curia.europa.eu/juris/celex.jsf?ce

European Union PRESS RELEASE No.100/15	lex=62014CJ0106&lang1=en&type=TXT&ancre=
3.2 なし	
第4章	
4.1 なし	
4.2. 1）可塑剤50年	可塑剤工業会 2007年7月
2）Information on Candidate List substances in articles	https://echa.europa.eu/web/guest/information-on-chemicals/candidate-list-substances-in-articles-table
3）Kurata Y, Kidachi F, Yokoyama M, Toyota N, Tsuchitani M, Katoh M., Toxicological Sciences, 42, 49-56, 1998.	
4）Tomonari Y, Kurata Y, David R M, Gans G, Katoh M., Journal ofToxicicology and Environmental Health A., 69(17), 1651-1672, 2006.	
5）Kurata Y, Makinodan F, Shimamura N, and Katoh M., The Journal of Toxicological Sciences, 37, 33-49, 2012.	
6）未公表データ（可塑剤工業会 2004年11月）	
7）Kurata Y, Katoh M. et al., The Journal of Toxicological Sciences, 37, 401-414, 2012.	
8）Koichiro Adachi, Hiroshi Suemizu, Norie Murayama, Hiroshi Yamazaki, Environmental Toxicology and Pharmacology , 39, 1067-1073, 2015.	
9）可塑剤をめぐる最近の動向	http://www.vec.gr.jp/anzen/anzen2_4.html
10）Are medical devices containing DEHP-plasticized PVC or other	http://ec.europa.eu/health/scientific_committees/docs/citizens_dehp_en.pdf

plasticizers safe for neonates and other groups possibly at risk?	
11）EPA News Releases	https://www.epa.gov/newsreleases/epa-names-first-chemicals-review-under-new-tsca-legislation
第5章	
5.1　IEC62321-2 附属書 B	
5.2　なし	
5.3　環境省仮訳　成形品に含まれる物質に関する要求事項についての技術ガイダンス文書（案）	http://www.env.go.jp/chemi/reach/reach/RIP3.8draft_1.0.pdf
・H26年度　化学物質に関する試験期間の動向等調査業務　報告書	
・H27年度　化学物質に関する試験期間の動向等調査業務　報告書	
・欧州の化学品規則（REACH/CLP）に関する解説書 Ver.2.1	http://www.meti.go.jp/policy/chemical_management/int/REACH_and_CLP_kaisetsusyo_honyakuban.pdf
Analysis of the relevance and adequateness of using Fish Embryo Acute Toxicity (FET) Test Guidance (OECD 236) to fulfil the information requirements and addressing concerns under REACH. Apr. 2016, ECHA	https://echa.europa.eu/documents/10162/13639/fet_report_en.pdf
Guidance on information requirements and chemical safety assessment Chapter R.6: QSARs and grouping of chemicals. May 2008, ECHA	https://echa.europa.eu/documents/10162/13632/information_requirements_r6_en.pdf
Guidance on Information Requirements and Chemical Safety Assessment Chapter R.7b Ver.3.0. Feb 2016, ECHA	https://echa.europa.eu/documents/10162/13632/information_requirements_r7b_en.pdf

・Frequently Asked Questions about REACH Version 3.0.1. Feb. 2010, ECHA	http://www.hsa.ie/eng/Your_Industry/Chemicals/Information_and_Resources/ECHA_FAQ's.pdf
5. 4 対訳ISO/IEC 17025：2005（JIS Q 17025：2005）試験所及び校正機関の能力に関する一般要求事項	財団法人　日本規格協会
ISO/IEC 17025（JIS Q 17025）に基づく試験所品質システム 構築の手引　岩本威生（2006）	財団法人　日本規格協会
IEC 62321 Determination of certain substances in electrotechnical products（2008）付属書C、IEC 62321-1 ～5（2013）、IEC 62321-6,7（2015）	
Disassembly, disjunction and mechanical sample preparation p.16（2013）	
EPA Method 3052（1996）、EPA Method 3051a（2007）	
データの信頼性を客観的に証明するためにできること　農林水産省ホームページ	http://www.maff.go.jp/j/syouan/seisaku/data_reliance/reliance.html
第6章　なし	
第7章	
7. 1 参考：JIS Z 7201:2012 製品含有化学物質管理―原則及び指針	
参考：JIS Q 9001:2015（ISO 9001:2015）品質マネジメントシステム―要求事項	
参考：製品含有化学物質管理ガイドライン（第3.0版）	アーティクルマネジメント推進協議会
中小企業のための製品含有化学物質管理実践マニュアル（入門編）	全国中小企業団体中央会

7.2　RoHS Enforcement Guidance Document (Version 1 - issued May 2006	https://www.epa.ie/pubs/advice/waste/rohs/RoHS%20Enforcement%20Guidance%20Document%20-%20v%201%20May%2020061.pdf
Due diligence defense guidance notes	http://www.hillingdon.gov.uk/media/24556/Due-diligence-defence/pdf/Due_diligence_defence_guidance_notes.pdf
Guidance to RoHS Directive 2011/65/EU National Measurement and Regulation Office	https://www.gov.uk/government/uploads/system/uploads/attachment_data/file/499732/RoHS_Guidance._Accessible.pdf
7.3　参考：電子電気製品における使用制限物質の管理体系　要求事項」GB/T31274）	
参考：生産者汚染制御（RoHS）管理能力の要求」（附属書Ⅱ）	
7.4　中小企業向け　環境視点による環境改善テクニック集」	経済産業省　関東経済産業局　平成24年3月
（一社）エコステージ協会ホームページ	https://www.ecostage.org
エコアクション21	http://www.env.go.jp/policy/j-hiroba/04-5.html
KES	http://www.keskyoto.org/
用語解説・URL集・参考資料は（一社）東京環境経営研究所のホームページで提要	https://www.tkk-lab.jp/ http://ecoken.net/

執筆者および執筆分担（敬称略）

監修　(一社)東京環境経営研究所

編著　松浦　徹也　(一社)東京環境経営研究所
(地独)東京都立産業技術研究センターMTEP　専門相談員
杉浦　順　(一社)東京環境経営研究所
島田　義弘　(一社)東京環境経営研究所

第1章

第1節　(一社)東京環境経営研究所　小泉　岳利
中山　高秀
河西　崇
第2節　(一社)東京環境経営研究所　松浦　徹也

第2章

寄稿　経済産業省製造産業局化学物質管理課
第1節　(一社)東京環境経営研究所　幸田　悦男
石原　吉雄
第2節　(一社)東京環境経営研究所　中山　政明
鈴木　浩
第3節　(一社)東京環境経営研究所　佐藤　和彦
第4節　NEC　製造・装置業システム開発本部　シニアエキスパート　森　伸明
沖電気工業株式会社　情報・技術本部 地球環境室　室長
緒形　博

第3章

第1節　(一社)東京環境経営研究所　宮坂　隆太
瀧山　森雄
林　讓
井上　晋一
第2節　(一社)東京環境経営研究所　瀧山　森雄
松浦　徹也
杉浦　順

第4章

第1節　(一社)東京環境経営研究所　小泉　岳利

第2節　可塑剤工業会　柳瀬　広美

第5章

第1節　分析機器工業会

ヴァーダー・サイエンティフィック㈱プロダクト担当部長　二宮　苗央

環境委員会　河合　英治

分析機器工業会　近藤　宏

㈱日立ハイテクサイエンス 分析応用技術部 課長　並木　健二

㈱堀場製作所　アプリケーション開発センター科学・半導体開発部 マネージャー　坂東　篤

日本電子㈱ MS 事業ユニット　MS アプリケーション部 スペシャリスト　小野寺　潤

日本電子㈱ SA 事業ユニット 副ユニット長

㈱三菱化学アナリテック　技術部 専任部長　林　則夫

アジレント・テクノロジー㈱ライフサイエンス・化学分析統括部 アプリケーションエンジニア　橋本　文寿

㈱島津製作所 分析計測事業部　グローバルマーケティング部　環境担当　課長　中川　勝博

第2節　分析機器工業会

㈱堀場製作所　開発本部　開発企画センターマネージャー　中田　靖

日本電子株式会社　科学・計測機器営業本部分析機器営業推進室　シニアスペシャリスト　田村　淳

第3節　(一社)東京環境経営研究所　岡　知宏

第4節　内藤環境管理株式会社

環境分析部 分析技術箇所　チームリーダー　竹下　尚長

地方独立行政法人東京都立産業技術研究センター

国際化推進室輸出製品技術支援センター(MTEP)　副主任研究員　萩原　利哉

第6章

日本電子株式会社	品質保証室 製品順法グループ　グループ長	河合　英治
タイガー魔法瓶株式会社	ソリューショングループ　知財・規格チーム	藤村　早野
三木プーリ株式会社	技術部 技術グループ	松村真規子
ニシハラ理工株式会社	技術開発センター	須藤　真吾
有限会社　小柳塗工所	代表取締役	小柳　拓央
ペルノックス株式会社	品質保証室 環境保安グループ　グループリーダー	原井　洋人

第7章

第1節	(一社)東京環境経営研究所	伏見　隆夫
第2節		伏見　隆夫
第3節		加藤　　聰
第4節		加藤　　聰

“ケムシェルパ”を活かした
よくわかる規制化学物質のリスク管理　NDC 570.9

2017年3月30日　初版1刷発行

（定価はカバーに表示してあります.）

©　監　修　(一社)東京環境経営研究所
編　者　松浦徹也・杉浦順・島田義弘
発行者　井　水　治　博
発行所　日　刊　工　業　新　聞　社
（〒103-8548）
東京都中央区日本橋小網町 14 - 1
電　話　書籍編集部　03（5644）7490
販売・管理部　03（5644）7410
F A X　03（5644）7400
振替口座　00190-2-186076
URL　http://pub.nikkan.co.jp/
e-mail　info@media.nikkan.co.jp
製　作　(株)日刊工業出版プロダクション
印刷・製本　新　日　本　印　刷(株)

落丁・乱丁本はお取り替えいたします.　2017 Printed in Japan
ISBN 978-4-526-07684-8　C3043